Greenwich

"With my camera slung over my shoulder, notebook and pen in hand, I travelled along the Meridian by car, on foot, in a pirogue, seeking to meet people. All along the route, I met warm-hearted, beautiful and fascinating people. This is the humanity to whom I wish to bear witness."

«Appareil photo en bandoulière, carnet et stylo en main, j'ai parcouru le Méridien en voiture, à pied, en pirogue, à la découverte des gens. Tout au long du chemin, j'ai rencontré des personnes chaleureuses, belles, passionnantes. C'est de cette humanité-là que je veux témoigner.»

'Teneinde zijn bewoners te ontmoeten ben ik met mijn fototoestel rond mijn nek en met notitieblok en pen in de hand langs de Meridiaan gereisd: per auto, te voet en over water. Overal langs mijn weg waren de mensen die ik tegenkwam hartelijk, mooi en boeiend. Dát is de mensheid die ik wil laten zien.'

This book has been published with the support of Crédit agricole Luxembourg Private Bank
Ce livre a été publié avec le soutien du Crédit agricole Luxembourg Private Bank
Dit boek is tot stand gekomen dankzij de steun van de Crédit agricole Luxembourg Private Bank

CRÉDIT AGRICOLE LUXEMBOURG
PRIVATE BANK

52, rue Defacqz B - 1050 Bruxelles
www.racine.be

D. 2007, 6852.38
Dépôt légal : décembre 2007
ISBN 978-2-87386-536-8

Steven Weinberg

Greenwich

parallels on the Meridian | parallèles sur le Méridien | parallellen op de Meridiaan

Éditions Racine

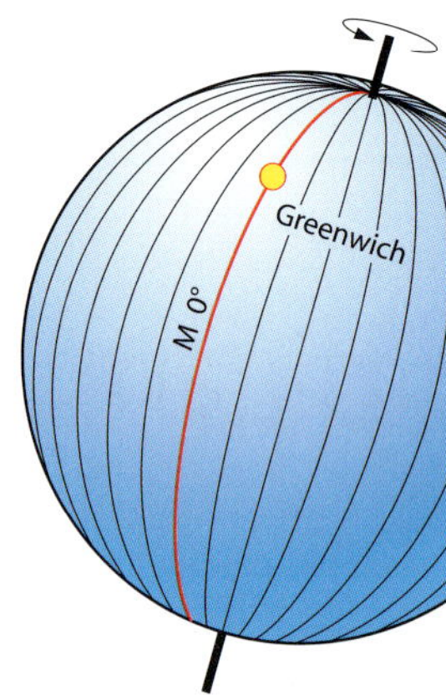

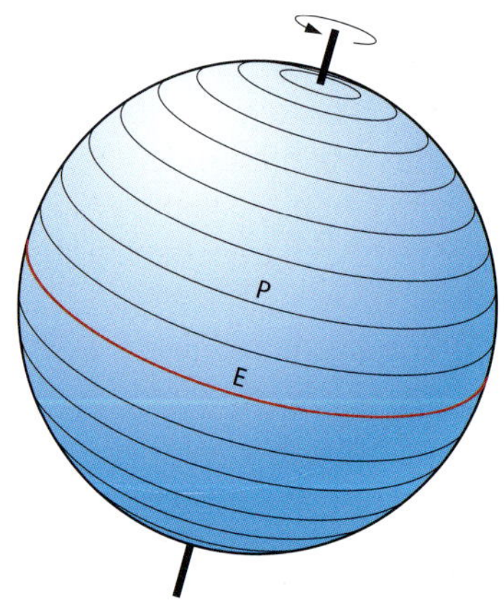

M Meridians | Méridiens | Meridianen
P Parallels | Parallèles | Parallellen
E Equator | Équateur | Evenaar

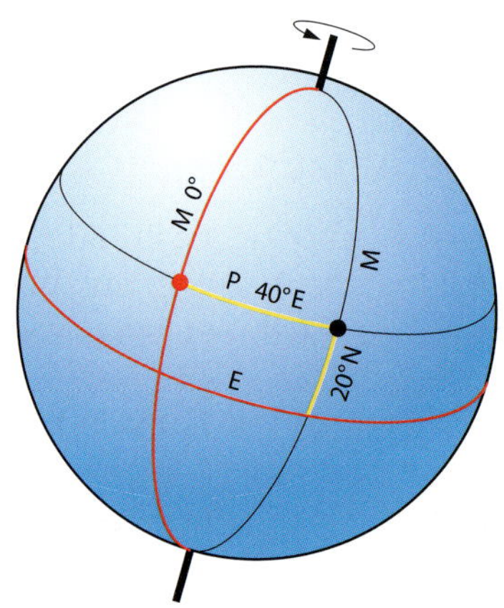

The Meridian

A grid of lines

Whenever you open an atlas or toy with a globe, you will see thin black or blue lines compartmentalizing the maps. These lines do not exist in the landscape, just as the printed names never appear in reality... Geographers have divided the face of the earth into a grid with two families of such imaginary lines.
Parallels are circles running parallel to the equator. Their size decreases as one comes closer to the *poles*.
Meridians are lines running from the North Pole to the South Pole.
The Earth revolves around an imaginary axis, which defines the two *poles*.
Each place on Earth is defined by its *coordinates* in relation to two major lines: the *equator* and the *Greenwich meridian*. The equator, 0° North (or South), encircles the Earth halfway between the two poles. It divides the globe into a Northern and a Southern *hemisphere*. The Greenwich Meridian (or Prime Meridian), 0° East (or West), and the opposite meridian, 180° East (or West), divide the Earth into an Eastern and a Western hemisphere. Brussels is situated at *latitude* 50° 50′ N (from the Equator) and *longitude* 4° 20′ E (from the Greenwich Meridian).

A little bit of mathematics

Each parallel is a full circle which is divided into 360° (*degrees*). Each degree is subdivided into 60′ (*minutes*), which in turn are divided into 60″ (*seconds*). In our decimal world (counting based on the number 10), corresponding to the ten fingers of our hands, these numbers may surprise, as one may wonder why a year is divided into 12 months or a day into 24 hours. We are clearly in the duodecimal system (base number 12), which originated in ancient Mesopotamia, where merchants counted phalanges instead of fingers. The left thumb counted the phalanges of the four left fingers... which led to the number twelve! Each dozen was then counted with the five fingers of the right hand, leading to

Le Méridien

Un réseau de lignes

Il suffit d'ouvrir un atlas ou de jouer avec une mappemonde pour voir de fines lignes noires ou bleues que l'on ne retrouve jamais dans le vrai paysage, tout comme les noms imprimés ne figurent pas dans la nature… Les géographes ont quadrillé le globe terrestre de deux familles de lignes imaginaires.
Les *parallèles* sont des anneaux parallèles à l'*équateur*, dont la taille diminue au fur et à mesure que l'on s'approche des *pôles*.
Les *méridiens* sont des lignes qui relient le pôle Nord au pôle Sud.
La Terre tourne autour d'un axe imaginaire, qui détermine grossièrement la localisation des deux pôles.
Chaque endroit sur Terre est défini par ses *coordonnées* par rapport à deux lignes principales : l'*équateur* et le *méridien de Greenwich*. L'équateur, 0° Nord (ou Sud) qui se trouve à mi-chemin entre les deux pôles, divise la Terre en un hémisphère Nord et un hémisphère Sud. Le méridien de Greenwich, 0° Est (ou Ouest), et son méridien opposé, 180° Est (ou Ouest), divisent la Terre en un hémisphère Est et un hémisphère Ouest. Ainsi, Bruxelles se trouve à la *latitude* 50° 50′ N (par rapport à l'équateur) et la *longitude* 4° 20′ E (par rapport au méridien de Greenwich).

Un peu de mathématiques

Chaque parallèle, qui est donc un cercle, est divisé en 360° (*degrés*). Chaque degré est subdivisé en 60′ (*minutes*), qui à leur tour sont divisées en 60″ (*secondes*). Dans notre monde décimal habituel avec son système à base de 10, correspondant aux dix doigts de nos mains, ces nombres peuvent étonner, tout comme la division d'une année en 12 mois ou d'une journée en 24 heures. On se trouve ici dans le système duodécimal (système de calcul à base de 12), dont l'origine se trouve dans l'ancienne Mésopotamie, où l'on comptait les phalanges plutôt que

De Meridiaan

Een netwerk van lijnen

Zodra je een atlas opendoet of met een globe speelt, vallen je dunne zwarte of blauwe lijnen op, die je nooit in de werkelijkheid tegenkomt, net zo min als je de gedrukte namen ooit in het landschap terugvindt… Het zijn de geografen die twee families van denkbeeldige lijnen op de aardbol hebben geprojecteerd.
De *parallellen* zijn cirkels die evenwijdig aan de *evenaar* verlopen en waarvan de doorsnede afneemt naarmate men de *polen* nadert.
De *meridianen* zijn lijnen die van de Noordpool tot de Zuidpool lopen.
De Aarde draait rond een denkbeeldige as, die grofweg de ligging van de beide polen bepaalt.
Elke plaats op Aarde is gedefinieerd door zijn *coördinaten* ten opzichte van twee zeer belangrijke lijnen: de *Evenaar* en de *Meridiaan van Greenwich* of *Nulmeridiaan*. De evenaar, 0° Noord (of Zuid) bevindt zich precies halverwege de polen en verdeelt de aardbol in een Noordelijk en Zuidelijk halfrond. De Meridiaan van Greenwich, 0° Oost (of West), en de tegenovergelegen meridiaan, 180° Oost (of West), verdelen de Aarde in een Oostelijk en een Westelijk halfrond. Brussel bevindt zich bijvoorbeeldop 50° 50′ *Noorderbreedte* (ten opzichte van de evenaar) en op 4° 20′ *Oosterlengte* (ten opzichte van de Nulmeridiaan).

Een beetje wiskunde

Elke parallel is dus een cirkel die in 360° (*graden*) verdeeld wordt. Elke graad is onderverdeeld in 60′ (*minuten*), die op hun beurt weer in 60″ (*seconden*) zijn verdeeld. In ons gebruikelijke wereldje met zijn decimale (tientallig) stelsel met grondtal 10, dat overeenkomt met de tien vingers van onze handen, kunnen deze getallen verbazen, net zo als het feit dat het jaar 12 maanden telt en een etmaal 24 uur. We bevinden ons hier in het twaalftallig stelsel (een rekensysteem met grondtal 12) dat zijn oorsprong vindt in het oude Mesopotamië, waar men niet vingers maar vingerkootjes telde. Met

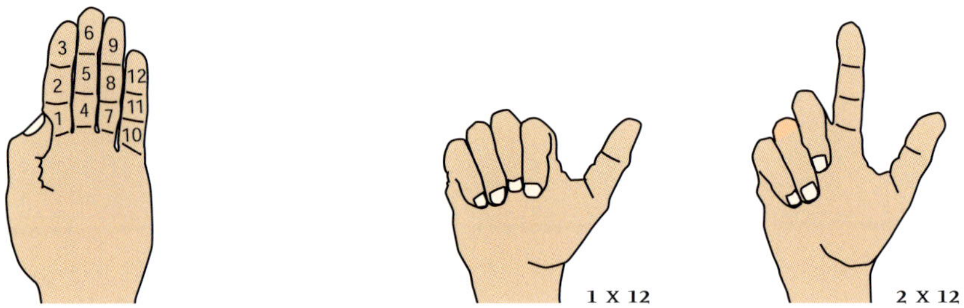

five dozens, which amounts to 60. An alternative was to count the number of left hand dozens with the phalanges of the right hand, which yields twelve dozens, or 144, the famous *gross*, still in use in today's commerce.

Of space and time

Why then, was the duodecimal system adopted for measuring angles and time? Let us take the length of a year. Even in ancient times, people were able to measure the length of a year by looking at where the sun rose. In the course of a year, the sun rises at changing places along the horizon: it moves from left to right and vice versa. So every year, the sun reaches two extremes - these moments are called the summer and winter *solstices*. One can easily count the number of sunrises between two summer solstices, for instance. This yields a year of *approximately* 365 days. By cheating a little, one could argue that a year corresponds *more or less* to 360 days, a multiple of a whole series of "magic" numbers: 2 (two hands), 10 (the fingers of both hands), 12 (the phalanges of Babylonian counting) and 60 (the five dozens)! And this is exactly what happened.

In the same way, the 12 months are only a rough *approximation* of the thirteen full moons that one can observe during a year (one *moon* has a duration of approximately 28 days). Now, if one admits that the Earth goes full circle around the Sun in 360 days, it is only logical to divide a circle into 360 parts called degrees, each one corresponding to one day.

Later on, with the need for more precision, time was subdivided into smaller units, called hours (roughly twelve for the day and twelve for the night). Further division of the hour into sixty sub-units yielded the minutes, the sixtieth part of which is a second.

For the arcs of a circle, almost the same has been done, except that the degree was not divided into 24 "hours" but was directly divided into 60 minutes. In geography, a minute corresponds therefore to the sixtieth part of a degree, which in turn corresponds to the three hundred and sixtieth part of the Earth's circumference. At the equator, this corresponds to 40,000 km. Here, the minute therefore measures 40,000,000 m / (360 x 60) = 1,852 m. This is the *nautical mile*.

53°45'42" N

A shortlived line of pebbles to show the Prime Meridian on the beach at Tunstall, North Sea, England
Éphémère ligne de galets matérialisant le Méridien 0°, plage de Tunstall, mer du Nord, Angleterre
Een paar keien tonen even waar de Nulmeridiaan het Noordzeestrand van Tunstall, Engeland verlaat

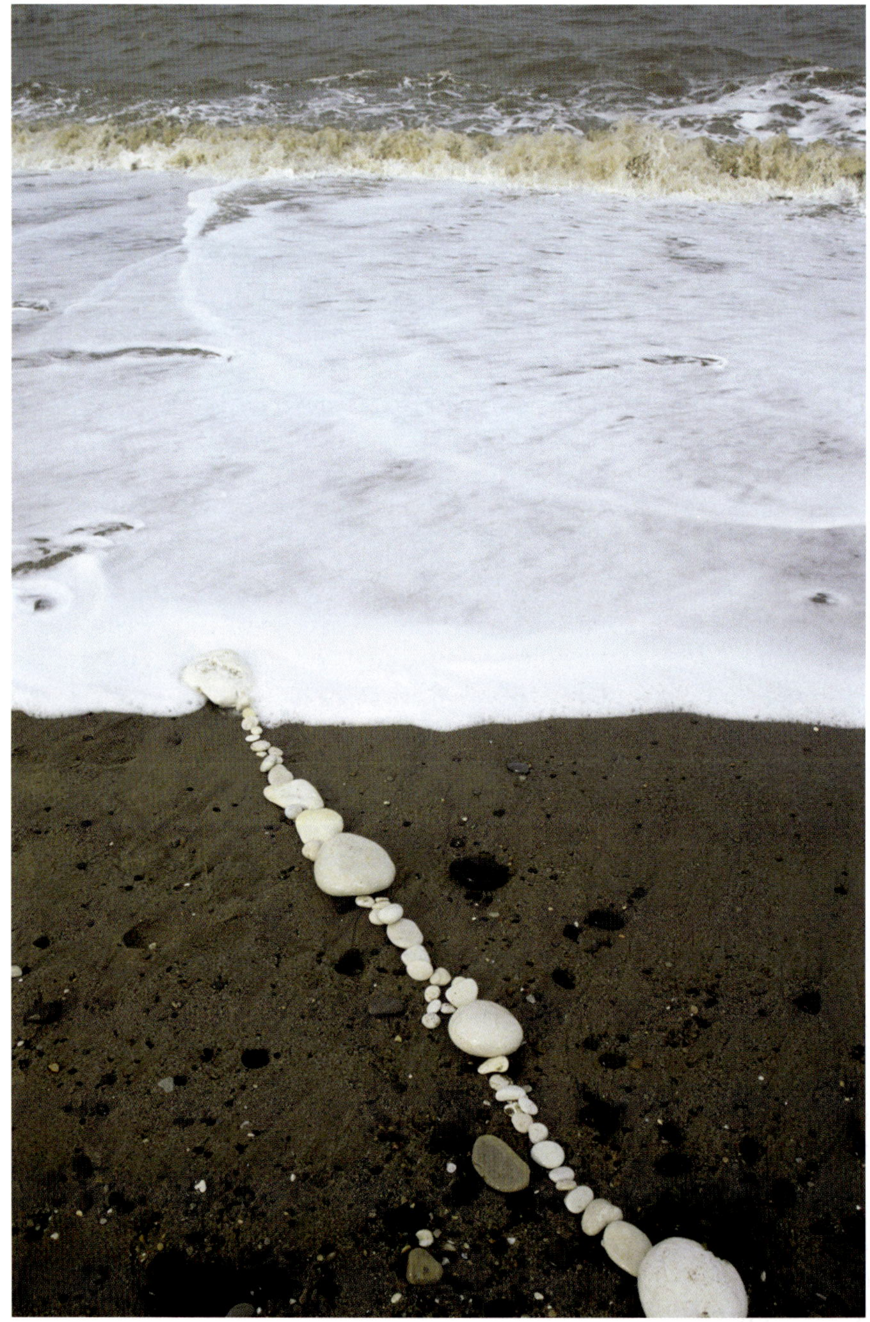

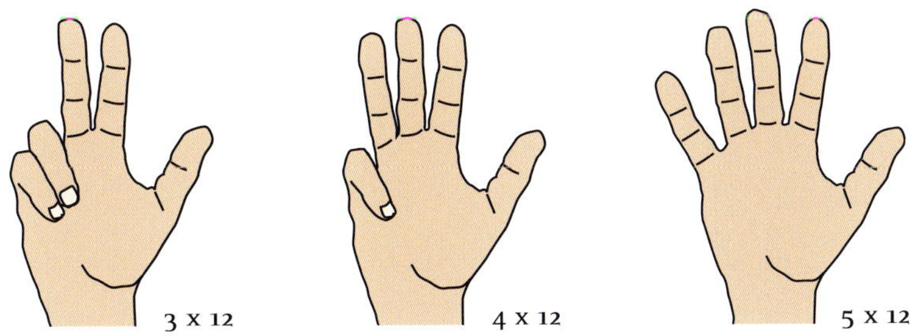

3 x 12 4 x 12 5 x 12

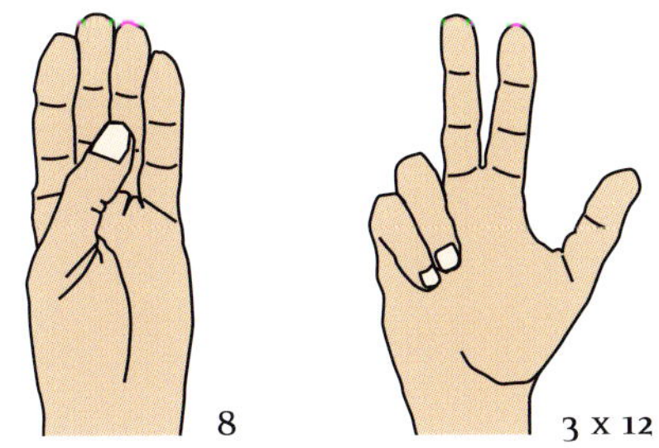

8 3 x 12 = 36 8 + 36 = 44

les doigts. Avec le pouce de la main gauche, on comptait les phalanges des quatre doigts... ce qui mène à douze ! Chaque douzaine était ensuite comptabilisée avec les doigts de la main droite. Ce qui donne cinq douzaines, soit 60. Bien sûr, on pouvait aussi calculer le nombre de douzaines avec les phalanges de la main droite, ce qui donnait douze douzaines, soit 144, la célèbre *grosse* encore utilisée dans le commerce aujourd'hui.

L'espace et le temps

Quel rapport avec l'espace et le temps ? Prenons la longueur d'une année. Pour les anciens, elle était mesurable à l'endroit où se lève le soleil. Au cours de l'année, cet endroit se déplace à l'horizon : de gauche à droite, puis en sens inverse. Il atteint donc chaque année deux endroits extrêmes - ce sont les *solstices* d'été et d'hiver. Entre deux solstices d'été, on peut compter combien de fois le soleil se lève en une année. On découvre ainsi qu'elle dure *environ* 365 jours. En trichant un petit peu, on peut dire que cela fait *à peu près* 360, un multiple des nombres «magiques» 2 (deux mains), 10 (les doigts des deux mains), 12 (les phalanges du système de comptage babylonien) et 60 (les cinq douzaines) !
Et c'est exactement ce que l'on a fait. De la même façon, les 12 mois sont une *approximation* des treize pleines lunes qu'on peut observer durant une année (une *lune* dure environ 28 jours). Or, si la Terre décrit un cercle complet autour du soleil en 360 jours, la subdivision du cercle en 360° s'impose, chaque degré correspondant ainsi à une journée.
Plus tard, on a eu l'idée de diviser le temps en unités plus petites : les heures, douze pour le jour et douze pour la nuit. En divisant chaque heure en 60 unités, cela a donné les minutes, dont les soixantièmes correspondent aux secondes.
Pour les arcs de cercle, on a fait presque la même chose, sauf qu'on n'a pas divisé le degré en 24 «heures» mais directement en 60 minutes. Sur Terre, une minute correspond donc au soixantième du degré qui correspond à son tour au trois cent soixantième de la circonférence terrestre. Celle-ci mesure 40 000 km. Au niveau de l'équateur, la minute mesure donc 40 000 000 m / (360 x 60) = 1 852 m. C'est le *mille marin*.

de duim van de linkerhand telde men de vingerkootjes van de vier vingers... hetgeen tot twaalf leidde! Elk dozijn werd vervolgens met de vingers van de rechterhand geteld. Dat leverde vijf dozijnen op, dus 60. Natuurlijk kon men de dozijnen ook met de vingerkootjes van de rechterhand tellen, dus twaalf dozijnen ofwel 144, de beroemde *gros* die nog steeds in de handel gehanteerd wordt.

Ruimte en tijd

Maar welk verband bestaat er nu met plaats en tijd? Neem de lengte van een jaar. Ook heel vroeger al kon men de lengte van een jaar bepalen door te kijken naar waar de zon opkwam. Gedurende het jaar verplaatst deze plek zich over de horizon: van links naar rechts en daarna weer terug. Tijdens het jaar worden op die manier twee uitersten bereikt - de *zomerzonnewende* en de *winterzonnewende*. Nu kan men de lengte van een jaar bepalen door te tellen hoeveel dagen er verlopen tussen twee zomerzonnewendes. Dat levert *ongeveer* 365 dagen op. Als je een klein beetje vals speelt kun je zeggen dat dat *min of meer* overeenkomt met 360, een veelvoud van een hele reeks 'magische' getallen: 2 (twee handen), 10 (de vingers van onze twee handen), 12 (de Babylonische vingerkootjes) en 60 (vijf dozijnen)! En dat is precies wat men heeft gedaan.
Op dezelfde manier zijn de 12 maanden slechts een *benadering* van de dertien volle manen die je in een jaar kunt waarnemen (een *maancyclus* duurt ongeveer 28 dagen). Aangezien de Aarde in (ongeveer) 360 dagen een volle cirkel rond de zon draait, kan men een cirkel dus in 360° verdelen, waarbij elke graad met één dag overeenkomt.
Later kwam men op het idee om de tijd in nog kleinere eenheden te verdelen: twaalf uren voor de dag en twaalf uren voor de nacht. Door nu elk uur in zestig eenheden te verdelen verkreeg men de minuten, waarvan het zestigste deel weer overeenkomt met de seconden.
Voor de booggraden heeft men vrijwel hetzelfde gedaan, behalve dat men de graad niet in 24 'uren' verdeelde maar rechtstreeks in 60 minuten. Op Aarde komt één minuut dus overeen met een zestigste graad die op zijn beurt weer overeenkomt met het driehonderdzestigste deel van de aardomtrek. Deze bedraagt 40.000 km. Op de evenaar is de lengte van een minuut dus 40.000.000 m / (360 x 60) = 1.852 meter. Dat

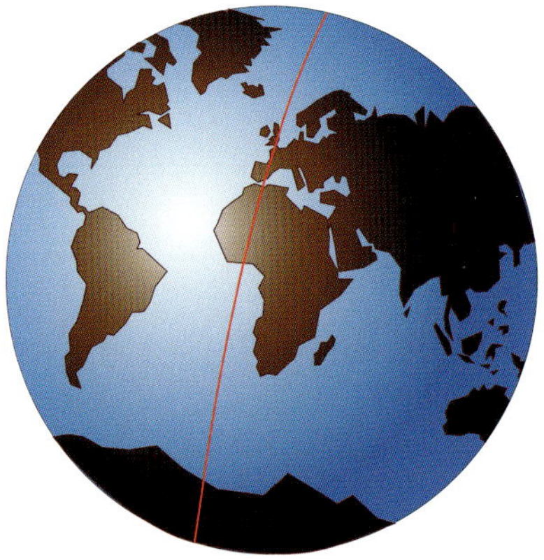

From pole to pole, each minute also corresponds to 1,852 m, but when one moves away from the equator, the meridians are increasingly closer to each other and a minute in longitude therefore becomes shorter and shorter, until at the poles it amounts to nothing! A minute longitude equals 1,852 m multiplied by the cosine of the latitude. For example, in Greenwich (51° 28′ N), one minute east-west equals 1,154 m, whereas in Brussels it amounts to 1,170 m and in Paris to 1,218 m.

The Prime Meridian

Let us reconsider the terrestrial globe. The equator corresponds to a geographical reality: it is situated halfway between the two poles and twice a year the sun passes exactly above this line (at its zenith): these are the two *equinoxes*. Of all the imaginary circles around the Earth's axis, this is the largest one.
The meridians, on the other hand, are all the same: there is not a single one that marks it as particularly different from the others. Every human being lives on his own meridian, from where he can observe at what time exactly (for him) the sun reaches its highest point during its daily course. Since the Earth rotates on its axis, this moment is not the same for everyone. When it is noon in London, it is 1 PM in Paris, 9 PM in Tokyo and the sun has just risen in New York. Everyone defines time according to their own meridian. This is why, in former times, there were different time-defining meridians: those of Paris, London, Cadiz, Lisbon, Naples, Christiania, Copenhagen, Stockholm, Pulkowa, Rio de Janeiro and many more. Sailors of every nation used their home meridian for navigation.

Greenwich Mean Time and navigation

In the 18th century, navigators had only one means to determine longitude: by measuring the time difference between noon where they were (by observing the sun) and noon in their home port (to be read from a marine chronometer taken aboard). Since the Earth revolves full circle (360°) on its axis in one day

D'un pôle à l'autre, chaque minute de latitude correspond également à 1 852 m, mais lorsqu'on s'écarte de l'équateur, les méridiens se rapprochent de plus en plus, et la minute de longitude diminue au fur et à mesure qu'on s'approche des pôles, où elle finit par ne plus rien mesurer du tout ! La minute de longitude correspond à 1 852 m multiplié par le cosinus de la latitude. Par exemple, à Paris (48° 52′ N), une minute est-ouest équivaut à 1 218 m, à Bruxelles 1 170 m, et à Greenwich 1 154 m.

Le méridien de Greenwich

Revenons à notre globe terrestre. L'équateur correspond bien à une réalité cosmique : il se trouve à mi-chemin entre les deux pôles et le soleil se trouve deux fois par an exactement au-dessus de lui (au zénith) : ce sont les *équinoxes*. De tous les cercles imaginaires autour de l'axe de rotation de la Terre, c'est le plus grand.
Par contre, les méridiens sont tous pareils : il n'y en a pas un seul qui possède une particularité par rapport aux autres. Chaque humain vit sur son propre méridien, sur lequel il peut observer à quel moment (pour lui) le soleil atteint son point le plus haut à midi. Puisque la Terre tourne autour de son axe, ce moment n'est pas le même pour tous : lorsqu'il est midi à Paris, il est huit heures du soir à Tokyo et le soleil se lève sur New York. Pour définir l'heure, chacun regarde son propre méridien, chacun voit « midi à sa porte » ! C'est pourquoi, jadis, pour définir l'heure, chacun avait son propre méridien : celui de Paris, de Londres, de Cadix, de Lisbonne, de Naples, de Christiania, de Copenhague, de Stockholm, de Pulkowa, de Rio de Janeiro et d'autres encore. Et les marins de chaque nation naviguaient par rapport à leur méridien d'origine.

Temps universel et navigation

Au XVIIIe siècle, les navigateurs ne disposaient que d'un seul moyen pour déterminer la longitude : mesurer la différence de temps entre midi à l'endroit où ils se trouvaient (observation du soleil) et l'heure de midi de leur port d'attache (lisible sur un chronomètre marin embarqué à bord). Puisque la Terre fait un

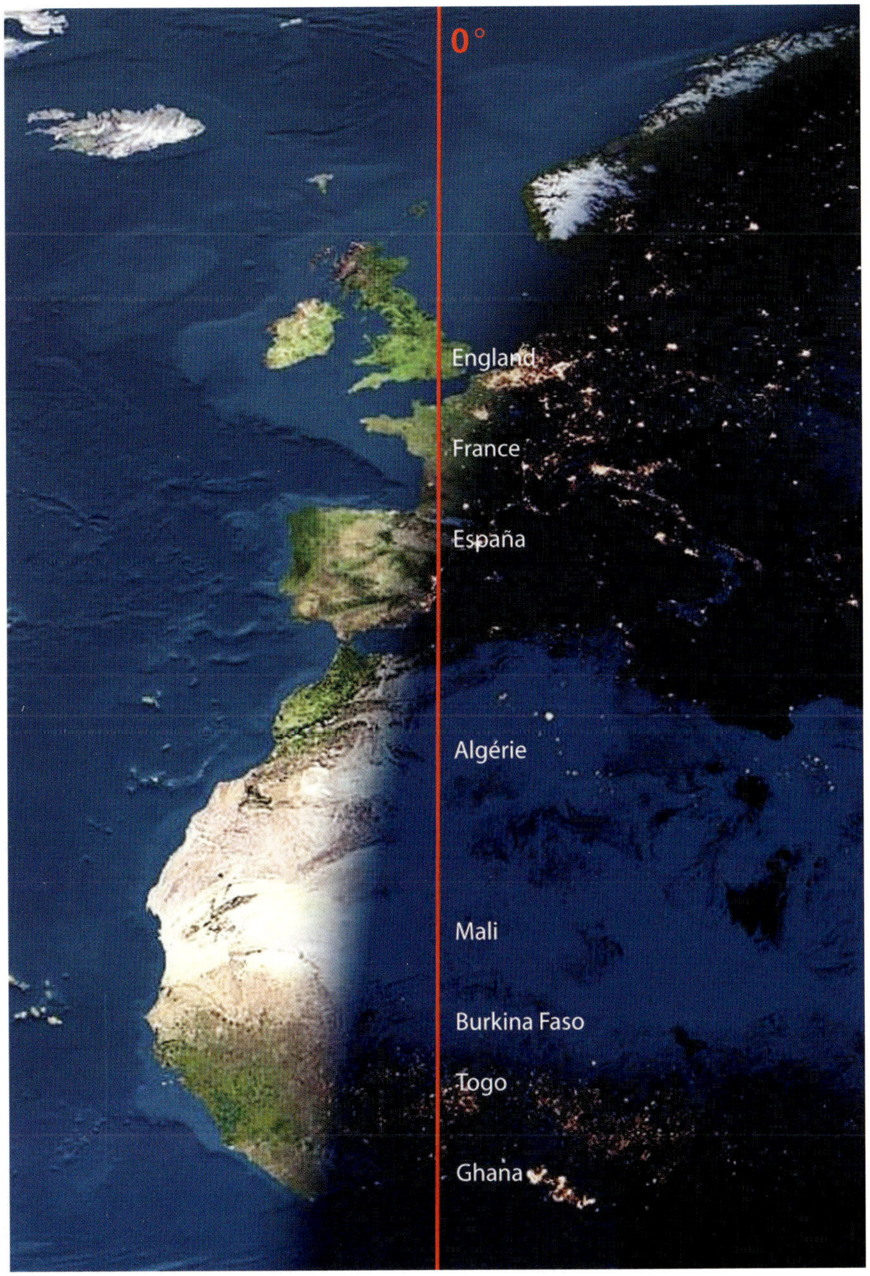

is de *zeemijl*. Tussen de polen meet elke breedteminuut eveneens 1.852 m, maar naarmate men zich van de evenaar verwijdert liggen de meridianen steeds dichter bij elkaar en worden de lengteminuten steeds korter, totdat ze bij de polen niets meer meten! De maat van een lengteminuut wordt verkregen door 1.852 m met de cosinus van de breedte te vermenigvuldigen. Zo bedraagt een Oost-West minuut in Parijs (48° 52′ N) 1.218 m, in Brussel 1.170 m, en in Greenwich 1.154 m.

De Nulmeridiaan van Greenwich

Laten we terugkeren naar onze aardbol. De evenaar heeft een reële betekenis: hij bevindt zich halverwege de twee polen en twee keer per jaar staat de zon er loodrecht boven: de *equinoxen*. Het is de grootste van alle denkbeeldige cirkels rond de aardas.
De meridianen, daarentegen, zijn alle gelijk: er is er niet één die iets bijzonders heeft ten opzichte van alle andere. Iedereen leeft op zijn eigen meridiaan, waarop hij of zij kan constateren wanneer (voor hem of haar) de zon zijn hoogste punt bereikt: het middaguur. Aangezien de Aarde rond haar as draait is dat tijdstip voor iedereen anders: wanneer we in Brussel of Parijs het middaguur bereiken is het acht uur 's avonds in Tokyo en gaat de zon net op in New York. Het uur is dus voor iedereen anders, afhankelijk van de meridiaan waarop hij leeft. Dat heeft er vroeger toe geleid dat iedereen zijn eigen nulmeridiaan had: die van Parijs, van Londen, van Cadix, van Lissabon, van Napels, van Christiania, van Kopenhagen, van Stockholm, van Pulkowa, van Rio de Janeiro en nog een paar andere. De zeelieden van elke natie navigeerden ten opzichte van hun eigen thuismeridiaan.

Zonnetijd en navigatie

In de 18e eeuw beschikten zeevarenden namelijk slechts over één middel om de lengtegraad van waar ze zich bevonden te bepalen: ze maten het tijdsverschil tussen het middaguur op de plek waar zij zich bevonden (hoogste stand van de zon) en het middaguur in de thuishaven (afgelezen op een uitermate precieze klok aan boord). Aangezien de Aarde in één etmaal (24 uur) een volledige cirkel (360°) om haar as

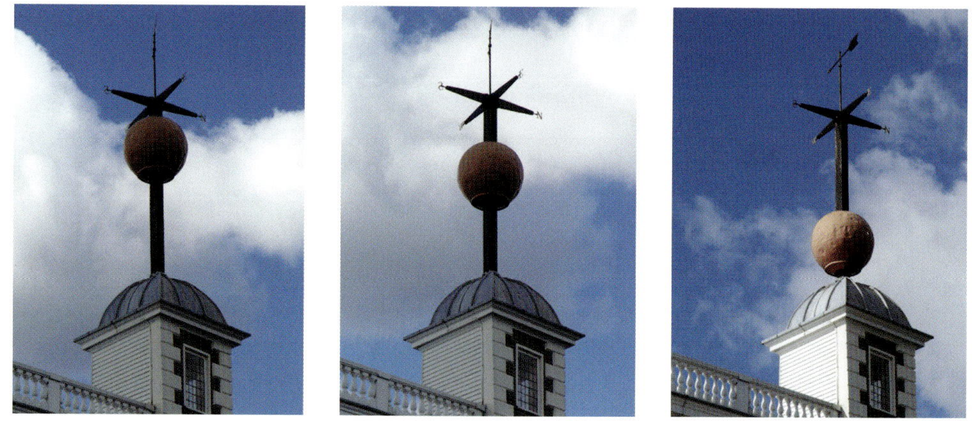

Photos SW · © ROG

(24 h), each hour difference corresponds to 15° longitude (and thus each minute to 0.25° and each second to 0.00417°).
In October 1884, in order to standardize navigation worldwide, it was decided by 25 leading nations at the International Meridian Conference held in Washington to adopt one single meridian for the purpose of time reference. The Greenwich meridian was chosen to become the Prime Meridian with 22 voices in favour, 1 against (Santo Domingo) and 2 abstentions, of which one was France, represented by Messrs. Lefaivre and Janssen. Since that date, Greenwich time has become the international standard (Greenwich Mean Time or GMT).

A Meridian representative of Earth's diversity

Along its 20,000 km, the Greenwich meridian runs over some 13,000 km of ocean and only 7,000 km of continent. This corresponds roughly to the proportions observed on the entire planet, of which 70 % is covered by seas and oceans.
From north to south, the Prime Meridian starts in the cold of the Arctic, crosses the temperate and Mediterranean zones of Europe, before cutting through the desert and tropical climates of Africa, and it then goes on to meet the vast icy expanses of Antarctica in the southern Atlantic.
It encounters a large array of different landscapes: peat bogs and steep cliffs in the Shetland Isles, the green waters of the North Sea, English meadows and cities, the D-Day beaches and orchards of Normandy, the pinewoods of Les Landes, the peaks of the Pyrenees, and, after crossing the blue Mediterranean, those of the Atlas mountains, the sand dunes of the Grand Erg Occidental and the rocky plains of the southern Sahara, the steppes of Mali and Burkina Faso, the tropical rain forest in Ghana. Those 7,000 terrestrial kilometres cross three continents (Europe, Africa, Antarctica) and eight countries: Great Britain (for 320 km), France (735 km), Spain (340 km), Algeria (1,540 km), Mali (790 km), and Burkina Faso (440 km), Togo (30 km) and Ghana (590 km). More than half the meridian runs through the virtually uninhabited desert regions of the Sahara and Antarctica. But along the other part, a mere 3,000 km, what a rich human diversity there is!

tour complet (360°) autour de son axe en une journée (24 heures), chaque heure de différence correspond à 15° de longitude (et chaque minute à 0,25° et chaque seconde à 0,00417°).
Afin de standardiser la navigation mondiale, il fut décidé en octobre 1884, lors de la Conférence internationale du Méridien qui eut lieu à Washington et à laquelle prirent part vingt-cinq nations, d'adopter un seul et unique méridien de référence : celui de Greenwich, avec vingt-deux voix pour, une contre (Saint-Domingue) et deux abstentions, dont celle de la France, représentée par MM. Lefaivre et Janssen. Dès lors, l'heure de Greenwich devint l'heure universelle : Temps universel (TU) ou Greenwich Mean Time (GMT).

Un méridien représentatif de la diversité terrestre

Tout le long de ses 20 000 km, le méridien de Greenwich couvre près de 13 000 km d'étendues océaniques et seulement 7 000 km de continent. Ce qui correspond bien à la proportion d'eau de notre planète, recouverte à 70 % par les mers et les océans.
Du nord au sud, le Méridien 0° part du froid de l'Arctique, traverse les climats tempérés et méditerranéens d'Europe, puis ceux, arides, désertiques et tropicaux d'Afrique, avant de retrouver, dans l'Atlantique sud, les glaces de l'Antarctique.
Il rencontre des paysages divers : les tourbières et les falaises des îles Shetland, les eaux vertes de la mer du Nord, les champs et les villes d'Angleterre, les plages du Débarquement de 1944 et le bocage normand, la forêt landaise, la chaîne des Pyrénéees et celle de l'Atlas, les dunes de sable du Grand Erg occidental et les étendues rocheuses du Sahara, la steppe au Mali et au Burkina Faso, la forêt équatoriale au Ghana. Ces 7 000 km terrestres traversent trois continents (l'Europe, l'Afrique et l'Antarctique) et huit états : la Grande-Bretagne (sur 320 km), la France (735 km), l'Espagne (340 km), l'Algérie (1 540 km), le Mali (790 km), le Burkina Faso (440 km), le Togo (30 km) et le Ghana (590 km). Plus de la moitié du méridien, le Sahara et l'Antarctique, est une région désertique où ne vit pratiquement personne. Mais sur l'autre moitié, sur 3 000 km à peine, quelle richesse humaine !

draait, komt ieder uur verschil overeen met 15 lengtegraden (en iedere minuut met 0,25° en elke seconde met 0,00417°).
Teneinde de navigatie over de gehele wereld te standaardiseren, werd in oktober 1884 de Internationale Meridiaanconferentie in Washington gehouden. 25 zeevarende naties namen eraan deel en er werd besloten, met 22 stemmen vóór, 1 tegen (San Domingo) en 2 onthoudingen (waaronder Frankrijk, vertegenwoordigd door de Heren Lefaivre en Janssen) om in het vervolg de Meridiaan van Greenwich als enige universele Nulmeridiaan te hanteren. Vanaf dat moment werd dus ook de tijd in Greenwich de universele tijd (UT) of wereldtijd, vaak ook Greenwich Mean Time (GMT) genoemd.

Een meridiaan representatief van de diversiteit van de Aarde

Langs zijn 20.000 km, doorkruist de Meridiaan van Greenwich bijna 13.000 km water en slechts 7.000 km land. Hetgeen precies overeenkomt met de verhouding water op onze planeet, die voor 70 % door zeeën en oceanen bedekt wordt. Van noordpool tot zuidpool vertrekt de Nulmeridiaan vanuit de arctische koude, loopt door de gematigde en mediterrane streken van Europa, gevolgd door de dorre streken, woestijnen en tropische regio's van Afrika alvorens in het zuiden van de Atlantische Oceaan opnieuw de ijsvlaktes van Antarctica te ontmoeten.
Hij komt voor in een veelheid aan landschappen: de venen en steile kliffen van de Shetland eilanden, de groene wateren van de Noordzee, de velden en steden van Engeland, de D-Day stranden et de boomgaarden van Normandië, de pijnboombossen in de Landes, de bergketens van de Pyreneeën en de Atlas, de zandduinen van de Grand Erg occidental en de rotsige vlaktes van de Sahara, de steppe in Mali en Burkina Faso en het tropisch regenwoud in Ghana. De 7.000 km land gaan dwars door drie continenten (Europa, Afrika en Antarctica) et acht landen: Groot-Brittannië (over een lengte van 320 km), Frankrijk (735 km), Spanje (340 km), Algerije (1.540 km), Mali (790 km), Burkina Faso (440 km), Togo (30 km) en Ghana (590 km). Meer dan de helft van de Meridiaan, de Sahara en Antarctica, zijn woestijnen waar vrijwel niemand woont. Maar wat zijn die overige amper 3.000 kilometer rijk aan menselijke verscheidenheid!

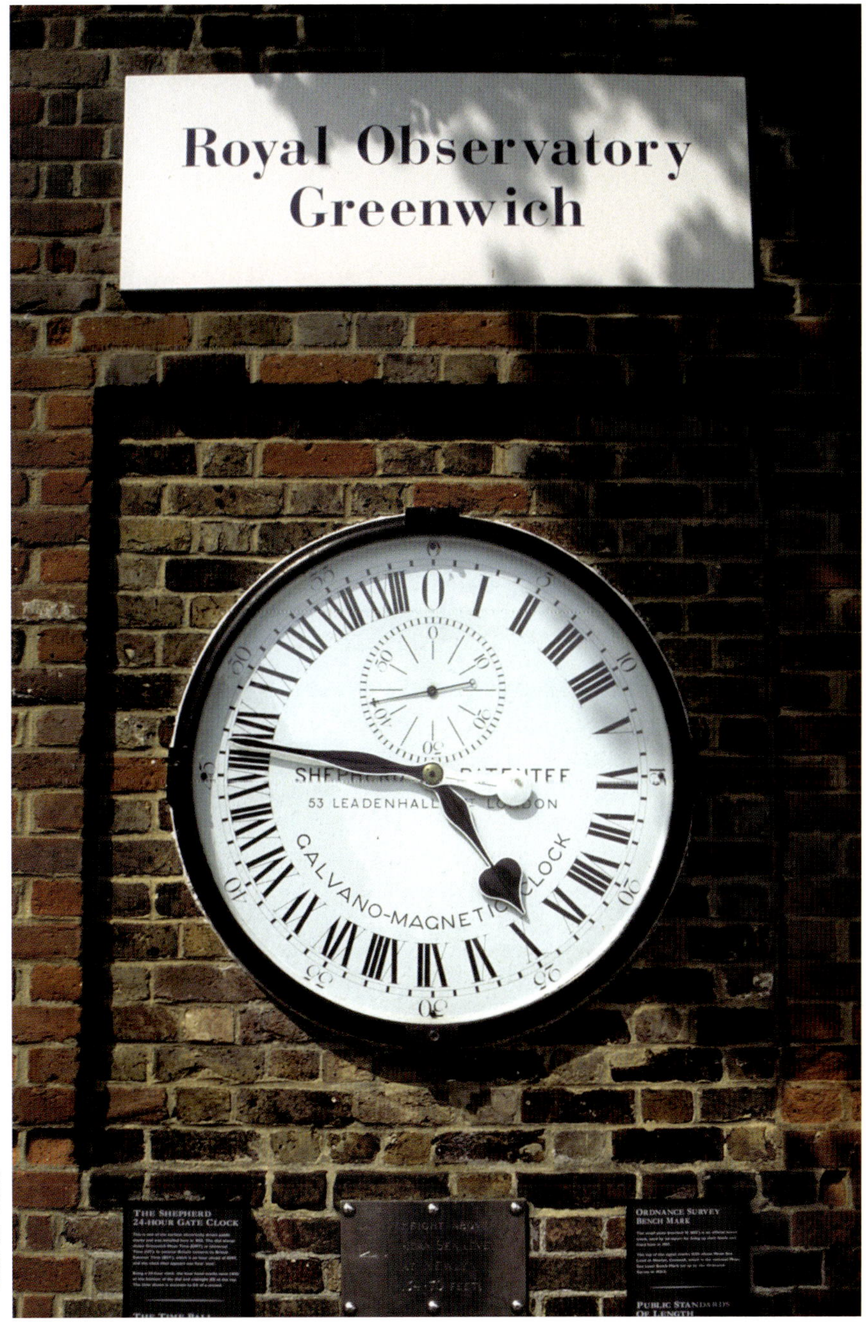

Photo SW · © ROG

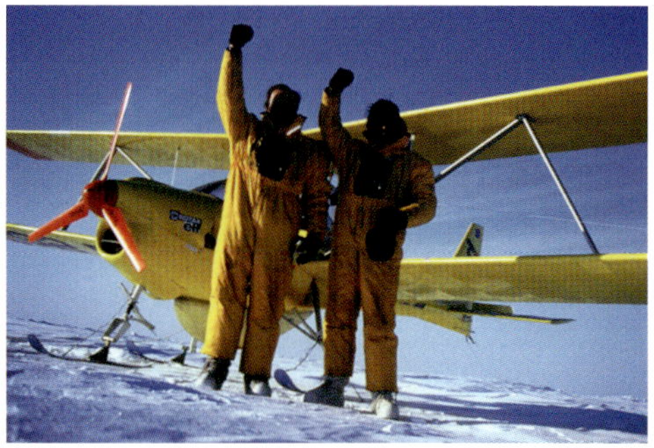

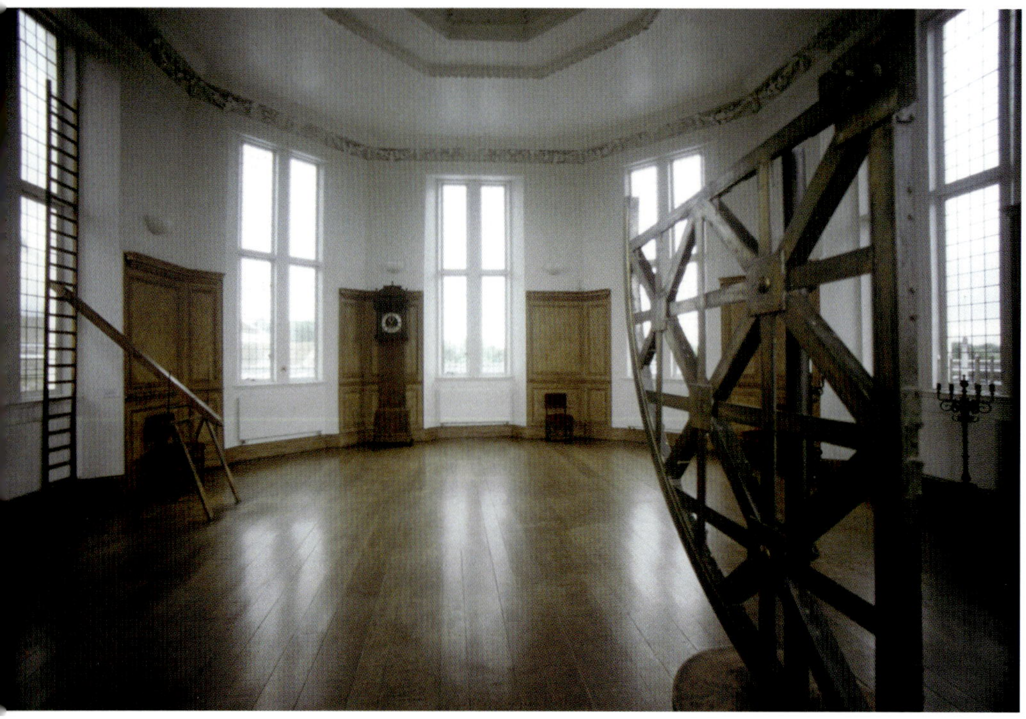

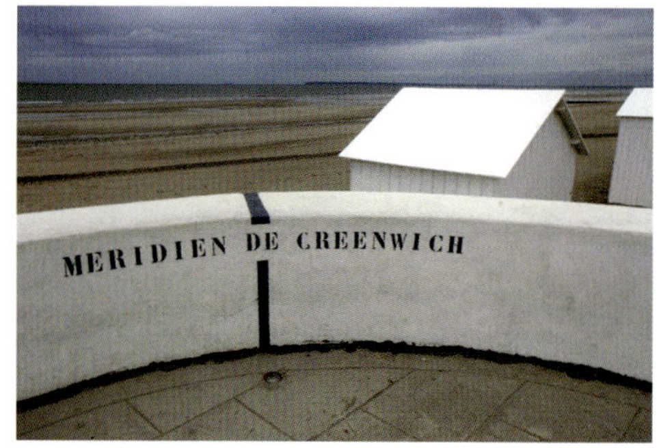

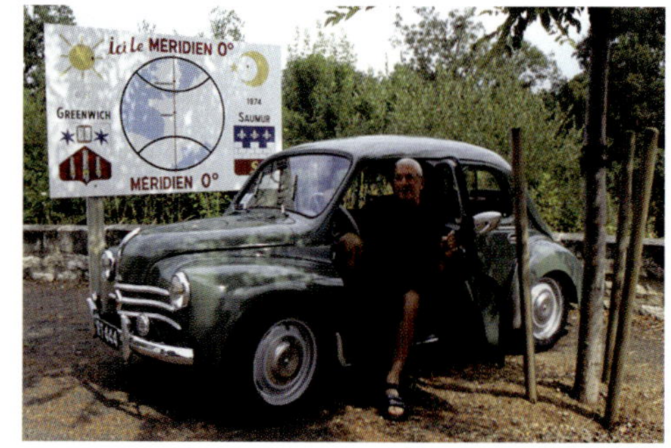

A human kaleidoscope

The traveller along this mythical line will meet a great diversity of human cultures and races and a sample of several religions: Protestants and Catholics, Muslims, Jews, Animists... He will hear a true Babel of languages: Gaelic, English, French, Occitan, Catalan, Spanish, Arabic, Taznatit, Tidikelt, Tamasheq, Songhaï, Foulfouldé, Gourmanché, Bissa, Konkomba, Dagbani, Chala, Krache, Dangme, Gonja...

The Prime Meridian on its own is a condensed version of the richness of our planet.

I have travelled the Meridian by car, on foot, and by pirogue, in order to meet its people with just my camera and my notebook. Everywhere along the Line, I have talked to warm, generous, beautiful, fascinating women, men and children. This book is about them. It is their story, in a series of portraits. Portraits that show the diversity of mankind but that also show, once more, that rich or poor, black or white; we all share the same needs, the same joys, and the same sorrows.

We love and protect our children, we mourn our dead. We go about our daily chores; we need food and shelter. We are often on the move. We want to be beautiful; we want to seduce. We want to entertain ourselves; we want to play. We want to learn; we want to understand this complex and sometimes frightening world around us.

Travelling the Prime Meridian has served to confirm to me that in spite of our many differences, we all belong to the same family.

90°00'00" N | 51°28'38" N

Hubert de Chevigny and Nicolas Hulot at the North Pole, on 4 May, 1987
Hubert de Chevigny et Nicolas Hulot au Pôle Nord, le 4 mai 1987
Hubert de Chevigny en Nicolas Hulot op de Noordpool, op 4 mei 1987

The Octagon Room of the Royal Observatory at Greenwich
La salle octogonale de l'observatoire royal de Greenwich
De achthoekige zaal van het Koninklijke Observatorium in Greenwich

49°19'36" N | 47°14'08" N

Villers-sur-Mer, Orne, France, Frankrijk · Parnay, Maine-et-Loire, France, Frankrijk

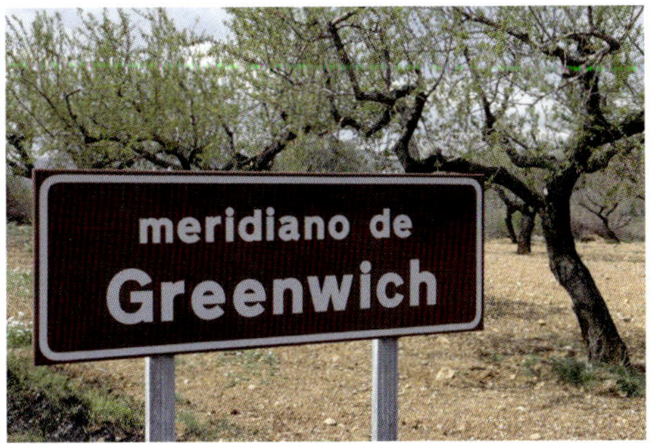

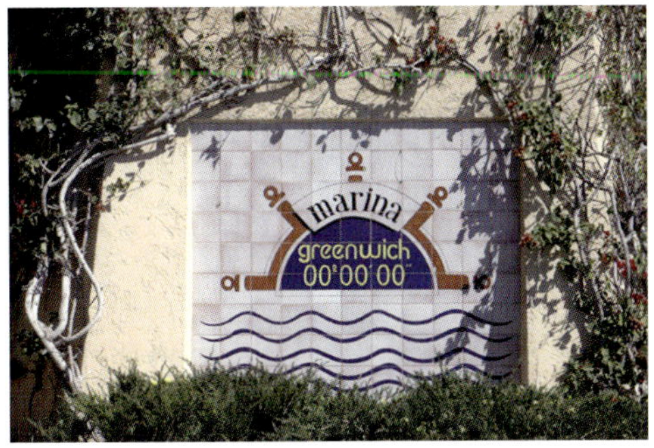

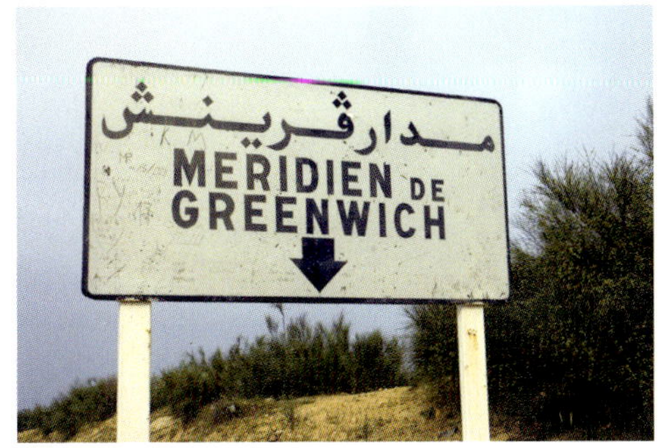

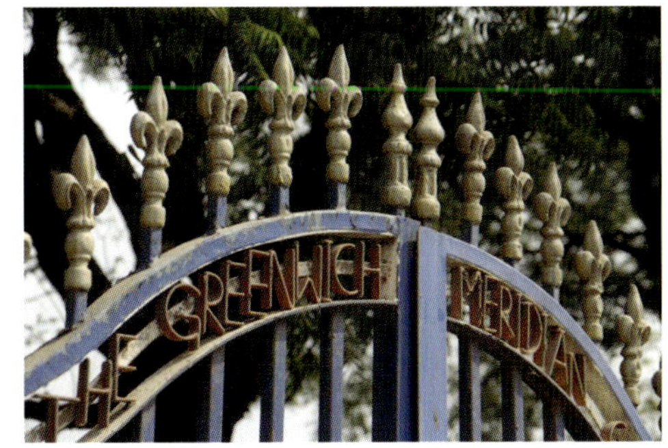

Un kaléidoscope humain

Celui qui voyage le long de ce méridien mythique rencontre des cultures et des races humaines très différentes, et un échantillonnage de plusieurs religions : protestantisme et catholicisme, islam, judaïsme, animisme… Il entendra parler une multitude de langues : gaélique, anglais, français, occitan, catalan, espagnol, arabe, taznatit, tidikelt, tamasheq, songhaï, foulfouldé, gourmanchéma, bissa, konkomba, dagbani, chala, krache, dangme, gonja…
Le Méridien 0° à lui seul est un condensé des trésors de notre Terre.
Je suis parti le long de ce méridien, en voiture, à pied, en pirogue, à la rencontre des gens, appareil photo en bandoulière et carnet et stylo en main. Tout au long du chemin, j'ai parlé avec des personnes chaleureuses, belles, passionnantes. Ce livre raconte ces femmes, ces hommes et ces enfants, à travers une série de portraits. Portraits montrant l'humanité du Méridien dans toute sa diversité.
Portraits qui démontrent, si besoin est, que riche ou pauvre, blanc ou noir, nous avons tous les mêmes besoins, nous partageons tous les mêmes joies et les mêmes peines.
Nous chérissons et protégeons nos enfants, nous pleurons nos morts. Nous voulons travailler, manger et être logés. Nous voulons nous déplacer. Nous voulons nous embellir pour plaire. Nous voulons nous amuser et jouer. Nous voulons apprendre, comprendre ce monde complexe et parfois angoissant qui nous entoure.
Le long du Méridien, j'ai trouvé la confirmation que, dans notre diversité, nous appartenons tous à la même famille.

Een menselijke kaleidoscoop

Wie langs deze legendarische meridiaan reist, komt totaal verschillende rassen en culturen tegen, alsmede een schakering aan godsdiensten: Protestantse en Katholieke Christenen, Mohammedanen, Joden, Animisten… Hij hoort een groot aantal talen: Gaelic, Engels, Frans, Occitaans, Catalaans, Spaans, Arabisch, Taznatit, Tidikelt, Tamasheq, Songhaï, Foulfoulde, Gourmanchema, Bissa, Konkomba, Dagbani, Chala, Krache, Dangme, Gonja…
In zijn eentje is de Nulmeridiaan representatief voor alle rijkdommen van onze Aarde.
Ik ben, met de auto, te voet en in prauwen langs de denkbeeldige lijn gereisd om zijn bewoners te ontmoeten, mijn fototoestel in de aanslag en blocnote en pen bij de hand. Overal ben ik tijdens mijn reizen hartelijke, mooie, boeiende mensen tegengekomen.
Dit boek met zijn portretten gaat over die vrouwen, die mannen en die kinderen. Portretten die de mensheid op de Meridiaan in al hun diversiteit tonen. Portretten die ten overvloede laten zien dat we allemaal, arm of rijk, blank of zwart, hetzelfde willen, dat we dezelfde vreugdes en zorgen delen.
Wij houden van onze kinderen en beschermen ze, wij rouwen om onze doden. Wij willen werk, eten, een dak boven ons hoofd. Wij willen ons verplaatsen. Wij willen mooi zijn om te behagen. Wij willen ons amuseren, wij willen spelen. Wij willen leren, deze ingewikkelde wereld begrijpen die ons vaak ontzag en angst inboezemt.
Langs de Meridiaan reizend heb ik de bevestiging gevonden dat we, alle verscheidenheid ten spijt, tot dezelfde familie behoren.

40°20'57" N | 38°37'55" N

Albocasser, Spain, Espagne, Spanje · Campomanes Altea, Spain, Espagne, Spanje

35°50'15" N | 05°37'39" N

Stidia, Algeria, Algérie, Algerije · Tema, Ghana

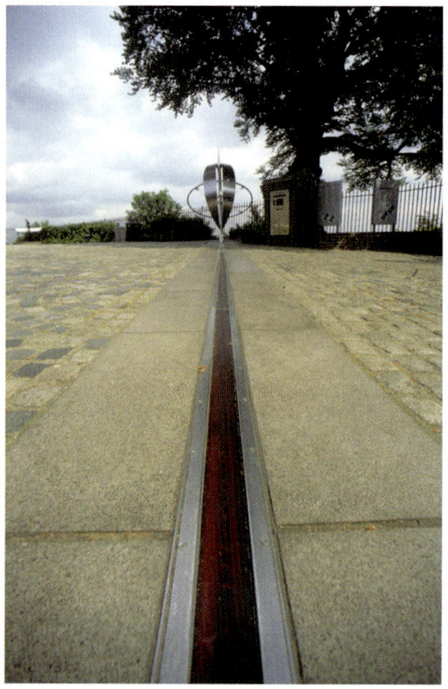

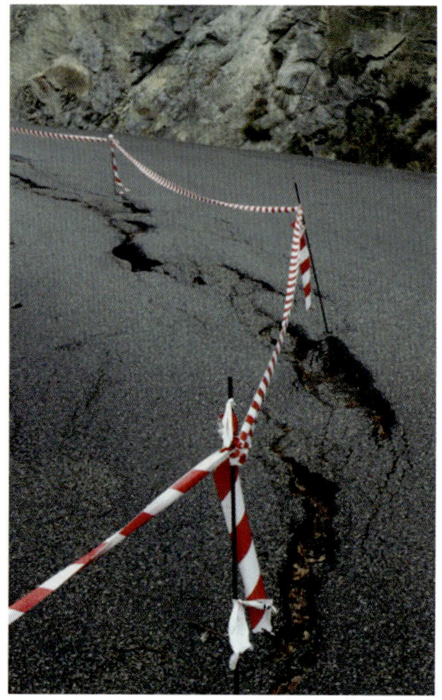

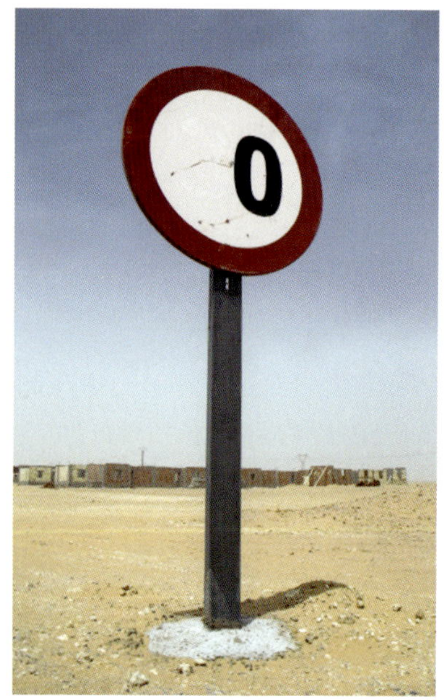

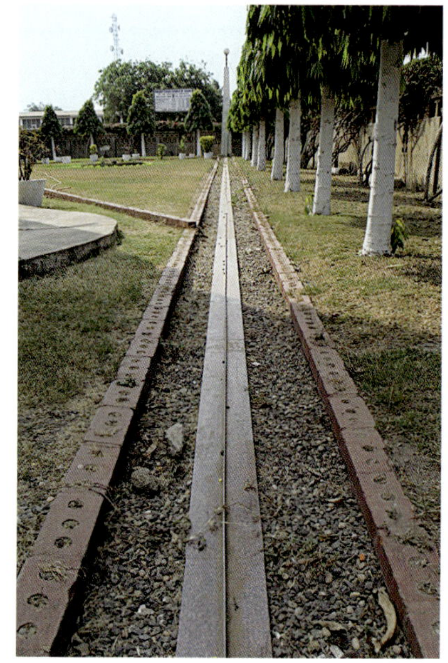

51°28'38" N | 42°34'52" N | 27°04'10" N | 05°37'39" N | 51°28'38" N

Where East meets West. At the Greenwich Observatory, England · The Pyrenees, Spain · Titaouine, Algeria · Tema, Ghana
Rencontre entre l'Est et l'Ouest. À l'observatoire de Greenwich, Angleterre · Pyrénées, Espagne · Titaouine, Algérie · Tema, Ghana
Oost ontmoet West. Observatorium van Greenwich, Engeland · Pyreneeën, Spanje · Titaouine, Algerije · Tema, Ghana

The view from Observatory Hill: the Prime Meridian runs between the chimneys of the former Greenwich power station and the Millennium Dome on the right
Vue depuis la colline de l'Observatoire: le Méridien 0° passe entre les cheminées de l'ancienne centrale électrique de Greenwich et le Dôme du Millenium à droite
Het uitzicht vanaf de Observatoriumheuvel: de Nulmeridiaan loopt tussen de schoorstenen van de oude elektriciteitscentrale van Greenwich en de Millennium Dome rechts

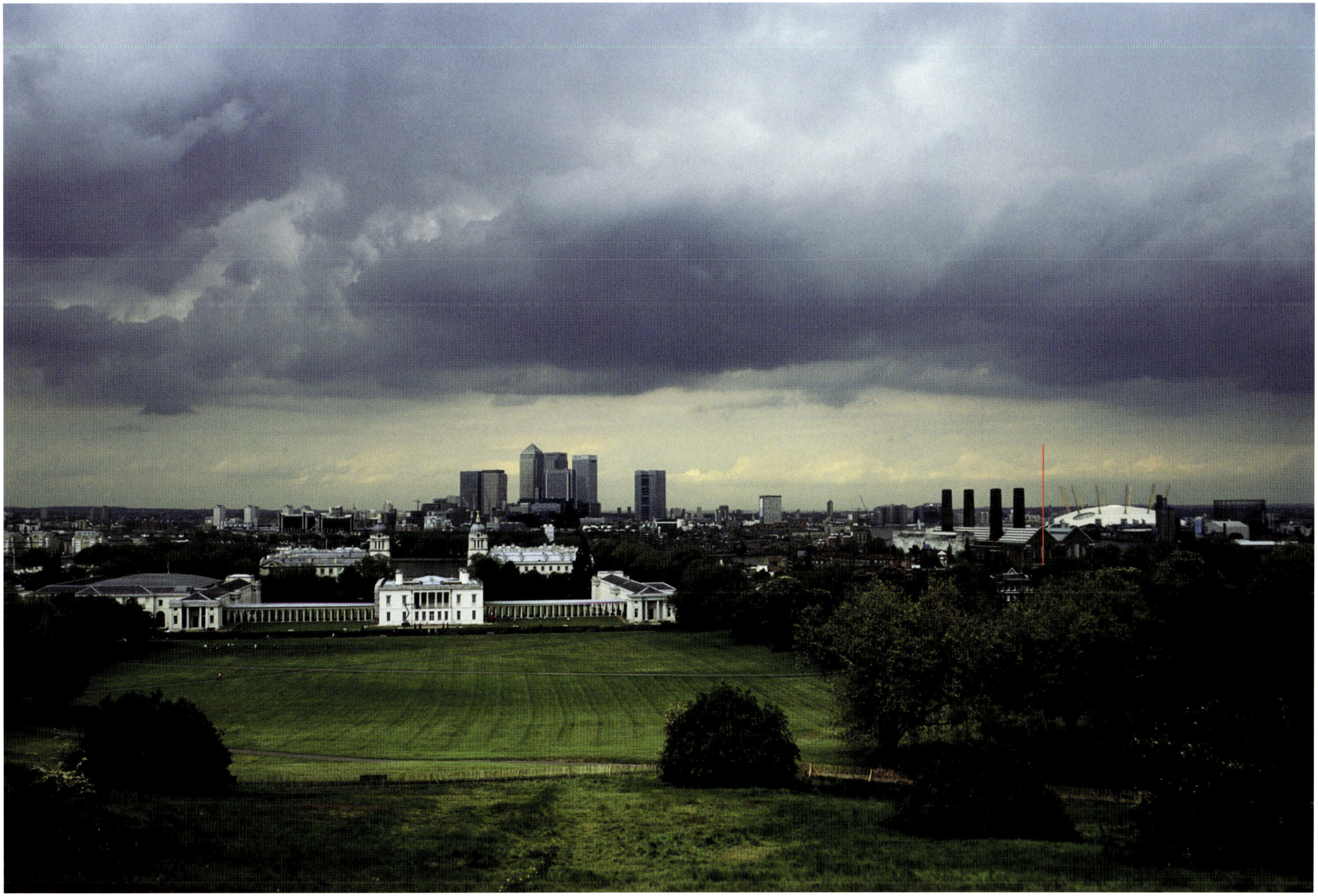

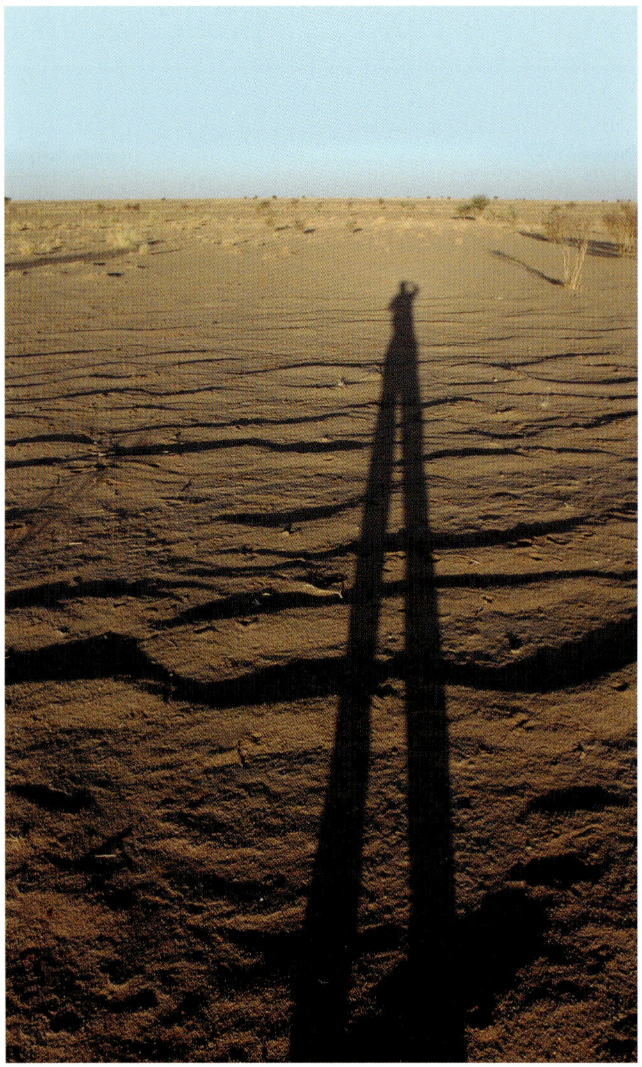

Landscapes | Paysages | Landschappen

Sometimes chaotic and sometimes remarkably geometrical, landscapes are always fascinating. From the unending dunes of the Grand Erg Occidental to the orchards of Normandy, from the North Sea to the Mediterranean, from the snowy peaks of the Pyrenees to the steppes of Africa, man is fashioned by his environment just as man models his environment.

Tantôt chaotiques, tantôt remarquablement géométriques, les paysages fascinent toujours. Des dunes infinies du Grand Erg occidental au bocage normand, de la mer du Nord à la Méditerranée, depuis les neiges pyrénéennes jusqu'aux steppes d'Afrique, l'environnement façonne l'homme comme l'homme modèle son environnement.

Landschappen zijn altijd fascinerend. Soms zijn ze een chaos, dan weer opmerkelijk van regelmaat. Van de oneindig golvende zandduinen van de Sahara tot de groene weilanden van Normandië, van de Noordzee tot de Middellandse Zee, van de besneeuwde toppen van de Pyreneeën tot de steppe in Afrika vormt het milieu zijn bewoners en tegelijkertijd is het ook de mens die vorm geeft aan het landschap.

18°07'21" N - 0°40'10" E, d = 70 km | 29°09'46" N - 0°03'17" E, d = 5.3 km

At sunrise in the desert near Anefis, Mali · Dunes of the Grand Erg Occidental, west of Timimoun, Algeria
Au soleil levant, dans le désert près d'Anéfis, Mali · Dunes du Grand Erg occidental à l'ouest de Timimoun, Algérie
Zonsopgang in de woestijn bij Anefis, Mali · Zandduinen in de Sahara ten Westen van Timimoun, Algerije

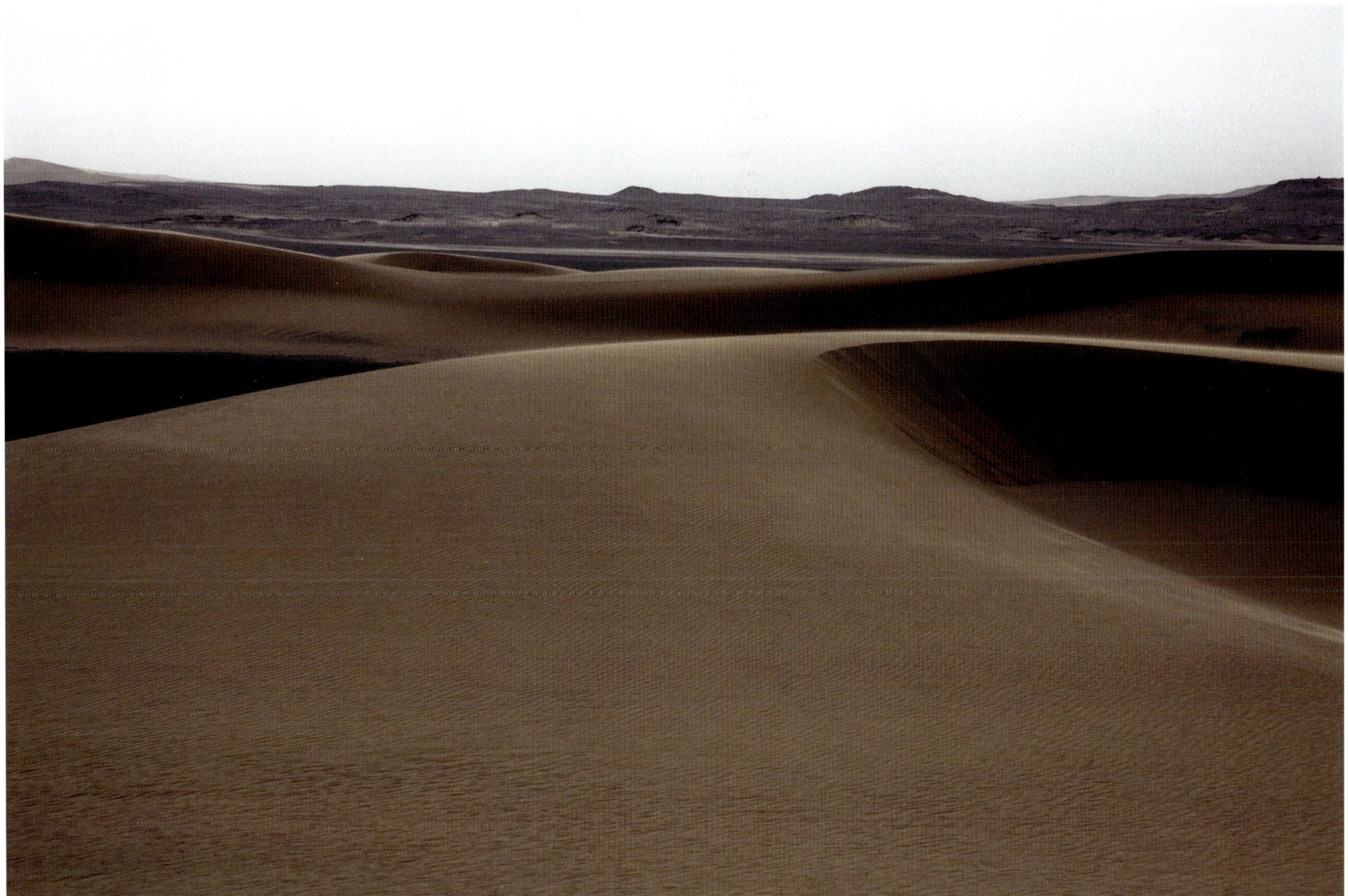

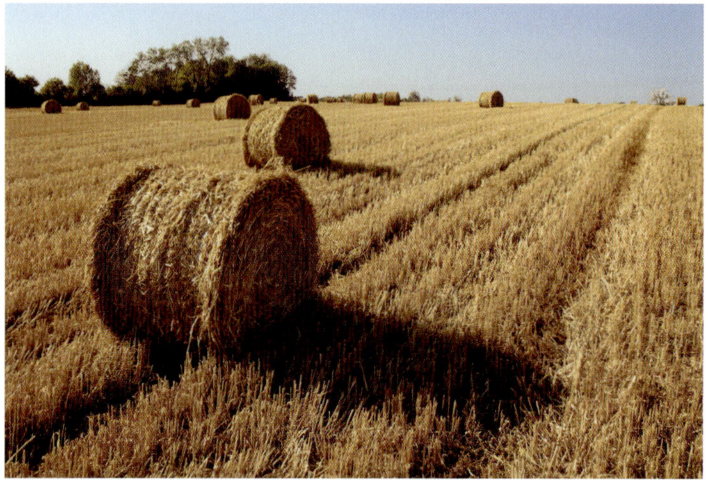
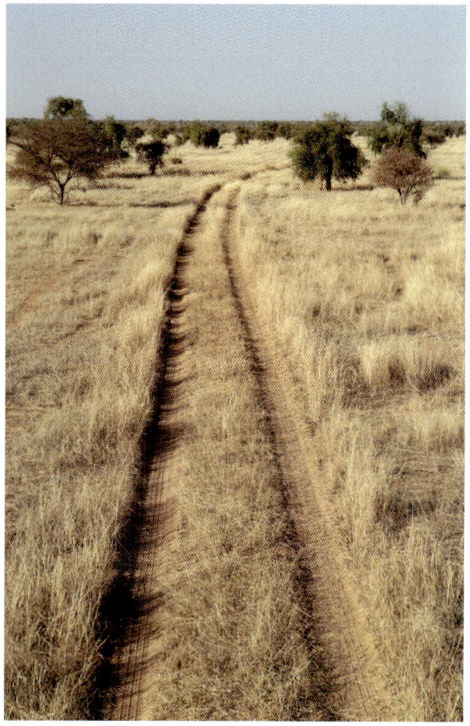
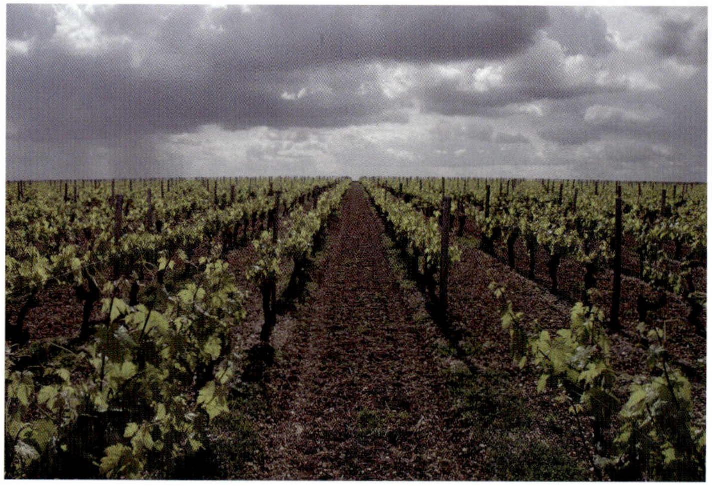

48°50'18" N - 0°00'03" W, d = 0.06 km | 14°43'22" N - 0°00'00" E/W, d = 0 km | 45°40'50" N - 0°00'32" E, d = 0.68 km

A field after reaping at Guêprei, Orne, France · The trail leading from Zigberi to Tambao, Burkina Faso · A vineyard near Douzat, Charente, France
Champ fauché à Guêprei, Orne, France · La route de Zigbéri à Tambao, Burkina Faso · Vignoble près de Douzat, Charente, France
Gemaaid korenveld bij Guêprei, Orne, Frankrijk · De weg van Zigbéri naar Tambao, Burkina Faso · Wijngaard bij Douzat, Charente, Frankrijk

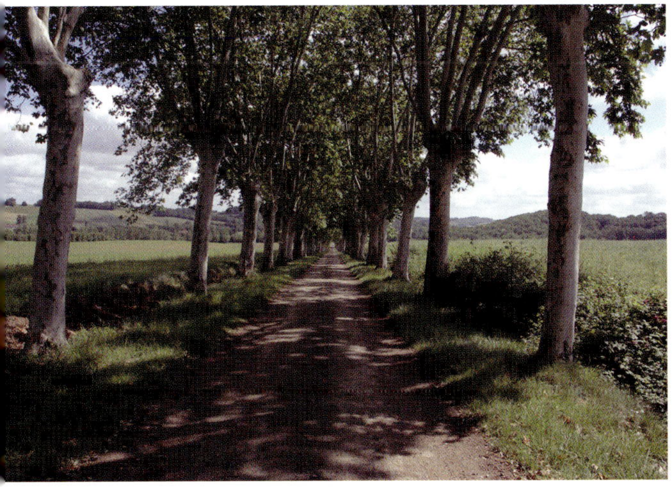

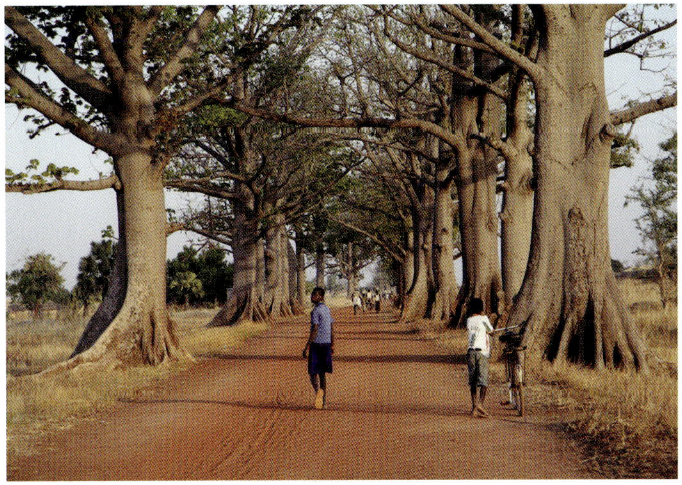

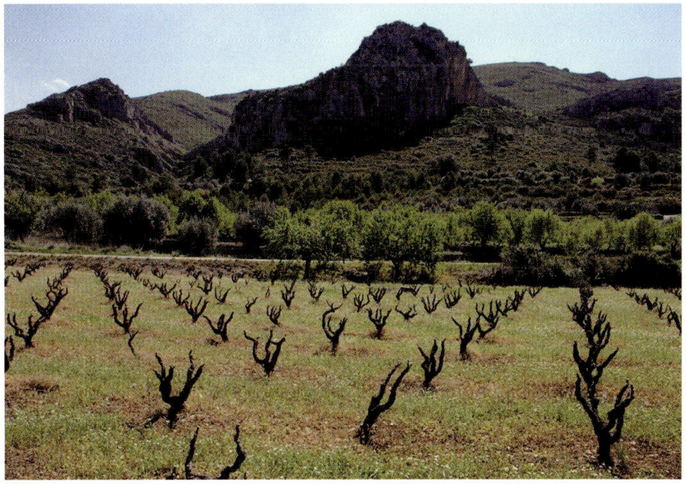

43°29'22" N - 0°22'05" E, d = 30 km | 10°54'19" N - 0°06'43" E, d = 12 km | 38°46'57" N - 0°00'44" E, d = 1.1 km

The road to Château de Nolan, Gers, France · Road lined with kapok trees between Nanergou and Tami, Togo · A vineyard in Pedreguer, Spain
La route du Château de Nolan, Gers, France · Route bordée de kapokiers entre Nanergou et Tami, Togo · Vignoble à Pedreguer, Espagne
De weg naar het kasteel van Nolan, Gers, Frankrijk · Kapokbomen langs de weg van Nanergou naar Tami, Togo · Wijngaard bij Pedreguer, Spanje

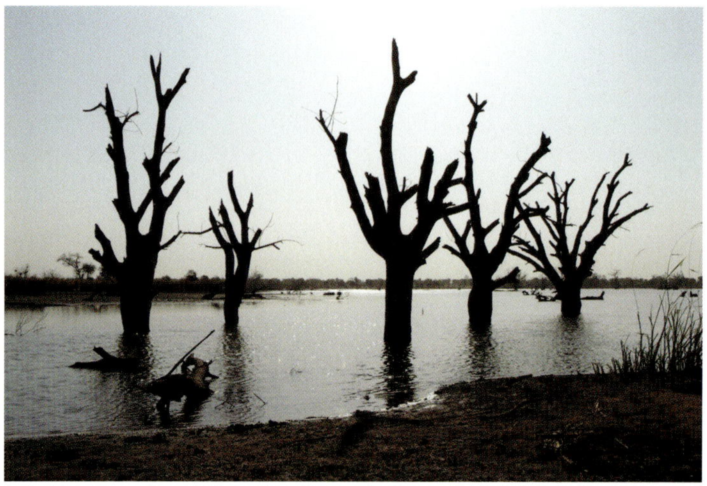

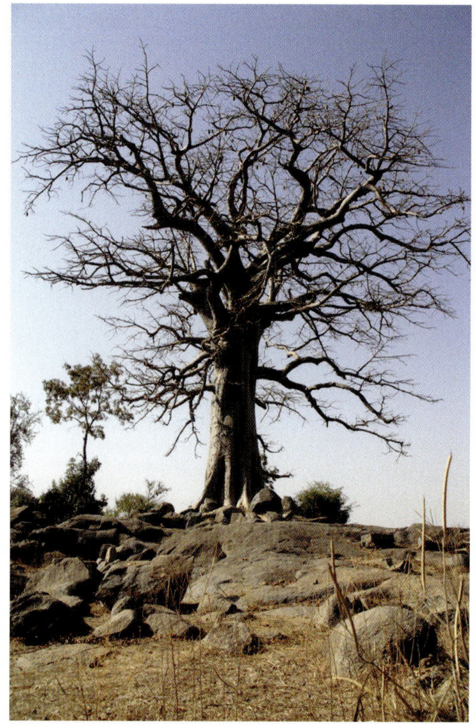

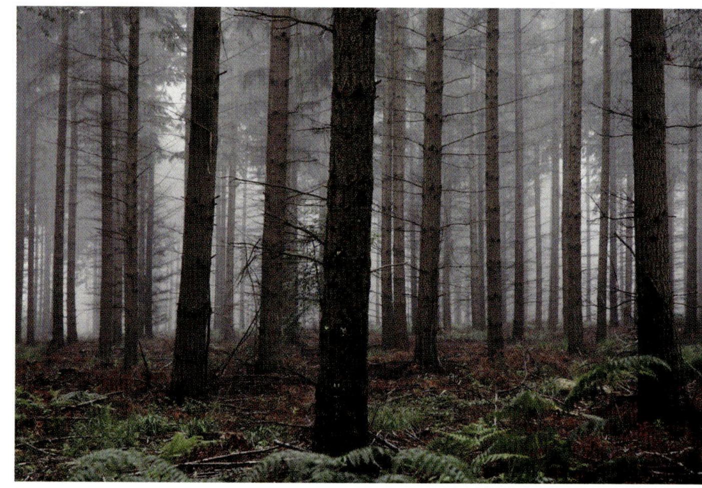

11°44'52" N - 0°11'05" W, d = 20 km | 11°03'49" N - 0°07'05" W, d = 13 km | 48°47'11" N - 0°00'04" E, d = 0.08 km

Dead trees in a reservoir at Malenga Yarse, Burkina Faso · A majestic baobab tree on a granite massif near Perloko, Ghana · A pine forest near Bailleul, Orne, France
Arbres morts dans une retenue d'eau à Malenga Yarse, Burkina Faso · Baobab majestueux sur un massif granitique près de Perloko, Ghana · Forêt de sapins près de Bailleul, Orne, France
Dode bomen in een waterbekken bij Malenga Yarse, Burkina Faso · Een koninklijke baobab of apenbroodboom op een rotsmassief bij Perloko, Ghana · Een dennenbos bij Bailleul, Orne, Frankrijk

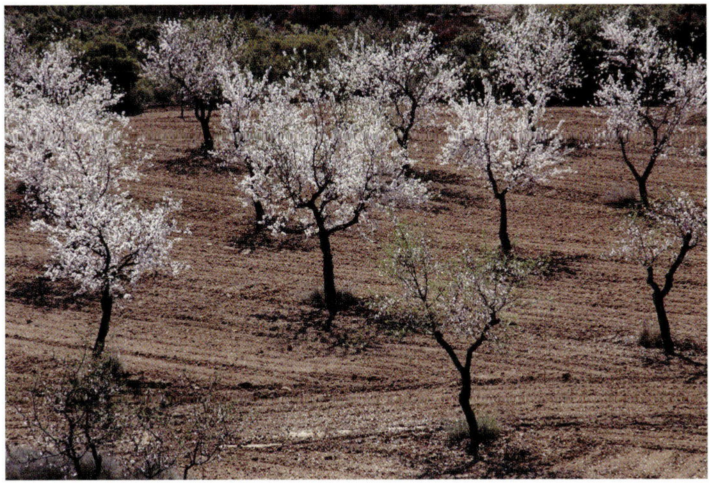

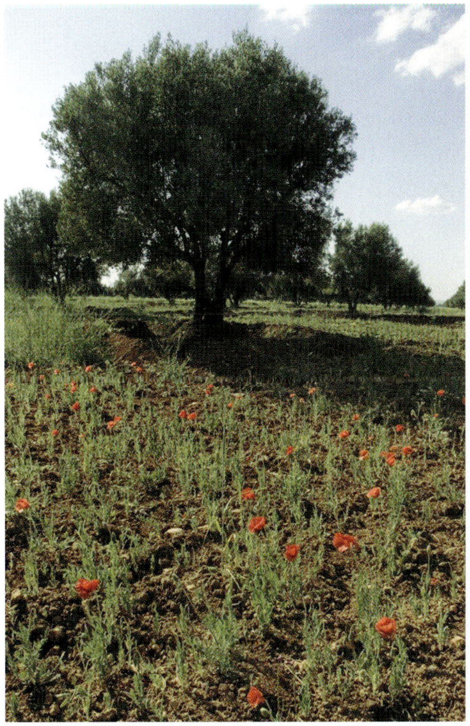

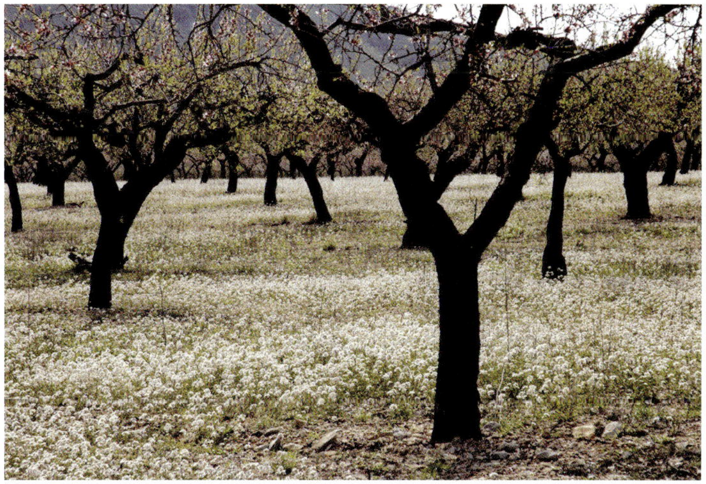

41°05'29" N - 0°04'32" W, d = 5.8 km | 35°09'52" N - 0°06'05" E, d = 9.2 km | 40°24'31" N - 0°00'51" E, d = 1.2 km

Almond trees in bloom near Alcañiz, Spain · An olive grove between Saïda and Mascara, Algeria · Fruit trees near Cati, Spain
Amandiers en fleurs près d'Alcañiz, Espagne · Oliveraie entre Saïda et Mascara, Algérie · Arbres fruitiers près de Cati, Espagne
Bloeiende amandelbomen bij Alcañiz, Spanje · Olijfbomen tussen Saïda en Mascara, Algerije · Vruchtbomen in de buurt van Cati, Spanje

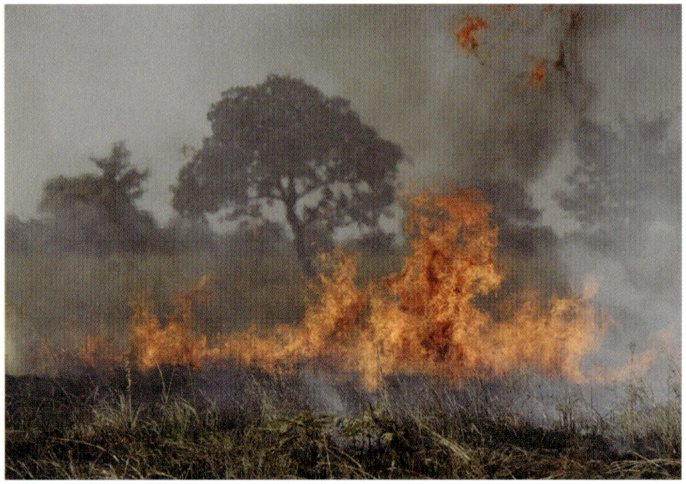

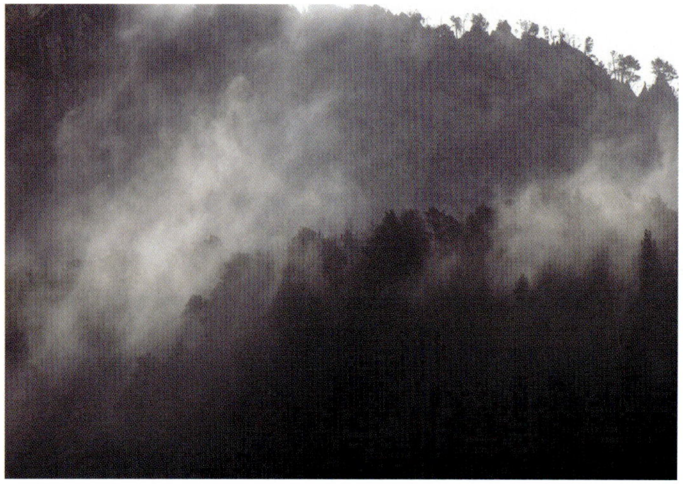

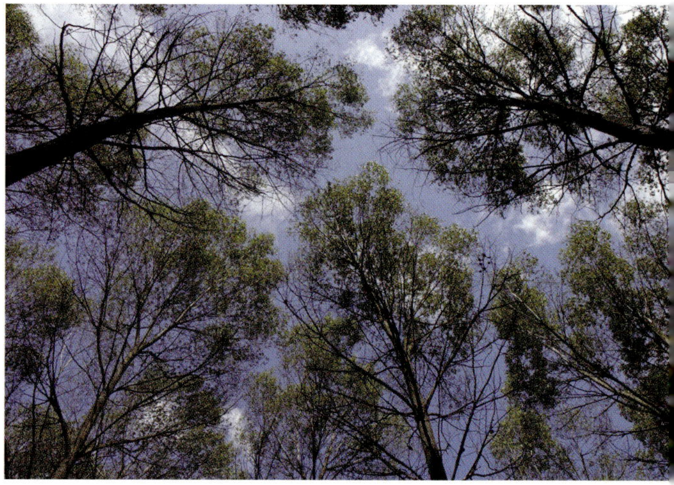

10°20'06" N - 0°05'48" W, d = 11 km | 42°34'03" N - 0°01'54" E, d = 2.6 km | 47°18'02" N - 0°09'16" W, d = 12 km

A bush fire in Gbintiri, Ghana · Mist in the Ordesa valley, Pyrenees, Spain · Poplar trees near Saumur, Maine-et-Loire, France
Feu de brousse à Gbintiri, Ghana · Brume dans la vallée d'Ordesa, Pyrénées, Espagne · Peupliers près de Saumur, Maine-et-Loire, France
Bosbrand bij Gbintiri, Ghana · Ochtendnevel in de Valle d'Ordesa, Pyreneeën, Spanje · Populieren in de omgeving van Saumur, Maine-et-Loire, Frankrijk

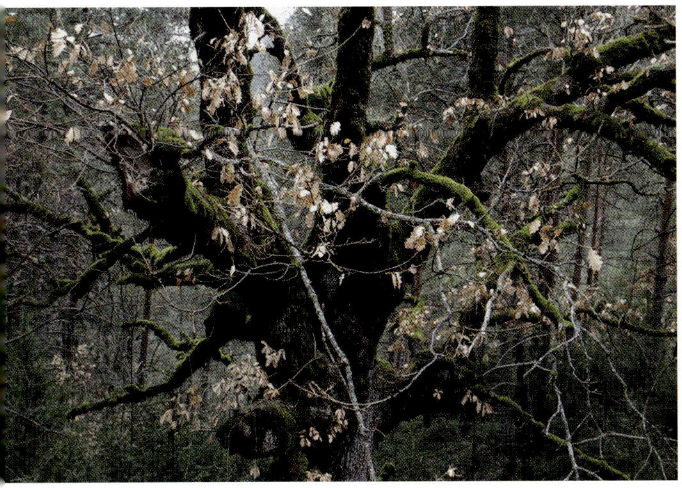 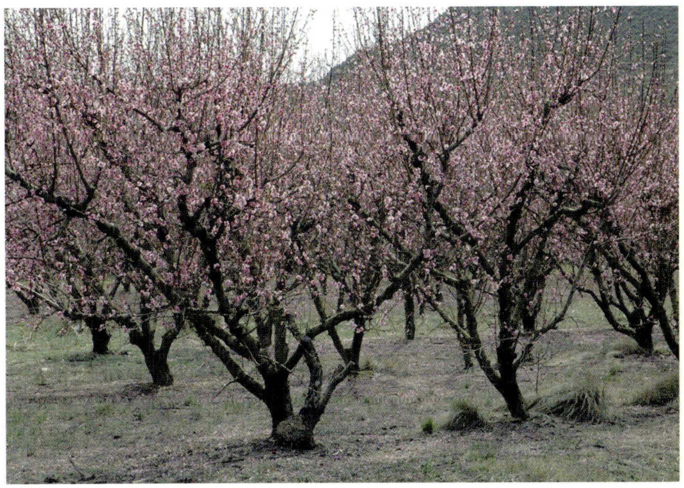 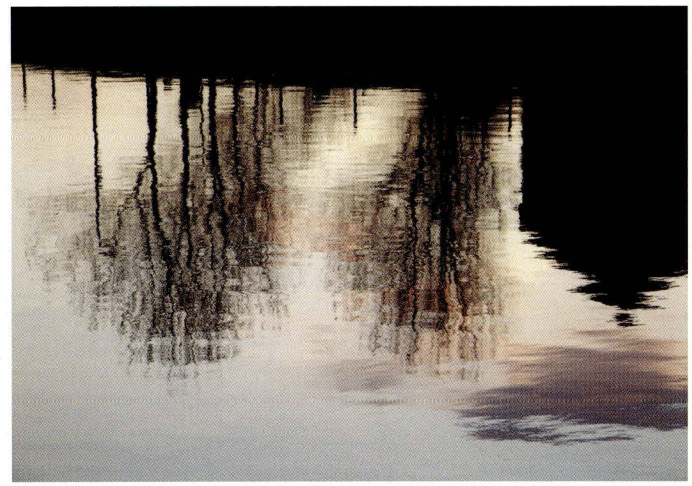

42°34'52" N - 0°00'00" E/W, d = 0 km | 41°29'29" N - 0°20'03" E, d = 28 km | 51°29'44" N - 0°02'06" W, d = 2.4 km

An old oak tree, Ordesa valley, the Pyrenees, Spain · Cherry trees near Fraga, Spain · Reflections at Greenland Quay, London, England
Vieux chêne, vallée d'Ordesa, Pyrénées, Espagne · Cerisiers près de Fraga, Espagne · Reflets à Greenland Quay, Londres, Angleterre
Oude eikenboom in de Valle d'Ordesa, Pyreneeën, Spanje · Kersenbomen bij Fraga, Spanje · Weerspiegelingen bij de Greenland Quay, Londen, Engeland

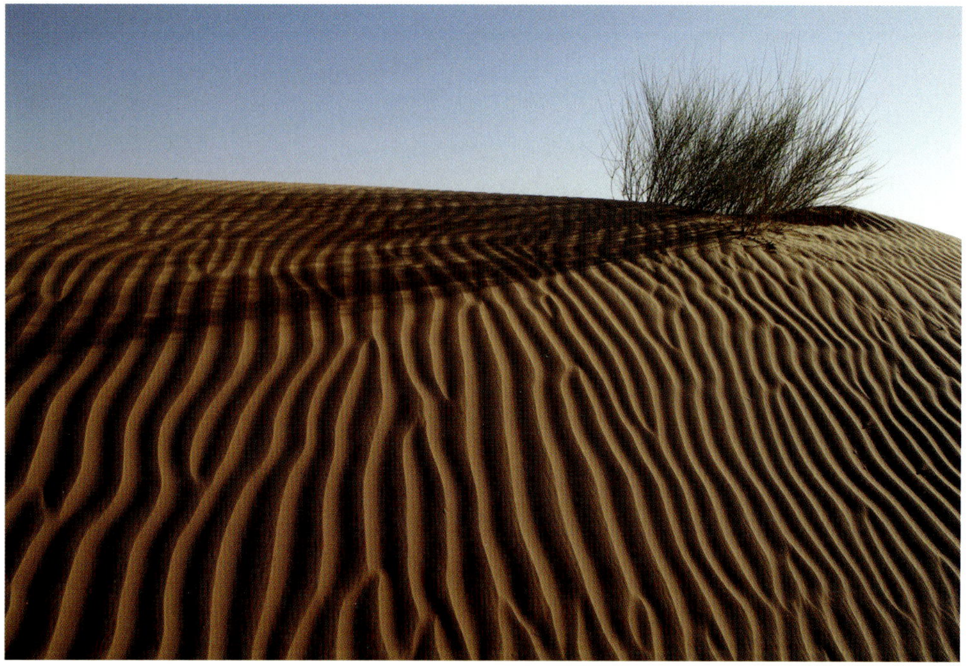

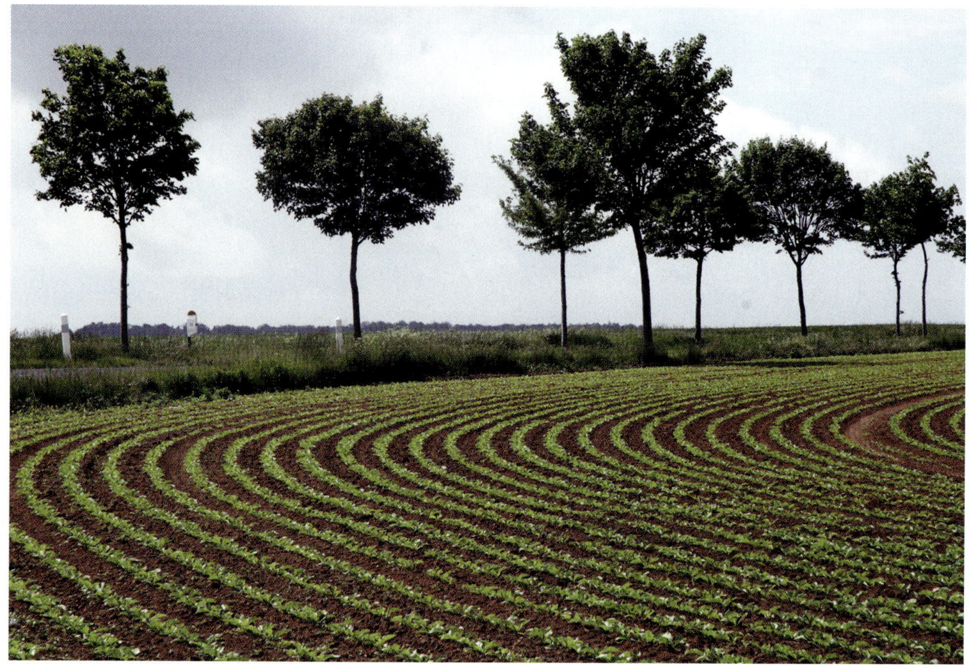

The caress of the wind or the hand of man
Le souffle du vent ou la main de l'homme
De vluchtige wind of de hand van de mens

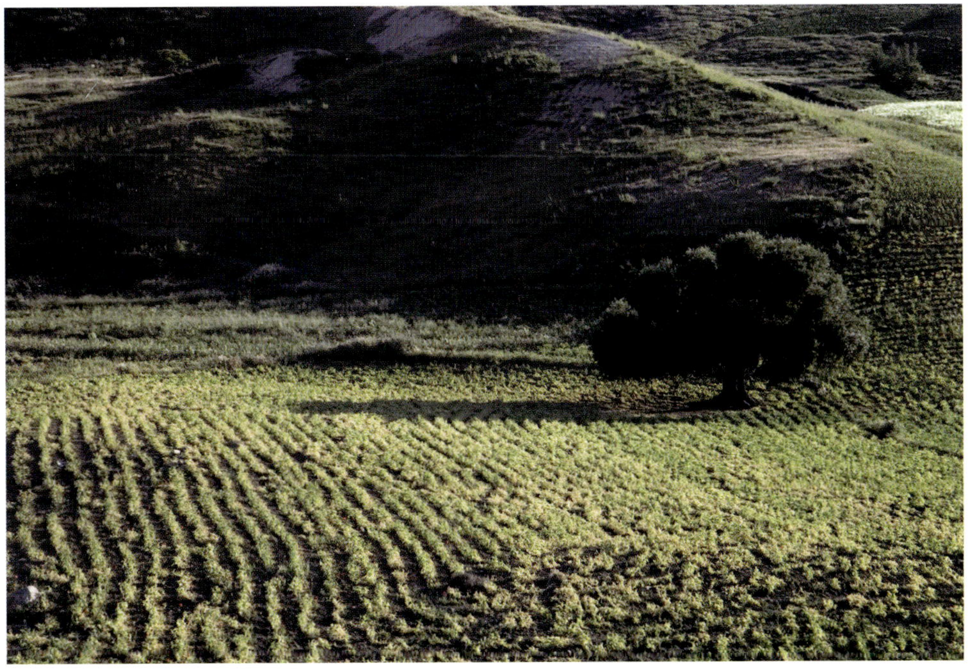 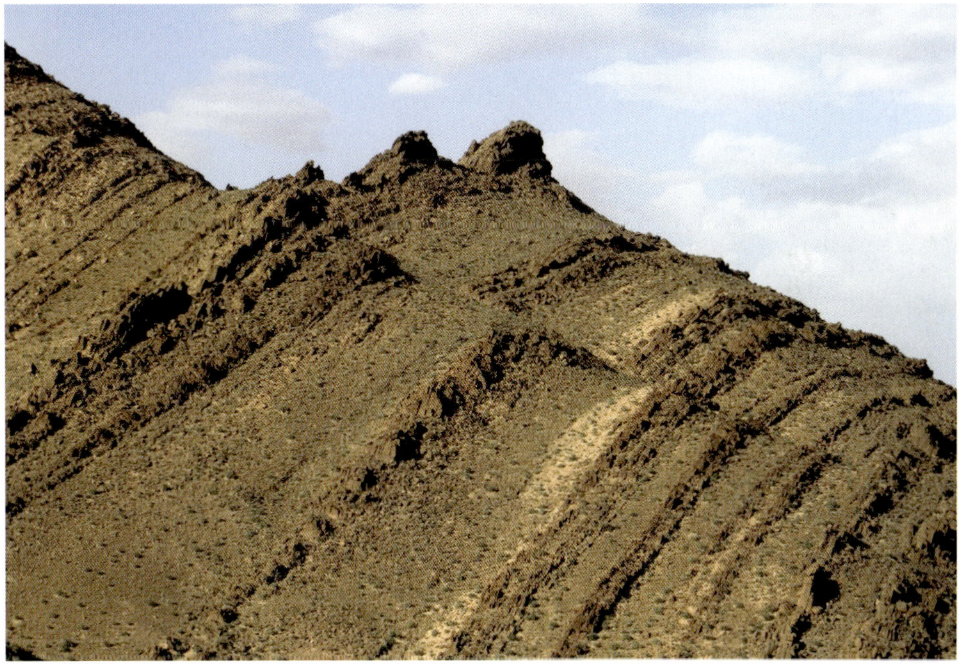

14°40'55" N - 0°27'38" W, d = 49 km | 48°58'27" N - 0°05'32" W, d = 6.7 km | 35°26'45" N - 0°02'11" E, d = 3.3 km | 32°42'45" N - 0°09'56" W, d = 15 km

Sand dunes at Oursi, Burkina Faso · A field in springtime near Vendeuvre, Calvados, France · A vineyard in Hacine, Algeria · Mineral strata in a mountain near Aïn Ouarka, Algeria
Dunes de sable à Oursi, Burkina Faso · Champ printanier près de Vendeuvre, Calvados, France · Vigne à Hacine, Algérie · Couches minérales de la montagne près d'Aïn Ouarka, Algérie
Zandduinen bij Oursi, Burkina Faso · Voorjaarsakker bij Vendeuvre, Calvados, Frankrijk · Wijngaard bij Hacine, Algerije · Rotslagen in de bergen bij Aïn Ouarka, Algerije

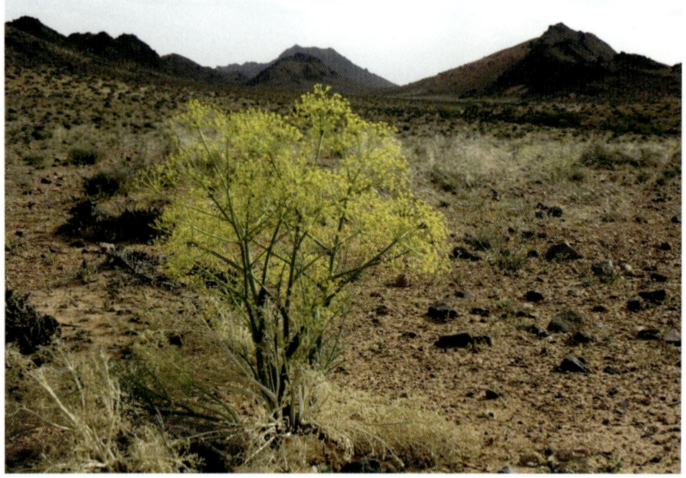

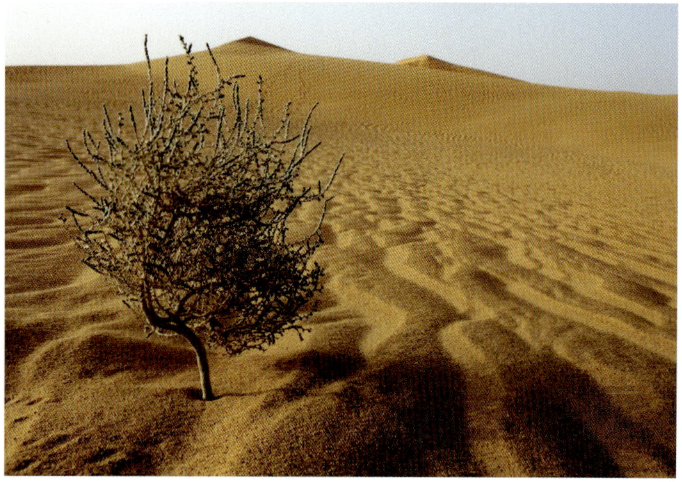

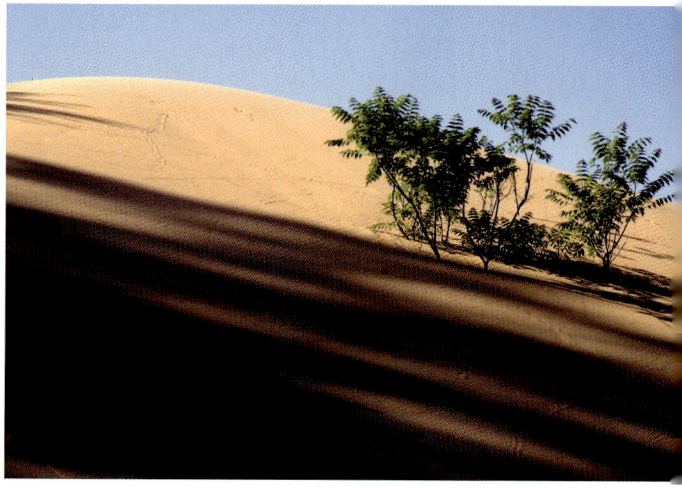

32°49'58" N - 0°13'56" W, d = 22 km | 29°20'35" N - 0°10'21" E, d = 17 km | 32°44'24" N - 0°34'43" W, d = 54 km

Fennel near Aïn Ouarka, Algeria · Grand Erg Occidental near Timimoun, Algeria · Trees invaded by the Saharan dunes in Aïn Sefra, Algeria
Fenouil près d'Aïn Ouarka, Algérie · Grand Erg occidental près de Timimoun, Algérie · Arbres envahis par les dunes sahariennes d'Aïn Sefra, Algérie
Venkel bij Aïn Ouarka, Algerije · De Sahara bij Timimoun, Algerije · Zand bedelft de bomen bij Aïn Sefra, Algerije

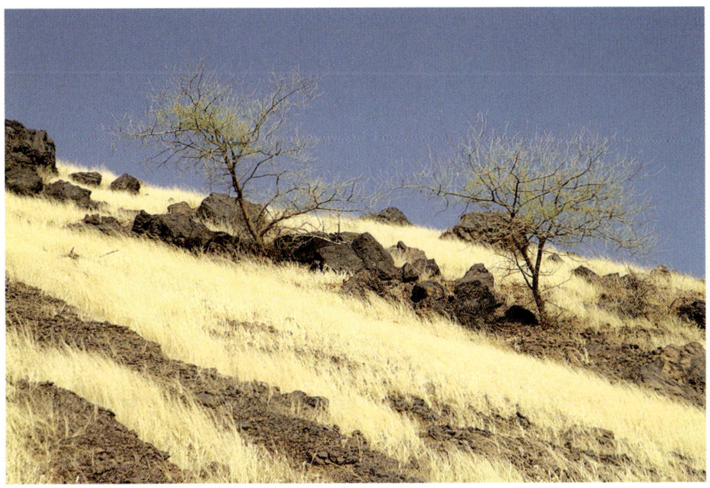 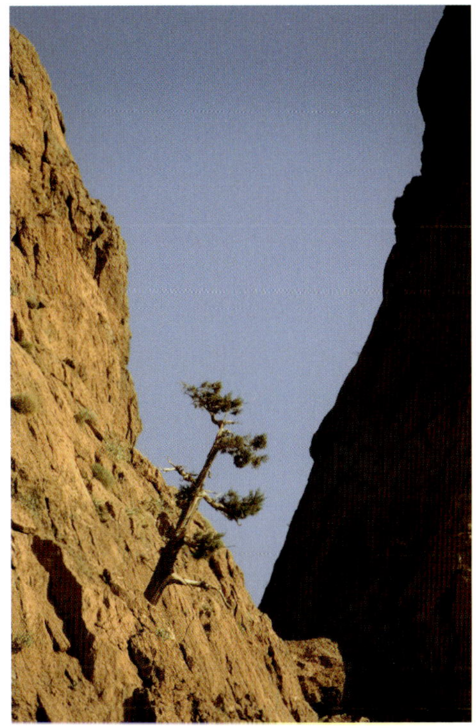 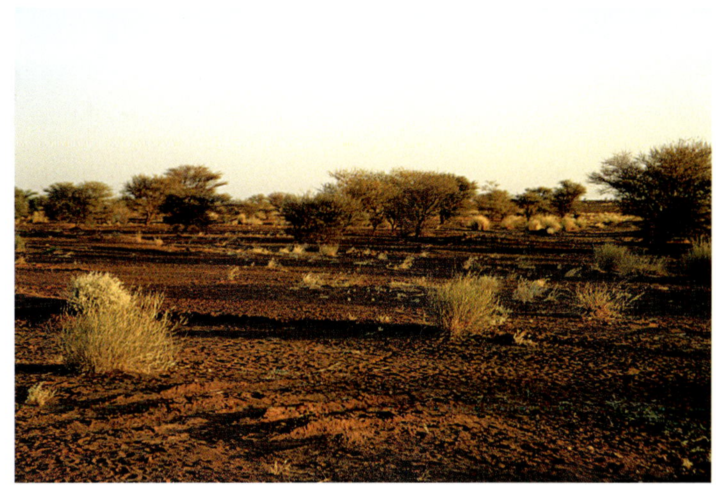

14°47’29” N - 0°03’39” E, d = 6.5 km | 32°42’45” N - 0°09’56” W, d = 15 km | 17°33’50” N - 0°00’47” E, d = 1.4 km

Vegetation on the hillside near the ancient manganese mine of Tambao, Burkina Faso · A solitary tree near Aïn Ouarka, Algeria · Landscape between Tabankort and Bourem, Mali
Végétation à flanc de colline près de l’ancienne mine de manganèse de Tambao, Burkina Faso · Arbre solitaire près d’Aïn Ouarka, Algérie · Paysage entre Tabankort et Bourem, Mali
Dorre vegetatie bij de verlaten mangaanmijn van Tambao, Burkina Faso · Eenzame boom in de omgeving van Aïn Ouarka, Algerije · Landschap tussen Tabankort en Bourem, Mali

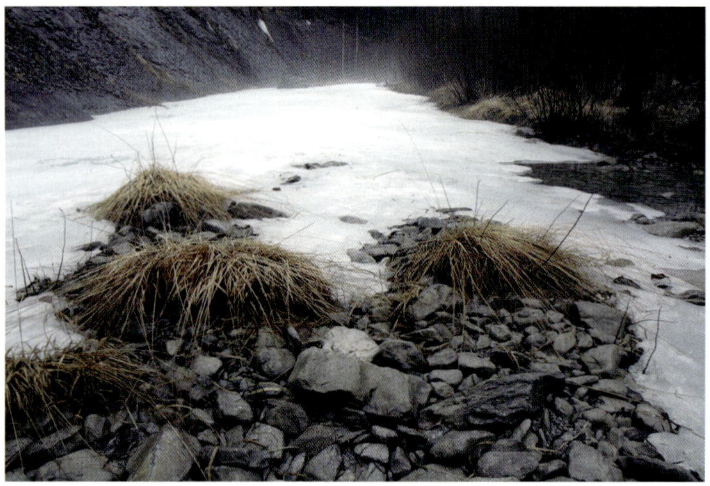

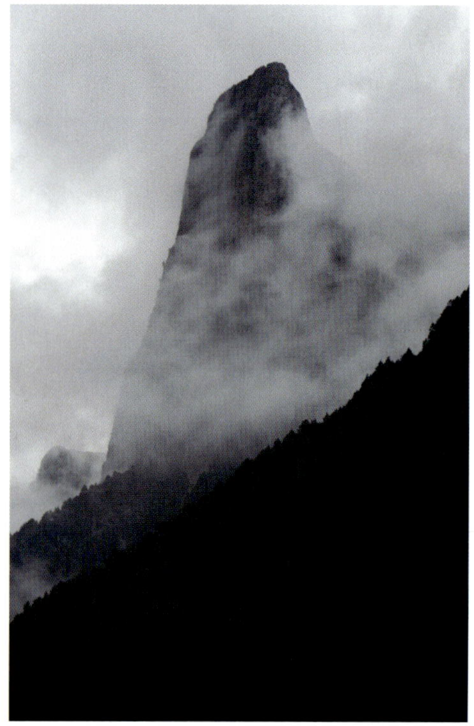

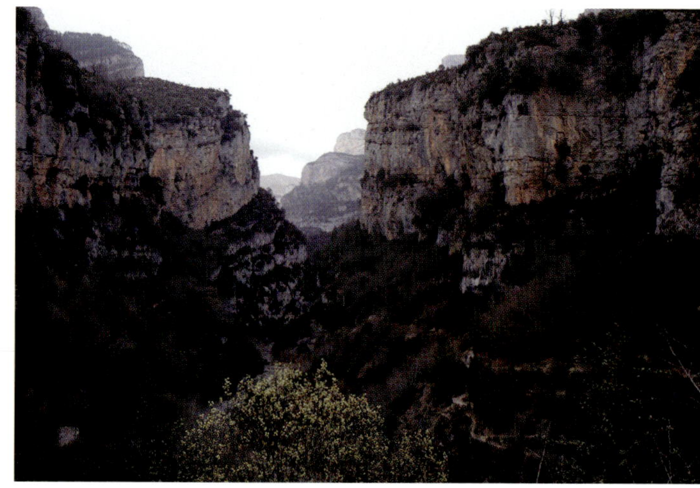

42°34'24" N - 0°00'43" E, d = 0.98 km | 42°39'12" N - 0°05'40" W, d = 7.7 km | 42°33'49" N - 0°02'38" E, d = 3.6 km

Frozen river, Pyrenees, Spain · Morning mists, Monte Perdido, Pyrenees, Spain · Water shaping the landscape in the Añiscio canyon, Pyrenees, Spain
Rivière gelée, Pyrénées, Espagne · Brume matinale, massif du Monte Perdido, Pyrénées, Espagne · Paysage façonné par l'eau dans le cañon de Añiscio, Pyrénées, Espagne
Bevroren beek in de Pyreneeën, Spanje · Ochtendnevel, Monte Perdido, Pyreneeën, Spanje · Erosie in de kloof van Añiscio, Pyreneeën, Spanje

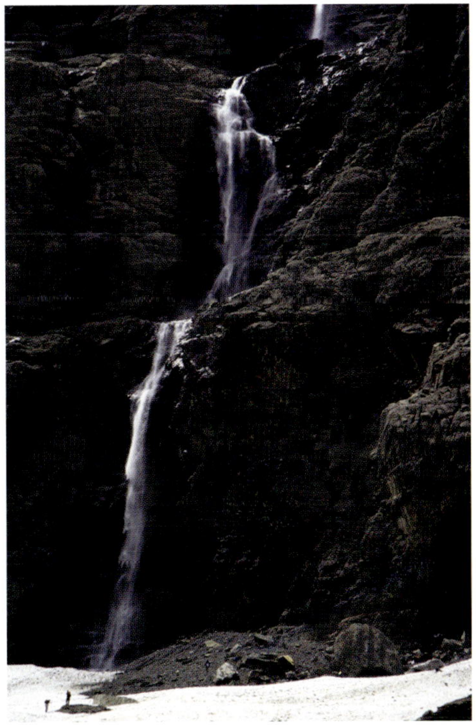

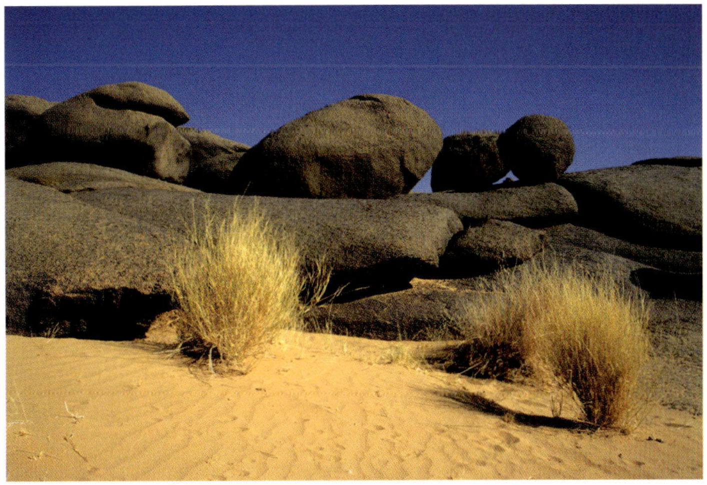

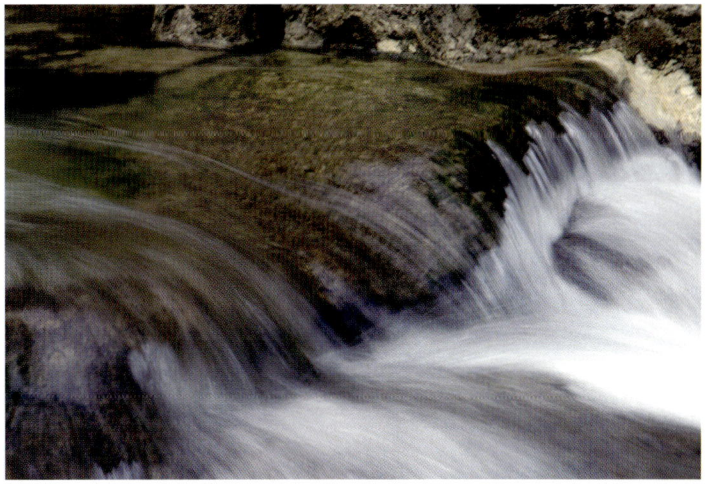

42°41'32" N - 0°00'10" W, d = 0.23 km | 19°07'10" N - 0°54'56" E, d = 96 km | 42°33'44" N - 0°02'59" E, d = 4.1 km

Man is dwarfed by the waterfall. Cirque de Gavarnie, Hautes-Pyrénées, France · Invisible underground water in the Sahara, between Kidal and Aguelhoc, Mali · Rapids at the Aso watermill, Pyrenees, Spain
L'homme n'est qu'une fourmi au pied de la cascade. Cirque de Gavarnie, Hautes-Pyrénées, France · Eau invisible sous le sol saharien, entre Kidal et Aguelhoc, Mali · Rapides près du moulin d'Aso, Pyrénées, Espagne
De mens is nietig naast de waterval. Cirque de Gavarnie, Hautes-Pyrénées, Frankrijk · Verborgen grondwater onder de Sahara, tussen Kidal en Aguelhoc, Mali · Stroomversnelling bij de watermolen van Aso, Pyreneeën, Spanje

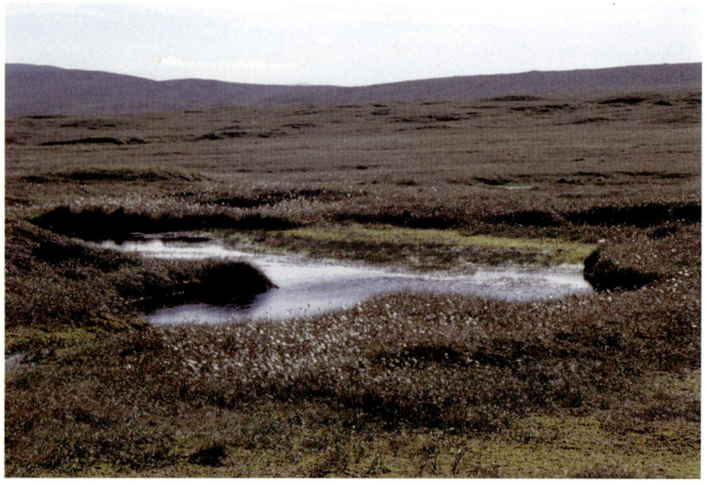

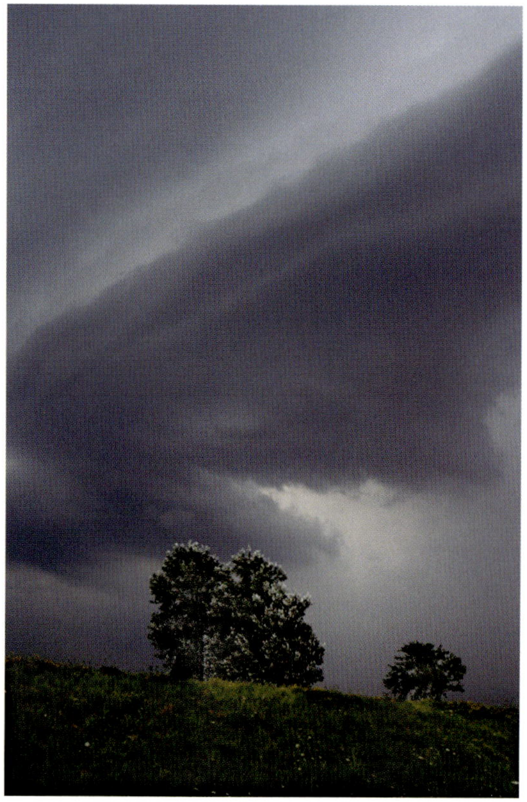

60°50'26" N - 0°53'37" W, d = 48 km | 48°58'58" N - 0°14'50" W, d = 18 km

The ground engorged with water in a peat bog on the isle of Unst, Shetland Isles, Scotland · A storm is about to break at Le Plateau, Calvados, France
Sol gorgé d'eau dans une tourbière de l'île d'Unst, Shetlands, Écosse · Un orage se prépare au Plateau, Calvados, France
In de turfvennen van het eiland Unst, Shetland eilanden, Schotland · Een dreigend onweer, Le Plateau, Calvados, Frankrijk

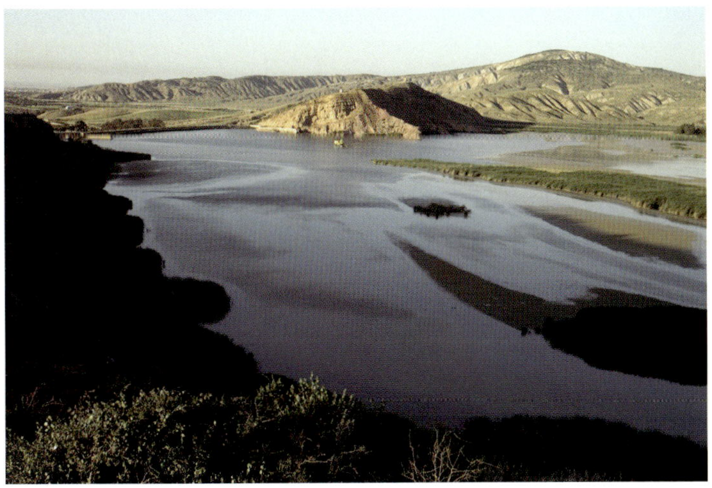

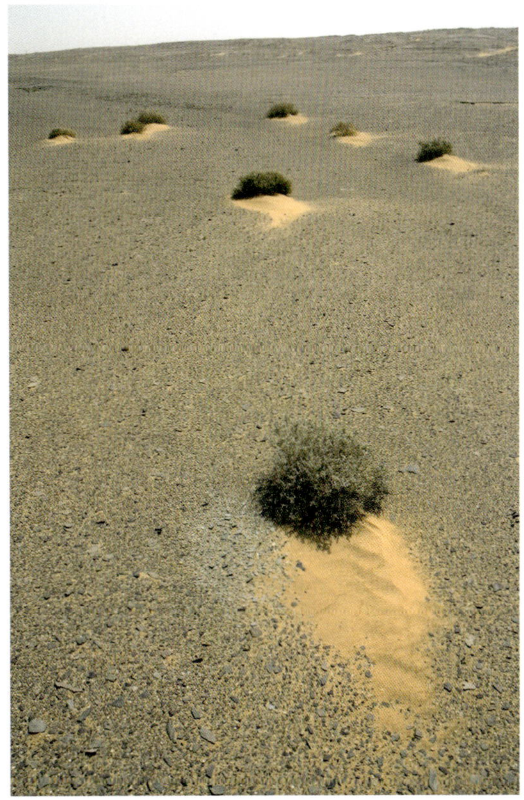

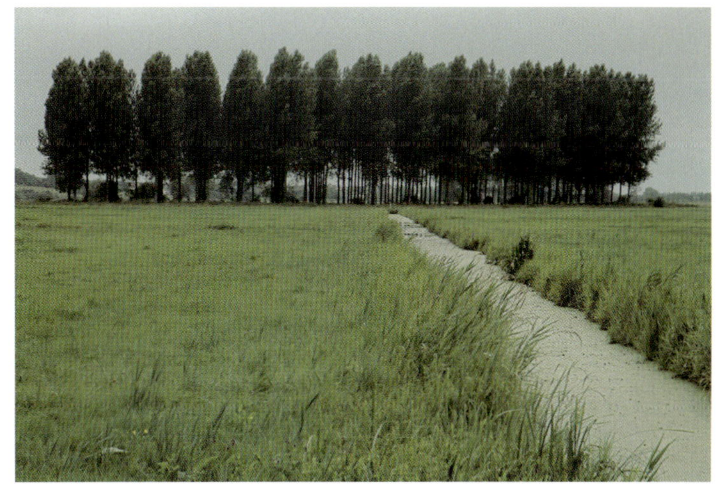

35°30'59" N - 0°02'33" E, d = 3.8 km | 29°09'09" N - 0°00'00" E/W, d = 0 km | 49°11'05" N - 0°10'05" W, d = 12 km

Reservoir of Oued-Fergoug, between Hacine and Mohammadia, Algeria · In the rocky desert near Timimoun, Algeria, the wind deposits the fine sand behind a few succulent plants · A Normandy landscape near Troarn, Calvados, France
Lac de barrage d'Oued-Fergoug, entre Hacine et Mohammadia, Algérie · Dans le désert rocheux près de Timimoun, Algérie, le vent dépose le sable fin derrière les rares plantes grasses · Paysage normand près de Troarn, Calvados, France
Stuwmeer van Oued-Fergoug tussen Hacine en Mohammadia, Algerije · In de steenwoestijn bij Timimoun, Algerije, blijft het fijne stuifzand in de luwte van enkele schaarse vetplanten liggen · Weidelandschap bij Troarn, Calvados, Frankrijk

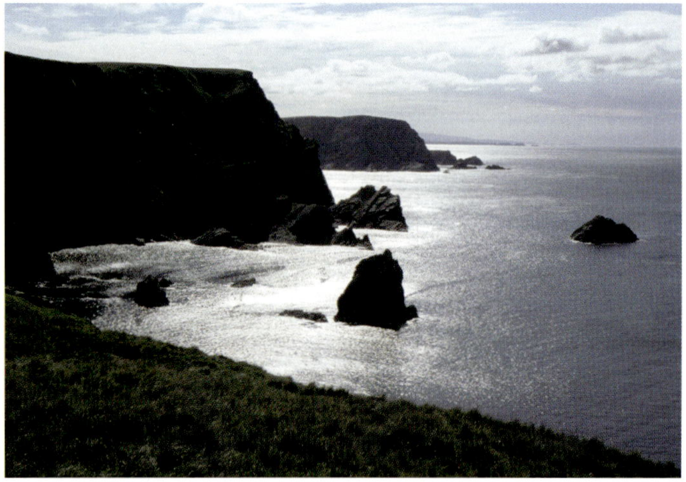 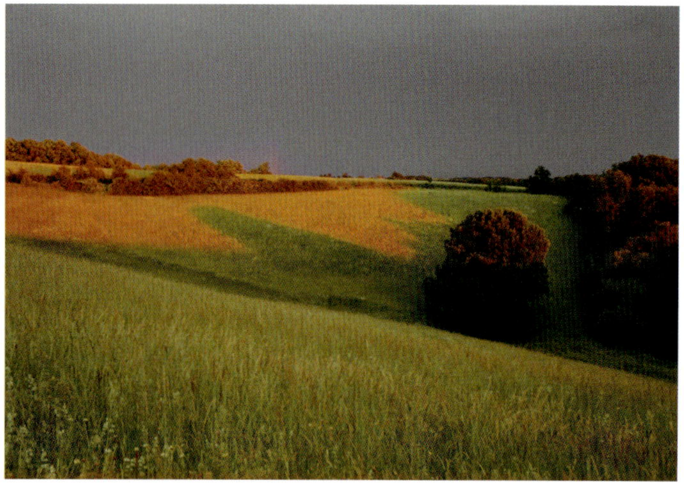 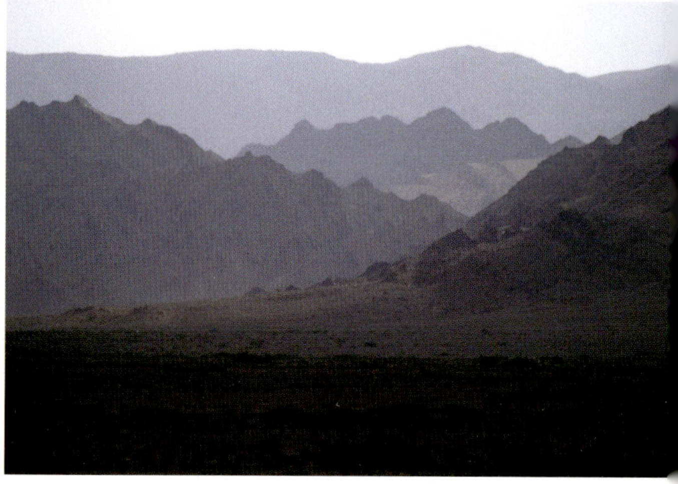

60°49'19" N - 0°54'14" W, d = 49 km | 43°32'52" N - 0°29'20" E, d = 39 km | 32°44'37" N - 0°14'52" W, d = 23 km

Hermaness nature reserve on the isle of Unst, Shetland Isles, Scotland · Landscape at sunset near Labejan, Gers, France · Mountains near Aïn Ouarka, Algeria
Réserve naturelle d'Hermaness, île d'Unst, Shetlands, Écosse · Paysage au soleil couchant près de Labejan, Gers, France · Montagnes près d'Aïn Ouarka, Algérie
Het Hermaness natuurpark op het eiland Unst, Shetland eilanden, Schotland · Landschap bij ondergaande zon in de buurt van Labejan, Gers, Frankrijk · Berglandschap in de omgeving van Aïn Ouarka, Algerije

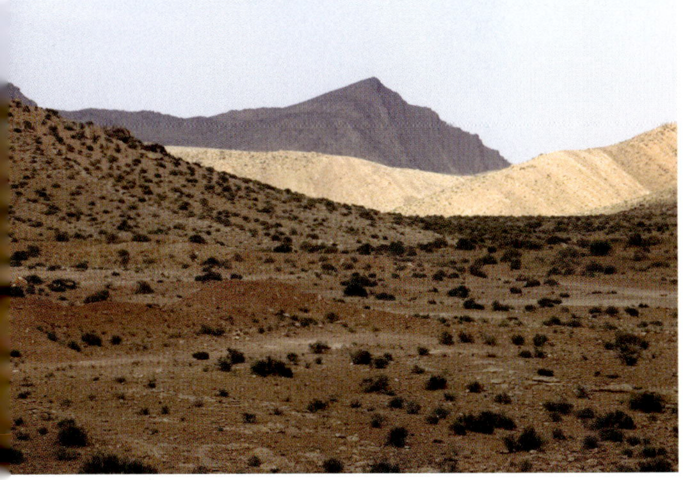

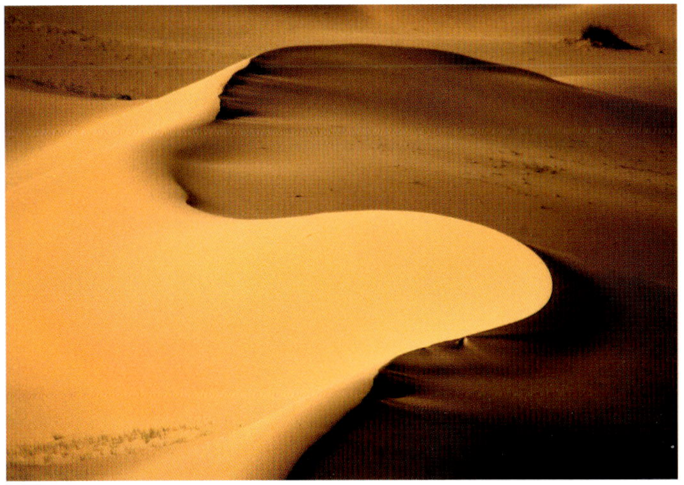

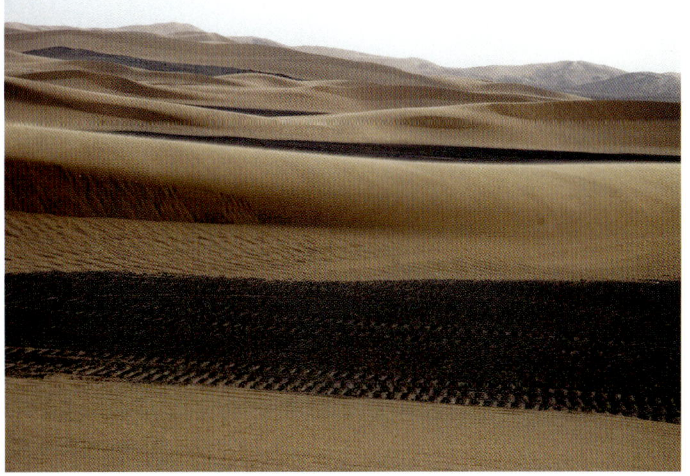

32°44'16" N - 0°12'25" W, d = 19 km | 32°44'24" N - 0°34'43" W, d = 54 km | 29°09'46" N - 0°03'17" E, d = 5.3 km

A tricoloured mountain near Aïn Ouarka, Algeria · Saharan dunes in Aïn Ouarka, Algeria · Dunes of the Grand Erg Occidental near Timimoun, Algeria
Montagne tricolore près d'Aïn Ouarka, Algérie · Dunes sahariennes d'Aïn Sefra, Algérie · Dunes du Grand Erg occidental près de Timimoun, Algérie
Driekleurige bergen bij Aïn Ouarka, Algerije · Zandduinen in de Sahara bij Aïn Sefra, Algerije · Zandduinen in de Grand Erg Occidental bij Timimoun, Algerije

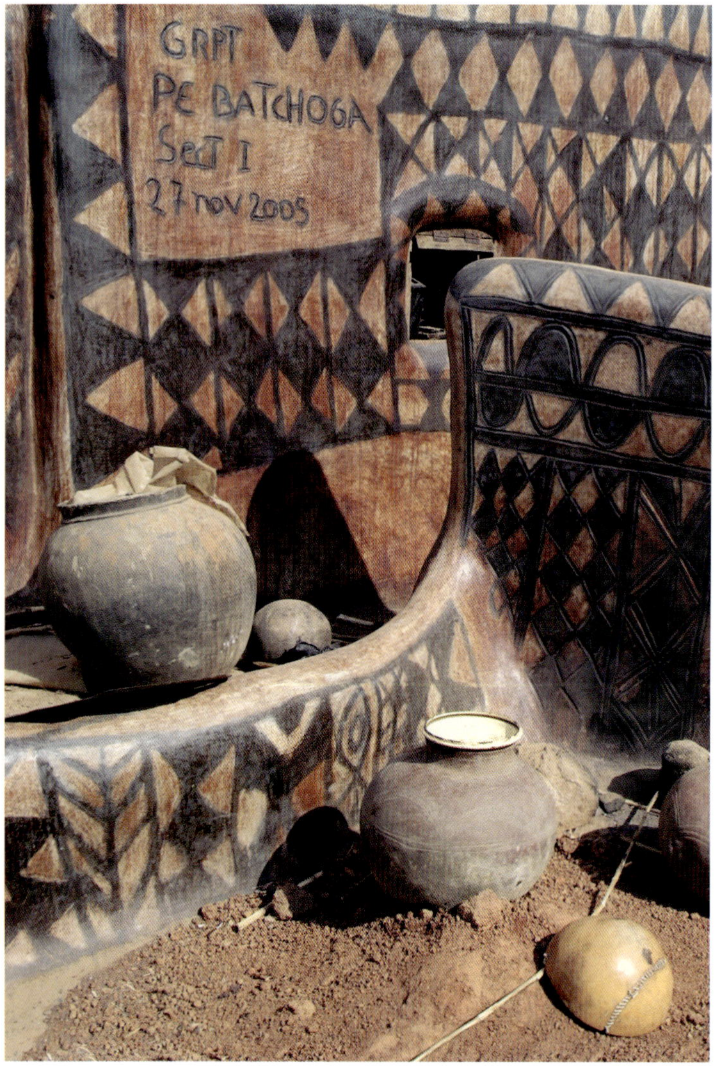

Architecture | Architecture | Architectuur

We all need a roof over our heads to protect us from rain, wind, sun and the cold; and walls to protect our privacy. Man builds bridges because rivers and ravines must be traversed. Yet, beyond their useful aspect, every construction is an expression of culture. Bricks can be colourful, arabesques appear in railings, pure lines in steel and glass... and buildings become works of art!

On a tous besoin d'un toit pour se protéger de la pluie, du vent, du soleil, du froid. De murs pour préserver son intimité, de ponts pour franchir les fleuves et les ravins. Mais, au-delà de son utilité, chaque construction est l'expression d'une culture. Des couleurs apparaissent sur les briques, des arabesques dans les grilles, des lignes pures dans l'acier et le verre... et les bâtiments deviennent art !

We hebben allemaal een dak nodig dat ons beschut: tegen regen en zonneschijn, wind en kou. Muren beschermen onze intimiteit. We bouwen bruggen, want we willen naar de overkant van rivieren en ravijnen. Maar naast zijn nut is elke constructie ook uitingsvorm van cultuur. Kleuren bedekken de bakstenen, arabesken verschijnen in hekken, pure lijnen in staal en glas... en plots worden de gebouwen tot kunst!

11°05'25" N - 0°57'40" W, d = 105 km | 60°25'23" N - 0°46'02" W, d = 42 km

Decorated houses in Tiébélé, Burkina Faso · A small farmhouse, Out Skerries, Shetland Isles, Scotland
Maisons décorées à Tiébélé, Burkina Faso · Fermette aux Out Skerries, Îles Shetland, Écosse
Beschilderde huizen in Tiébélé, Burkina Faso · Boerderijtje op de Out Skerries, Shetland eilanden, Schotland

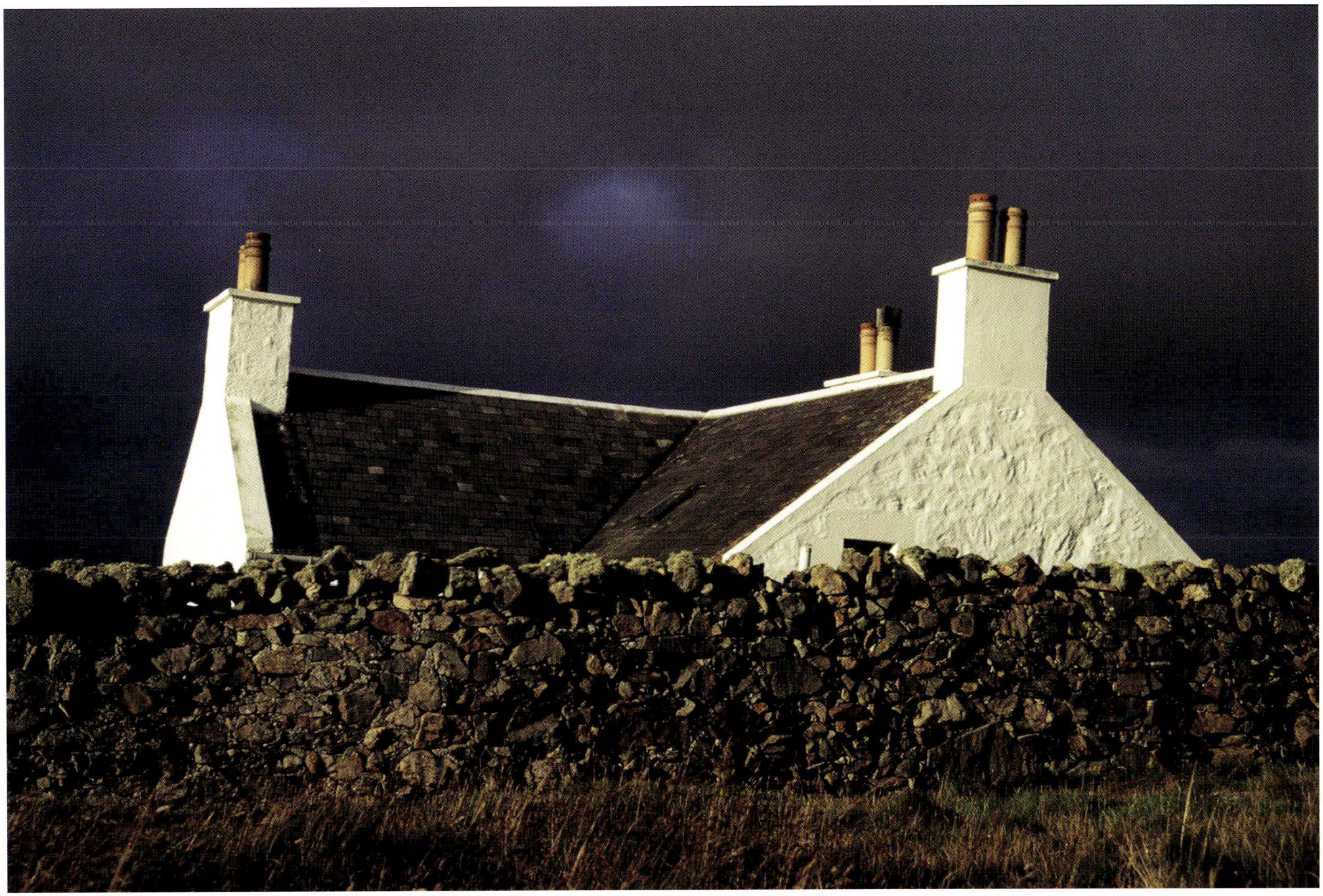

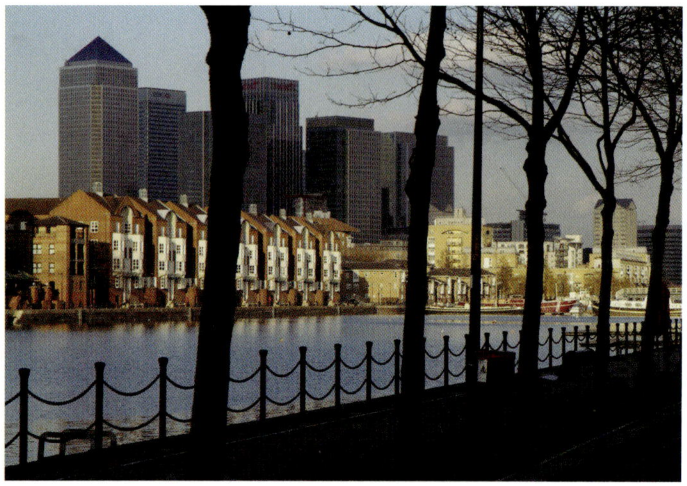

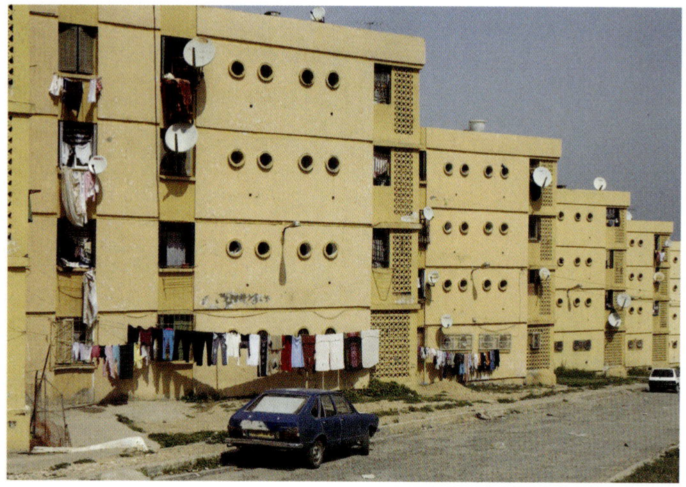

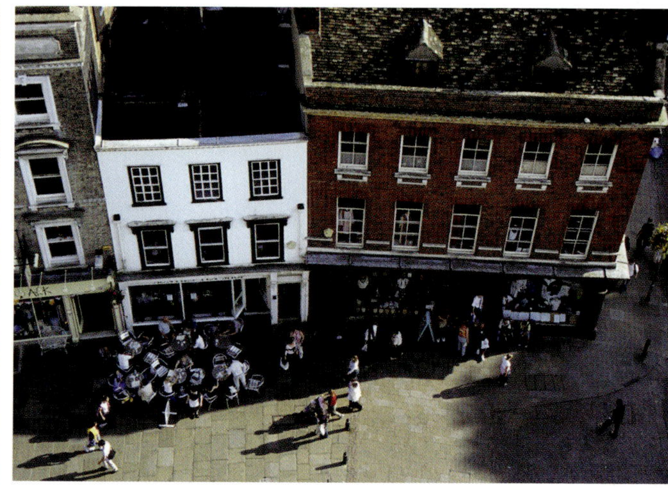

51°29'39" N - 0°02'27" W, d = 2.8 km | 35°49'40" N - 0°00'00" E/W, d = 0 km | 52°12'22" N - 0°07'10" E, d = 8.1 km

Luxury homes at Greenland Quay, London, England · Soviet style social housing in Stidia, Algeria · Street scene viewed from Great St. Mary's Church, Cambridge, England
Habitations de luxe au Greenland Quay à Londres, Angleterre · Habitations populaires de style soviétique à Stidia, Algérie · Scène de rue depuis l'église Great Saint-Mary's à Cambridge, Angleterre
Luxe woningen langs de Greenland Quay in Londen, Engeland · Flatgebouwen in de Sovjetstijl in Stidia, Algerije · Blik op een straat vanaf de Great Saint-Mary's kerk in Cambridge, Engeland

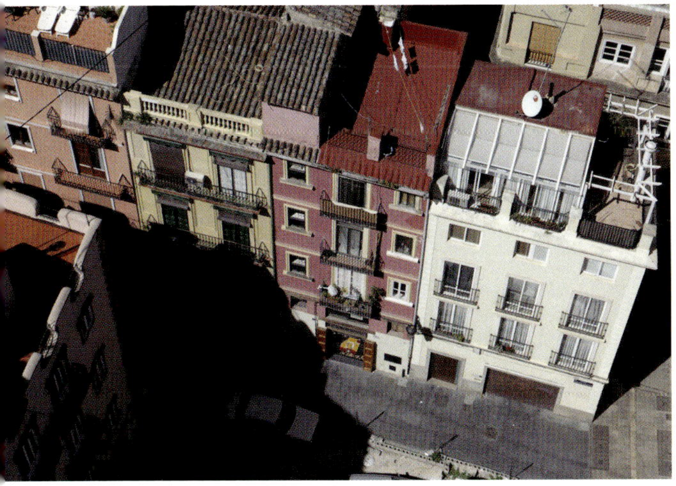

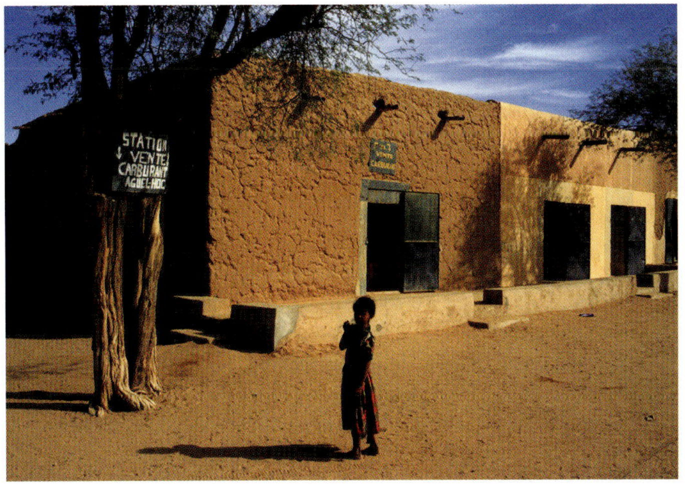

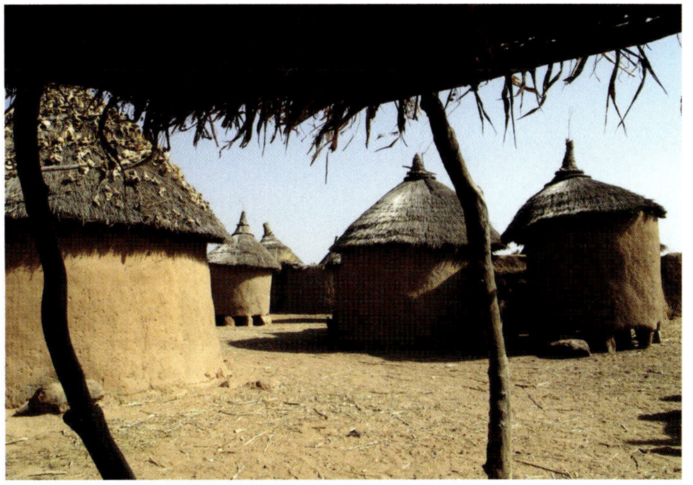

39°34'52" N - 0°19'29" W, d = 28 km | 19°28'03" N - 0°51'24" E, d = 90 km | 11°43'53" N - 0°26'39" W, d = 48 km

Street scene viewed from the Miguelete Tower of the Valencia Cathedral, Spain · A fuel depot in a street in Aguelhoc, Mali · Lofts in the village of Sasma, Burkina Faso
Scène de rue depuis la Torre del Miguelete de la cathédrale de Valencia, Espagne · Dépôt de carburant dans une rue d'Aguelhoc, Mali · Greniers au village de Sasma, Burkina Faso
Blik op een straat vanaf de Torre del Miguelete van de kathedraal van Valencia, Spanje · Brandstofhandel in een straat van Aguelhoc, Mali · Graanopslag in het dorpje Sasma, Burkina Faso

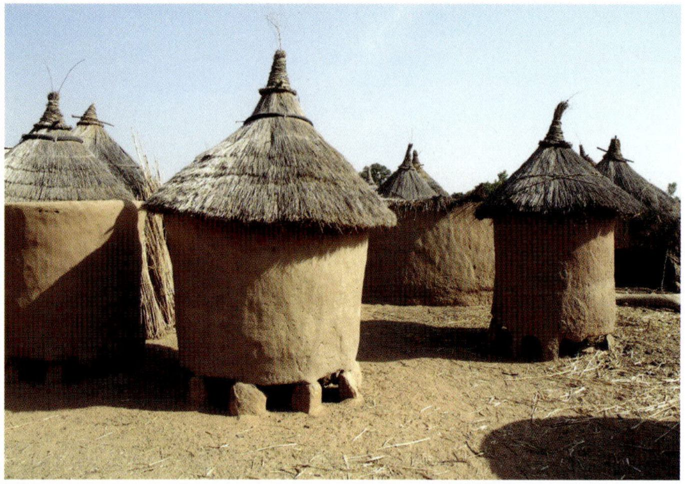 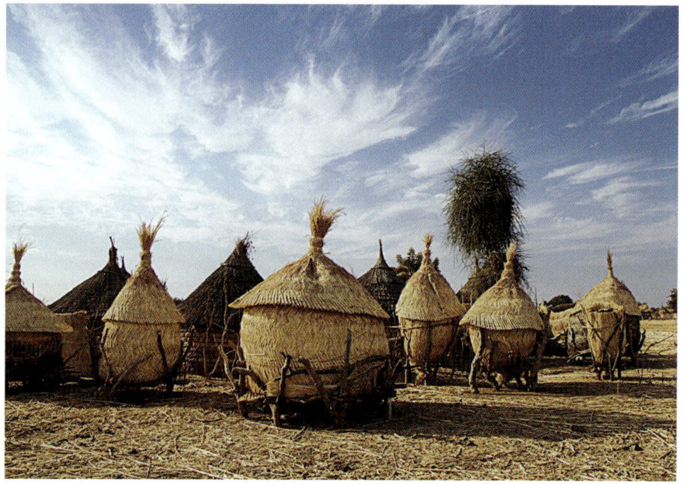 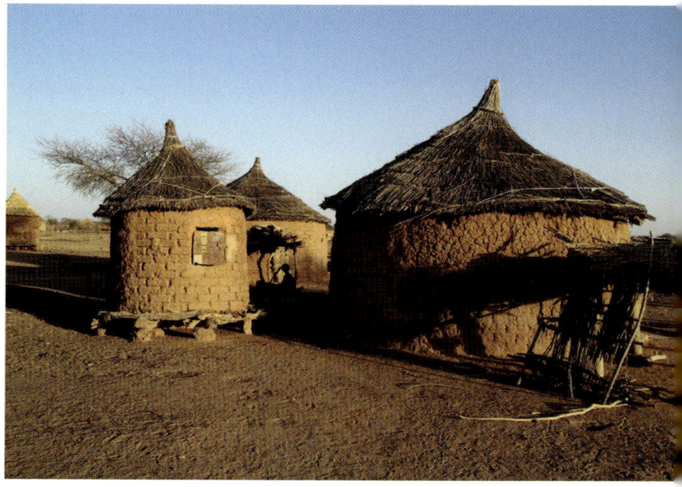

11°43'53" N - 0°26'39" W, d = 48 km | 13°02'44" N - 0°04'32" W, d = 8.2 km | 14°39'04" N - 0°24'44" W, d = 44 km

Lofts in the village of Sasma, Burkina Faso · Sorghum lofts in the village of Bandekiri Koré in the region of Gourmantché, Burkina Faso · The village of Gountouré, Burkina Faso
Greniers au village de Sasma, Burkina Faso · Greniers à sorgho au village de Bandekiri Koré, en pays Gourmantché, Burkina Faso · Village de Gountouré, Burkina Faso
Graanopslag in het dorpje Sasma, Burkina Faso · Sorgho opslag in het gehucht Bandekiri Koré in de Gourmantché-streek, Burkina Faso · In het dorpje Gountouré, Burkina Faso

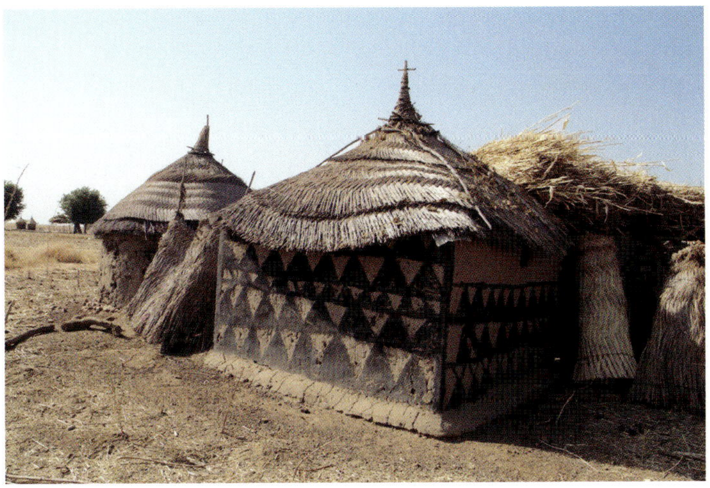

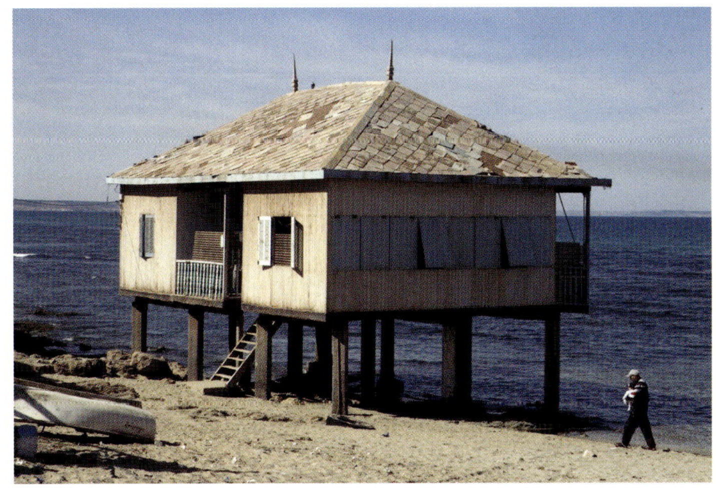

11°35'59" N - 0°01'43" W, d = 3.1 km | 35°55'17" N - 0°03'34" E, d = 5.3 km

A decorated house in the village of Tilobré, Burkina Faso · Beach hut in "Sablettes", district of Salamandre, Mostaganem, Algeria
Maison décorée dans le village de Tilobré, Burkina Faso · Pavillon de plage des «Sablettes», quartier du Salamandre, à Mostaganem, Algérie
Beschilderde woning in Tilobré, Burkina Faso · Paalwoning aan het strand van de 'Sablettes', in de Salamandre-buurt van Mostaganem, Algerije

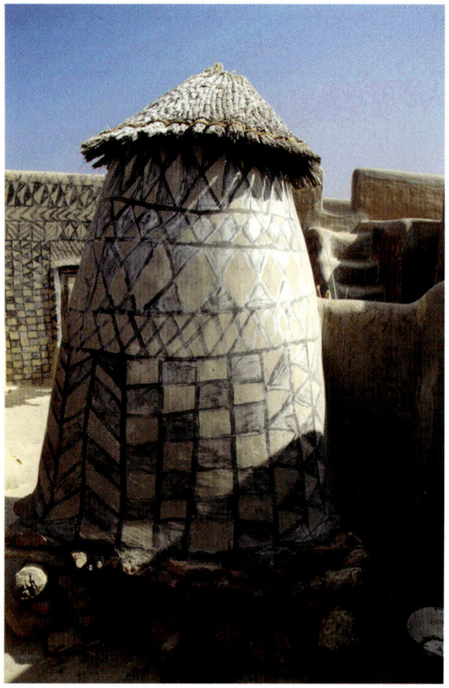

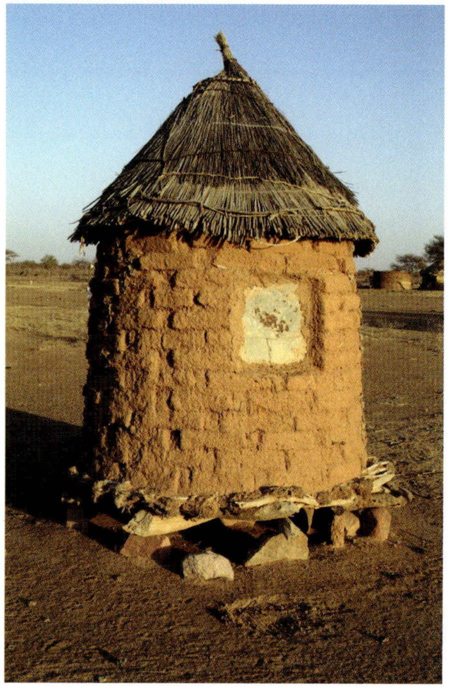

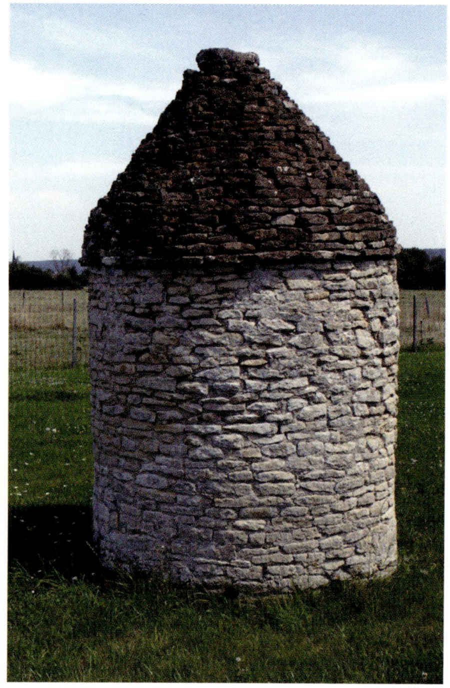

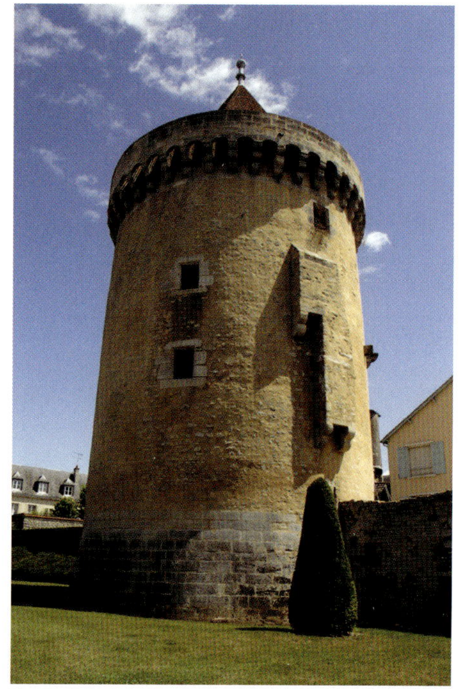

11°05'25" N - 0°57'40" W, d = 105 km | 14°39'04" N - 0°24'44" W, d = 44 km | 48°57'14" N - 0°00'44" E, d = 0.89 km | 48°44'50" N - 0°01'10" W, d = 1.4 km

Loft in Tiébélé, Burkina Faso. The geometrical frescos are made by the women of the Gourounssi tribe · Loft in Gountouré, Burkina Faso
A covered well or a bread oven in Vaudeloges, Calvados, France · The Marguerite Tower in Argentan, Orne, France

Grenier à Tiébélé, Burkina Faso. Les fresques géométriques sont exécutées par les femmes de la tribu des Gourounssi · Grenier à Gountouré, Burkina Faso
Puits couvert ou four à pain à Vaudeloges, Calvados, France · La tour Marguerite à Argentan, Orne, France

Graanopslag in Tiébélé, Burkina Faso. In de stam van de Goeroenssi worden de geometrische beschilderingen door de vrouwen uitgevoerd · Graanopslag in Gountouré, Burkina Faso
Bedekte put of broodoven in Vaudeloges, Calvados, Frankrijk · De Marguerite-toren in Argentan, Orne, Frankrijk

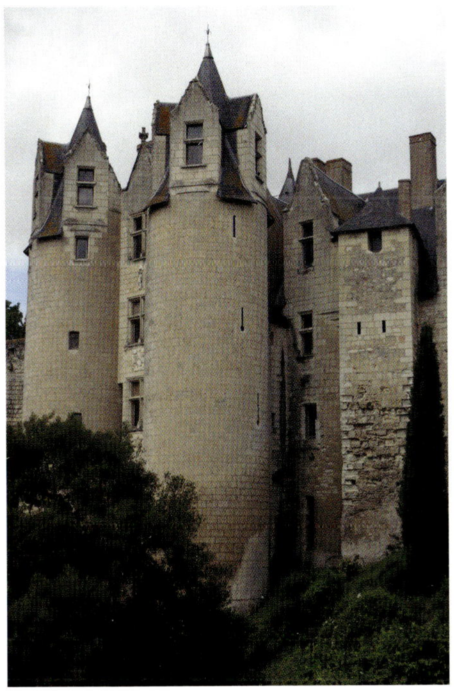 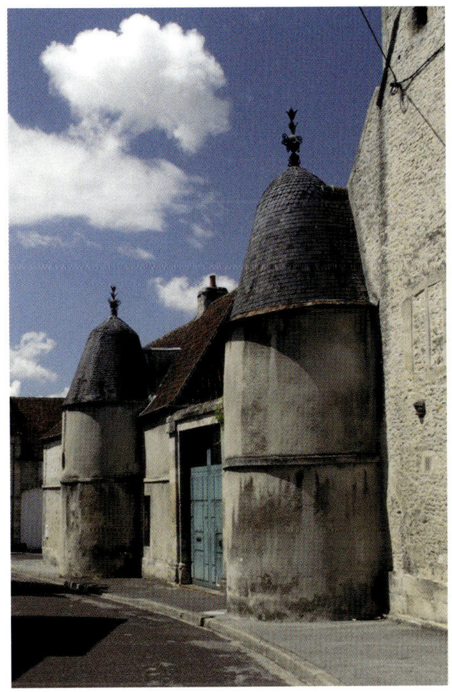 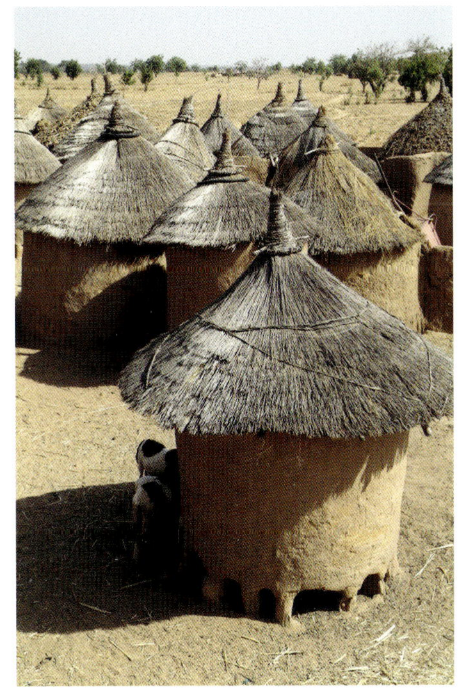

47°08'06" N - 0°09'16" W, d = 12 km | 48°44'55" N - 0°01'19" W, d = 1.6 km | 11°43'53" N - 0°26'39" W, d = 48 km

The Montreuil-Bellay Chateau, Maine-et-Loire, France · Rue aux Juifs in Argentan, Orne, France · Lofts in the village of Sasma, Burkina Faso
Château de Montreuil-Bellay, Maine-et-Loire, France · Dans la rue aux Juifs à Argentan, Orne, France · Greniers au village de Sasma, Burkina Faso
Het kasteel van Montreuil-Bellay, Maine-et-Loire, Frankrijk · Rue aux Juifs in Argentan, Orne, Frankrijk · Graanopslag in Sasma, Burkina Faso

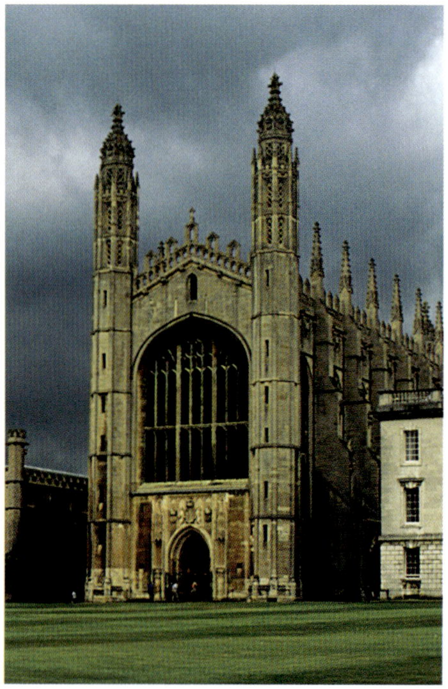

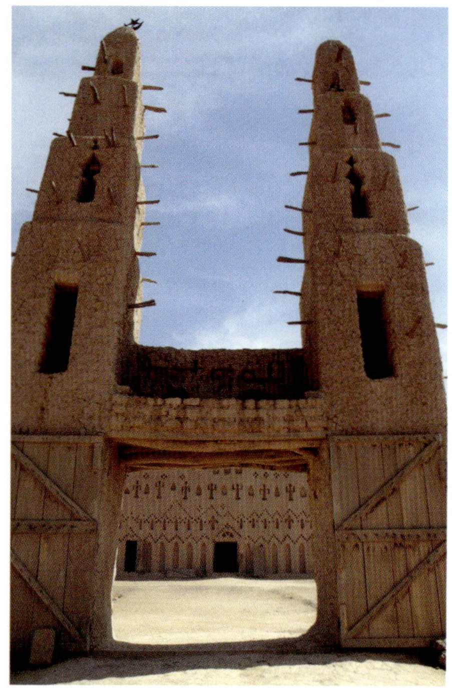

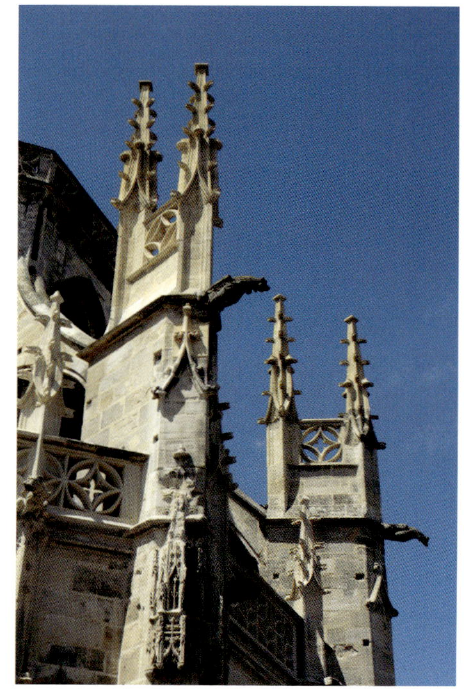

52°12'18" N - 0°06'57" E, d = 7.9 km | 13°43'33" N - 0°10'02" W, d = 18 km | 48°44'51" N - 0°01'17" W, d = 1.6 km

King's College, Cambridge, England · Entrance to the Great Mosque in Bani, Burkina Faso · The pinnacles of the St. Martin Church, Argentan, France
King's College à Cambridge, Angleterre · Entrée de la Grande Mosquée de Bani, Burkina Faso · Pinacles de l'église Saint-Martin d'Argentan, France
King's College in Cambridge, Engeland · Ingangspoort van de Grote Moskee van Bani, Burkina Faso · De pinakels van de Sint-Maartenskerk in Argentan, Frankrijk

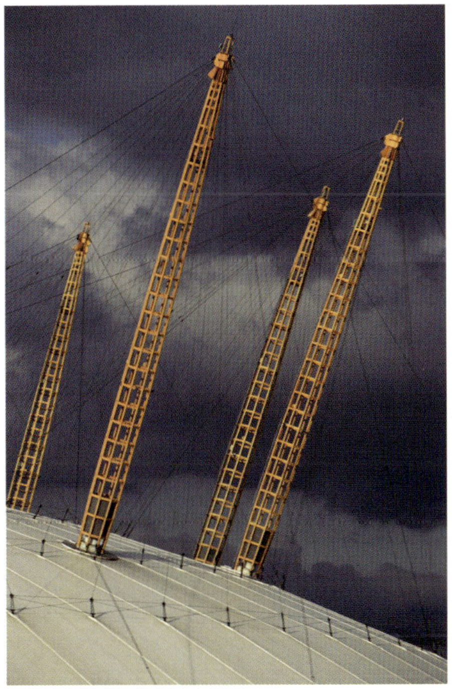
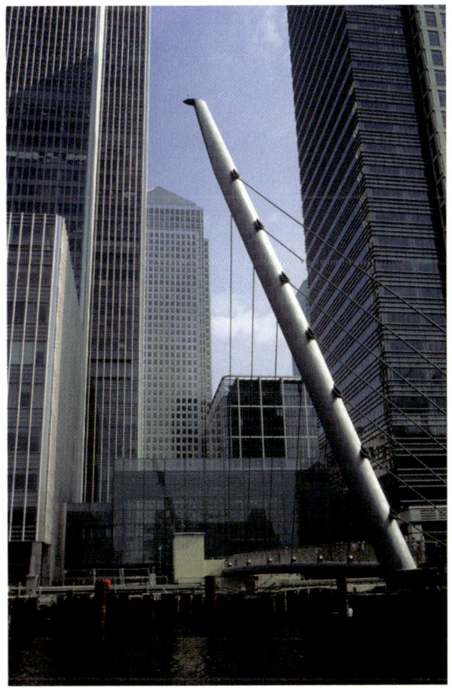
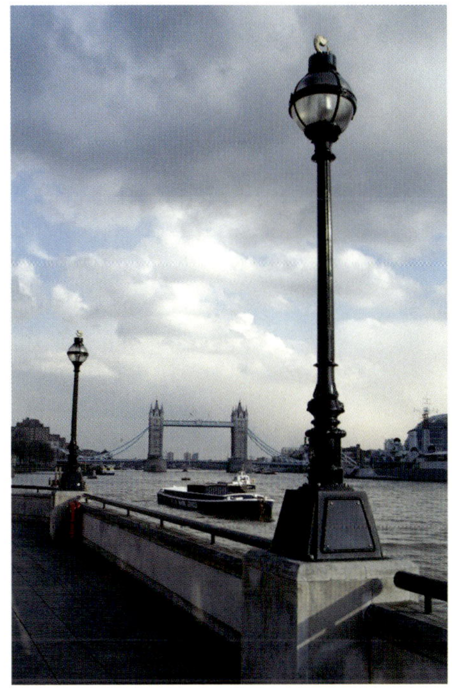
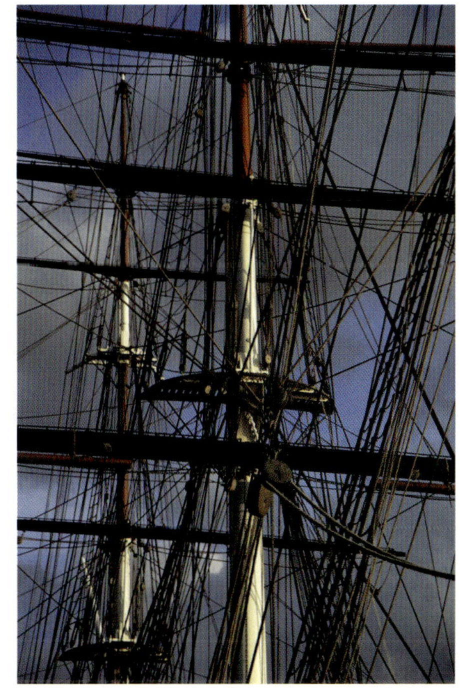

51°30'27" N - 0°00'08" W, d = 0.15 km | 51°30'09" N - 0°01'08" W, d = 1.3 km | 51°30'35" N - 0°05'08" W, d = 5.9 km | 51°28'59" N - 0°00'35" W, d = 0.67 km

London, England. The Millennium Dome built by Richard Rogers · Bridge at Canary Wharf · The Thames and Tower Bridge · The *Cutty Sark*, one of the last clippers, at a quay on the Thames
Londres, Angleterre. Le Dôme du Millenium de Richard Rogers · Pont à Canary Wharf · La Tamise et Tower Bridge · Le *Cutty Sark*, un des derniers clippers, fixé à quai sur la Tamise
Londen, Engeland. De Millennium Dome van Richard Rogers · Brug in Canary Wharf · De Theems en de Tower Bridge · De *Cutty Sark*, een van de laatste clippers, die nu voor altijd ligt afgemeerd bij de Theems

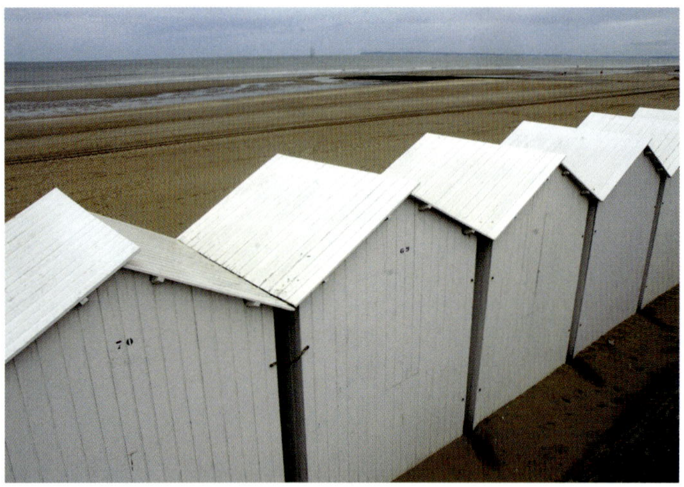 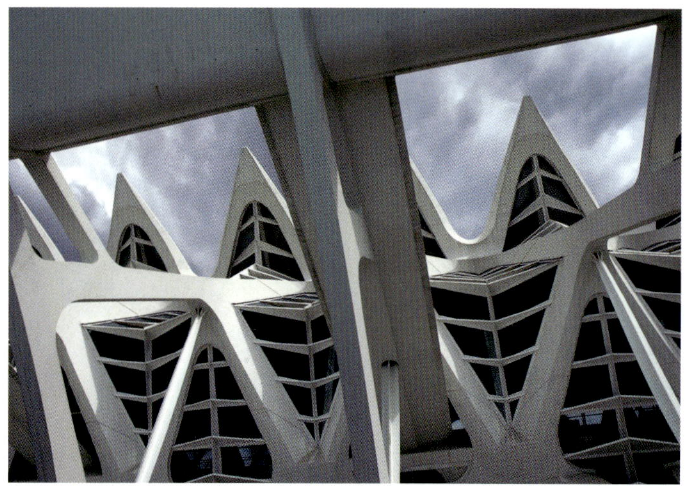 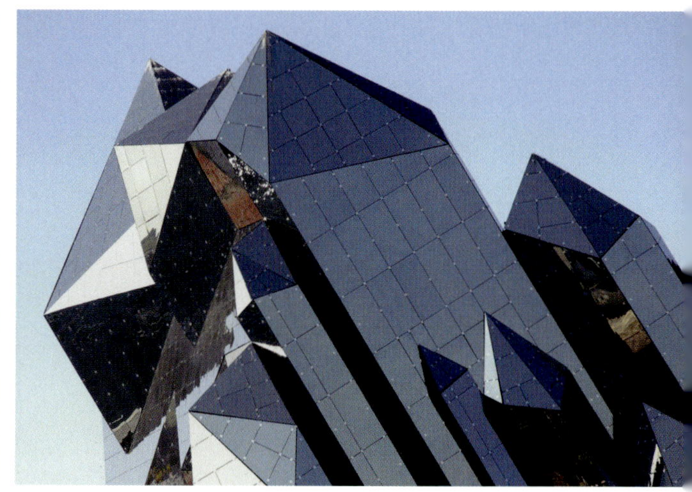

49°19'36" N - 0°00'03" E, d = 0.06 km | 39°27'24" N - 0°21'00" W, d = 30 km | 46°40'12" N - 0°22'13" E, d = 28 km

Beach huts at Villers-sur-Mer, Calvados, France · Science Museum, Valencia, Spain · Kinemax building, designed by Denis Laming, at the Poitiers Futuroscope, France
Cabines de plage à Villers-sur-Mer, Calvados, France · Musée des Sciences à Valencia, Espagne · Le Kinemax de Denis Laming au Futuroscope de Poitiers, France
Strandhokjes in Villers-sur-Mer, Calvados, Frankrijk · Wetenschapsmuseum van Valencia, Spanje · Het Kinemax-gebouw van Denis Laming, in de Futuroscope bij Poitiers, Frankrijk

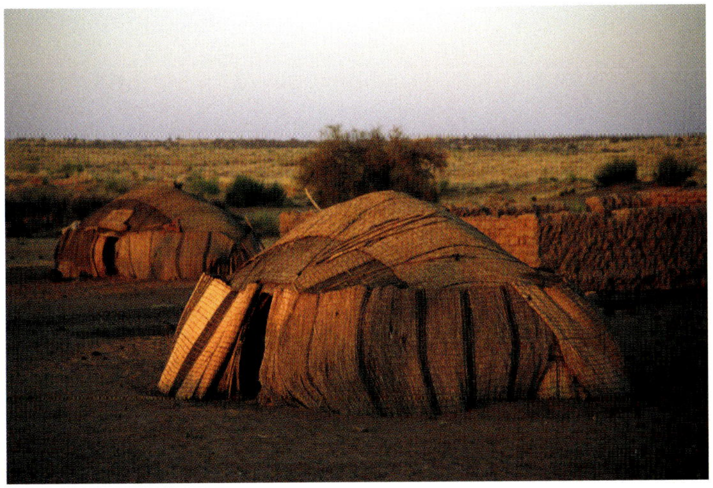

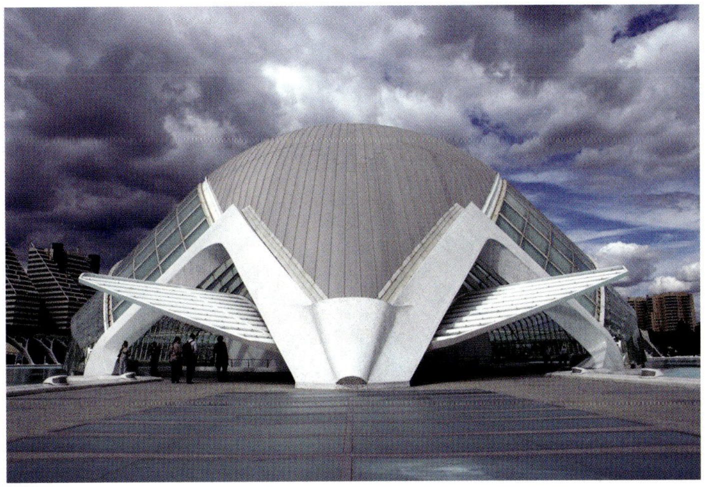

15°45'02" N - 0°27'48" E, d = 50 km | 39°27'24" N - 0°21'00" W, d = 30 km

A Peul village near Ansongo, Mali · The Hemisfèric designed by Santiago Calatraval in the City of Arts and Sciences, Valencia, Spain
Un village peul près d'Ansongo, Mali · L'Hemisfèric de Santiago Calatrava, Cité des Arts et des Sciences à Valencia, Espagne
Een Peul-nederzetting bij Ansongo, Mali · De Hemisfèric van Santiago Calatrava, Kunst-en-Wetenschap park van Valencia, Spanje

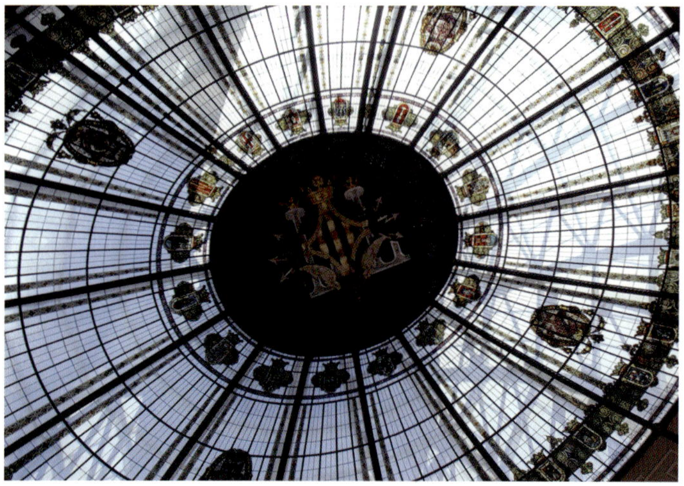

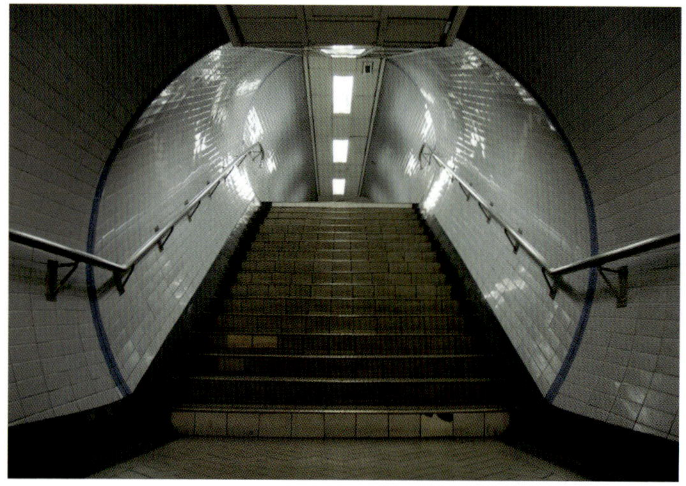

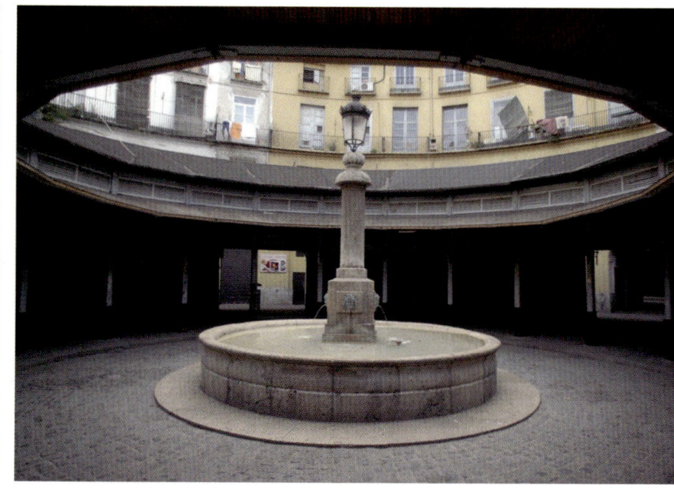

39°28'15" N - 0°22'30" W, d = 32 km | 51°34'59" N - 0°01'12" W, d = 1.4 km | 39°28'29" N - 0°22'32" W, d = 32 km

Glass roof of the main post office in Valencia, Spain · Tunnel in the London underground at Walthamstow, England · A light shaft at the Plaza Redonda, Valencia, Spain
Verrière du bureau de poste central de Valencia, Espagne · Couloir du métro londonien à Walthamstow, Angleterre · Puits de lumière sur la place Ronde à Valencia, Espagne
Glas-in-lood koepel van het hoofdpostkantoor van Valencia, Spanje · Tunnel in de ondergrondse in Walthamstow, Londen, Engeland · Lichtschacht van het Ronde Plein van Valencia, Spanje

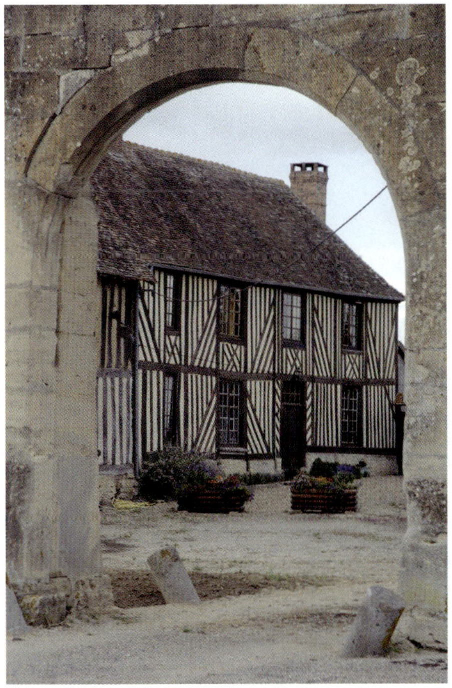 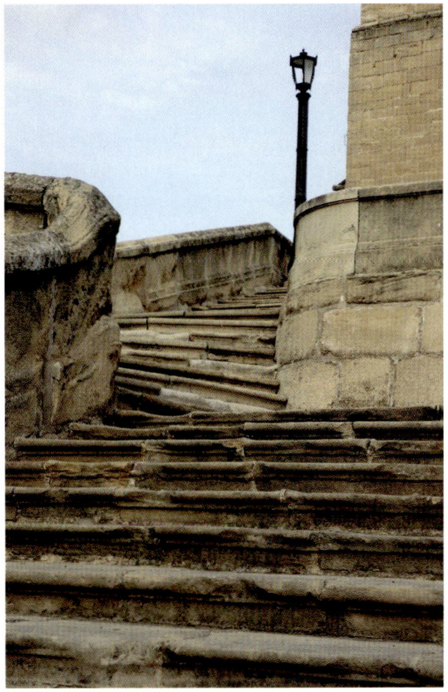 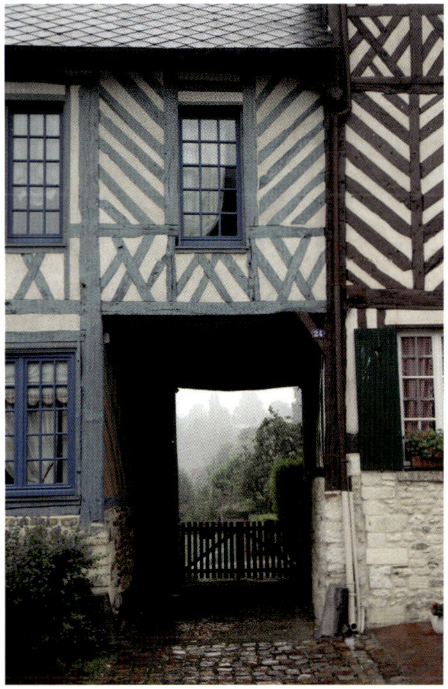

48°57'45" N - 0°02'38" E, d = 3.2 km | 41°14'14" N - 0°02'12" W, d = 3.1 km | 49°15'11" N - 0°03'39" E, d = 4.4 km

Entrance to a farm in Notre-Dame-de-Fresnay, France · Stairway in a church in Caspe, Spain · A half-timbered house in Annebault, Calvados, France
Entrée d'une ferme à Notre-Dame-de-Fresnay, France · Escalier de l'église de Caspe, Espagne · Maison à colombages à Annebault, Calvados, France
Ingang naar een boerderij in Notre-Dame-de-Fresnay, Calvados, Frankrijk · Trap van de kerk van Caspe, Spanje · Vakwerk in Annebault, Calvados, Frankrijk

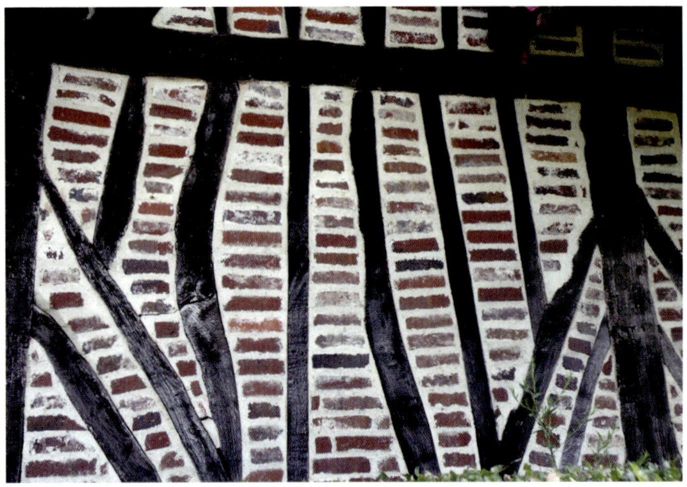 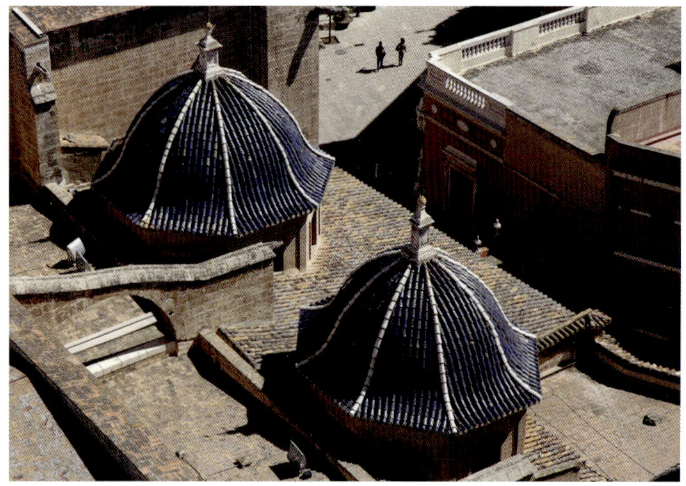 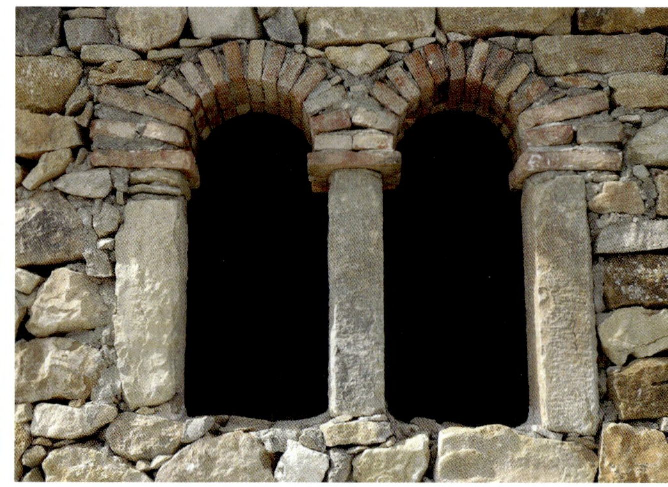

48°54’12” N - 0°01’48” E, d = 2.2 km | 39°34’52” N - 0°19’29” W, d = 28 km | 40°24’08” N - 0°00’08” E, d = 0.19 km

Detail from a facade in Moutiers-en-Auge, Calvados, France · The domes of the Valencia Cathedral, Spain · Windows on the world at Mas d’En Brusca, Spain
Détail de façade aux Moutiers-en-Auge, Calvados, France · Coupoles de la cathédrale de Valencia, Espagne · Fenêtres sur le monde à Mas d’En Brusca, Espagne
Geveldetail in Moutiers-en-Auge, Calvados, Frankrijk · Koepels van de kathedraal van Valencia, Spanje · Raampjes zien uit op de wereld in Mas d’En Brusca, Spanje

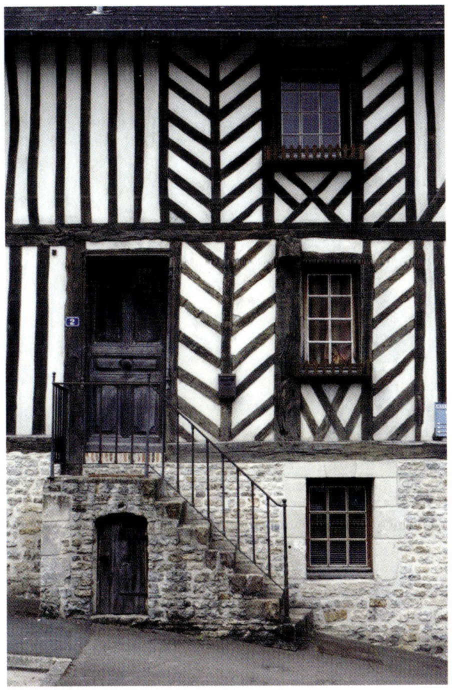

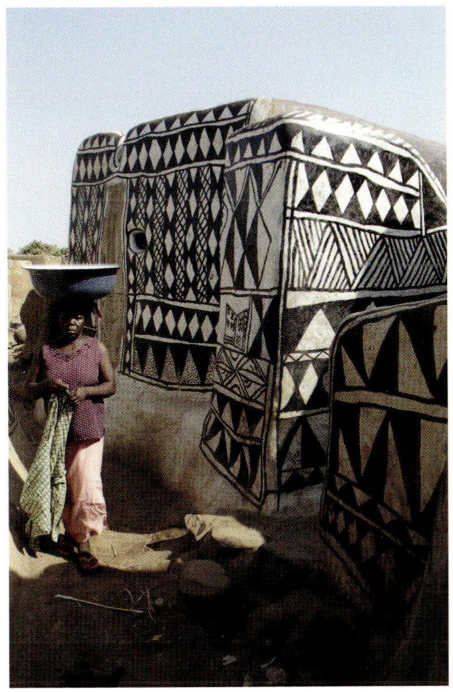

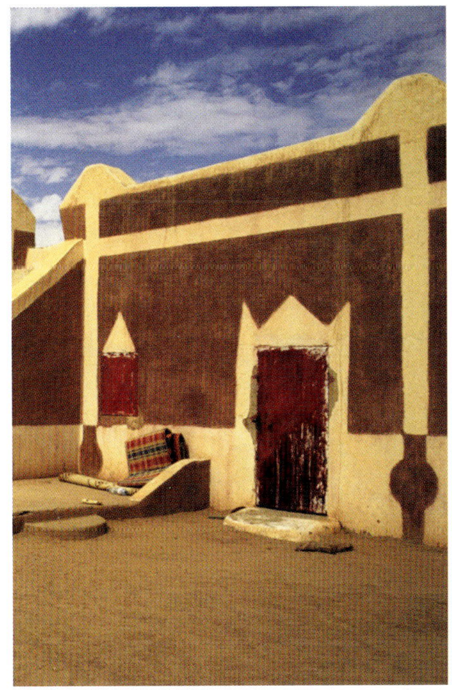

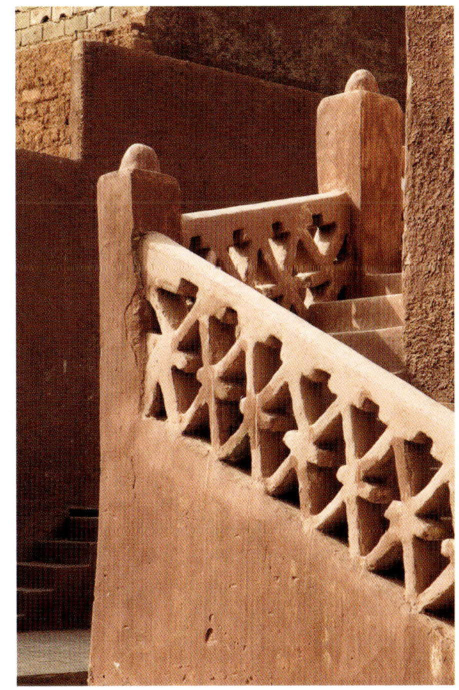

49°15'11" N - 0°03'39" E, d = 4.4 km | 11°05'25" N - 0°57'40" W, d = 105 km | 19°28'03" N - 0°51'24" E, d = 90 km | 29°15'48" N - 0°13'53" E, d = 22 km

A half-timbered house in Annebault, Calvados, France · Dwellings of the Gourounssi tribe in Tiébélé, Burkina Faso · A courtyard in Aguelhoc, Mali · Stairway of the old Transatlantic Hotel in Timimoun, Algeria
Maisons à colombages à Annebault, Calvados, France · Habitations de la tribu des Gourounssi à Tiébélé, Burkina Faso · Cour à Aguelhoc, Mali · Escalier de l'ancien hôtel Transatlantique à Timimoun, Algérie
Vakwerkhuizen in Annebault, Calvados, Frankrijk · Woningen van de Goeroenssi-stam in Tiébélé, Burkina Faso · Binnenplaats in Aguelhoc, Mali · Trap van het voormalig hotel Transatlantique in Timimoun, Algerije

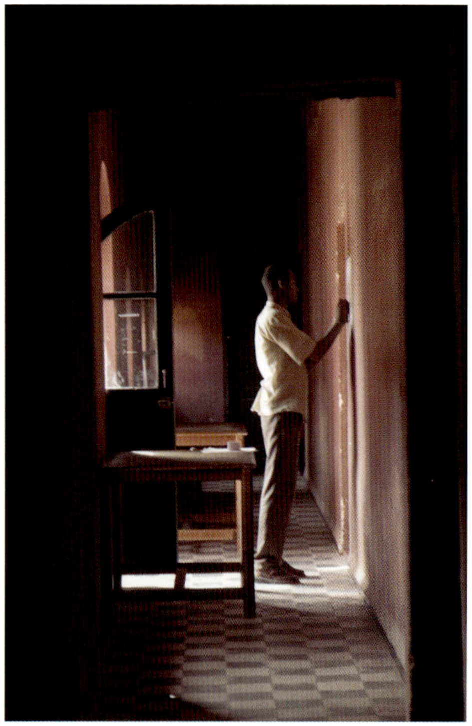

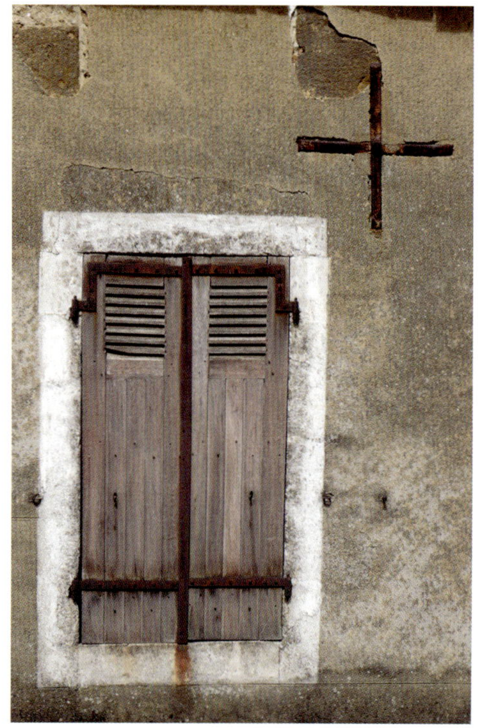

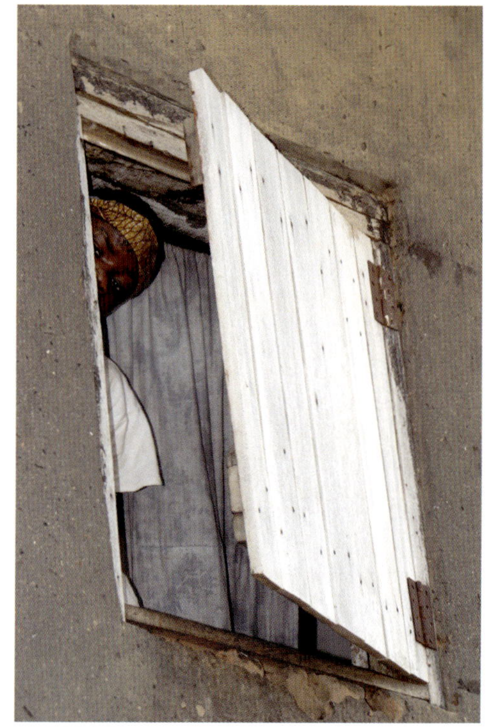

29°15'48" N - 0°13'53" E, d = 22 km | 48°06'06" N - 0°00'13" W, d = 0.27 km | 06°56'13" N - 0°17'14" E, d = 32 km

Corridor in the old Transatlantic Hotel in Timimoun, Algeria · Closed shutters in Cures, Sarthe, France · Someone's curious!, in Sovie, Ghana
Couloir dans l'ancien hôtel Transatlantique à Timimoun, Algérie · Volets fermés à Cures, Sarthe, France · Le curieux, à Sovie, Ghana
Gang in het voormalig hotel Transatlantique in Timimoun, Algerije · Gesloten luiken in Cures, Sarthe, Frankrijk · Nieuwsgierig in Sovie, Ghana

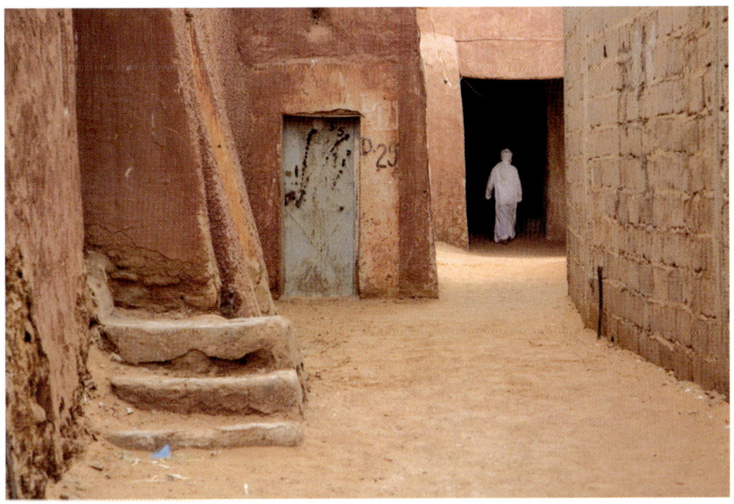

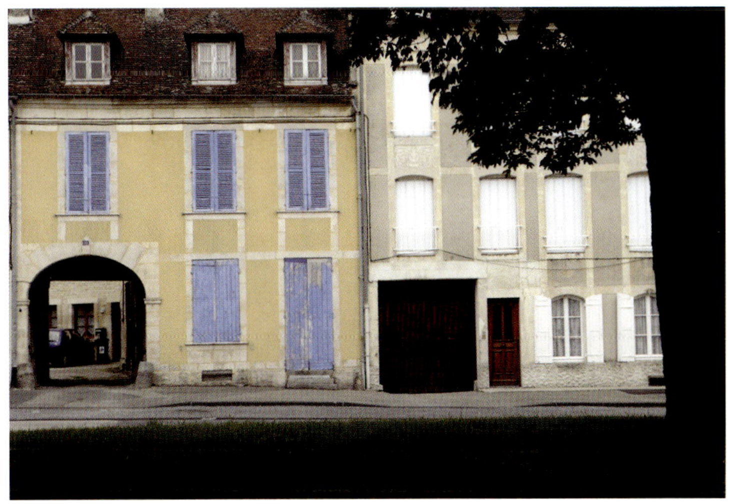

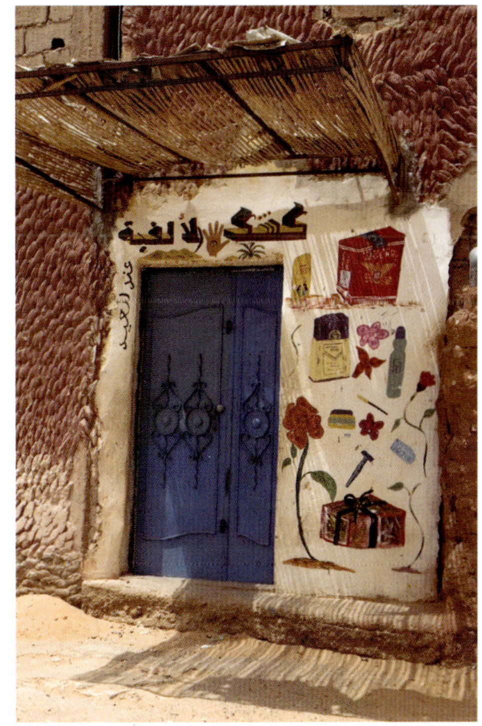

29°15'52" N - 0°13'40" E, d = 22 km | 48°53'34" N - 0°11'21" W, d = 14 km | 29°15'51" N - 0°13'51" E, d = 22 km

Alley in Timimoun, Algeria · Houses in Falaise, Calvados, France · Boutique at an oasis in Timimoun, Algeria
Ruelle à Timimoun, Algérie · Maisons à Falaise, Calvados, France · Boutique dans l'oasis de Timimoun, Algérie
Straatje in Timimoun, Algerije · Huizen in Falaise, Calvados, Frankrijk · Winkeltje in de oase van Timimoun, Algerije

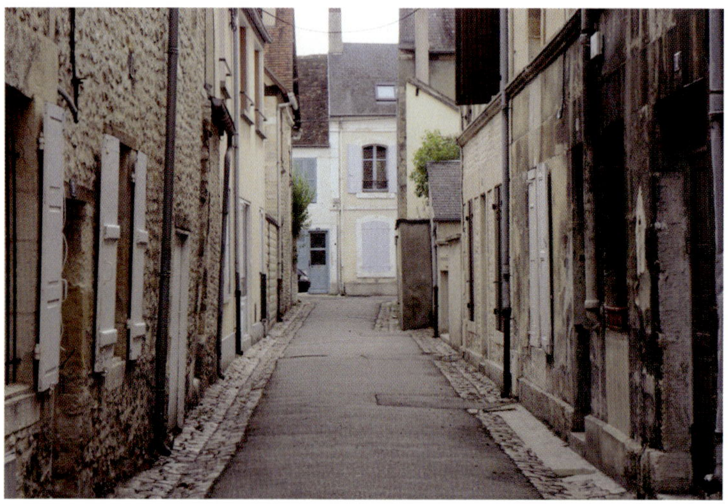 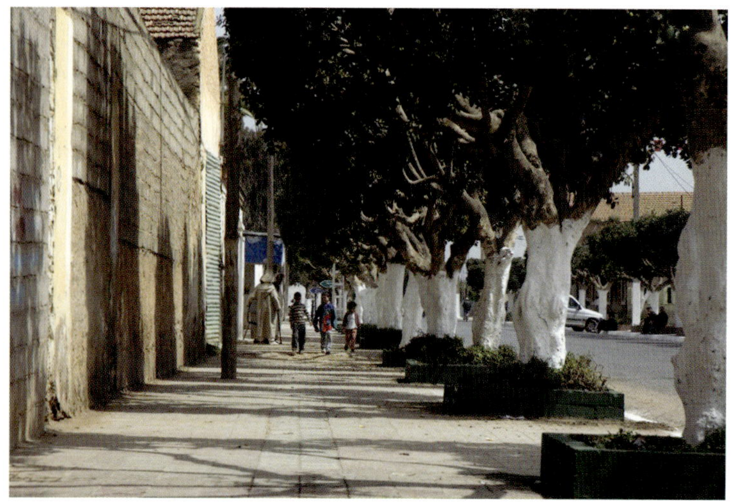 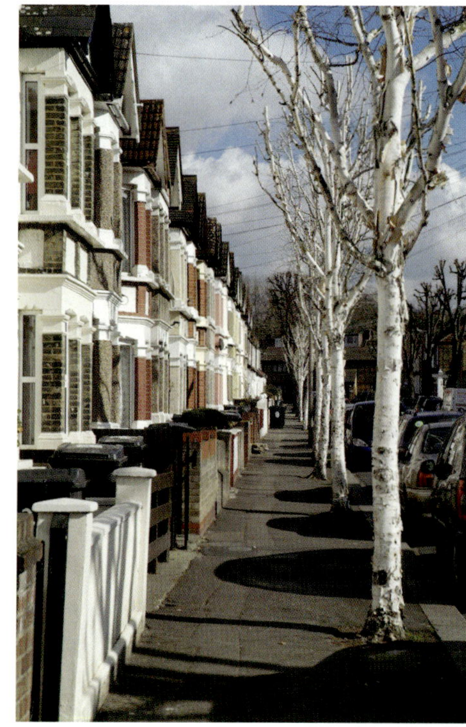

48°44'51" N - 0°01'17" W, d = 1.6 km | 35°45'13" N - 0°00'54" W, d = 1.4 km | 51°35'24" N - 0°00'08" W, d = 0.15 km

Rue Dinda, Argentan, Orne, France · The main street in Fornaka, Algeria · Waverley Road, Walthamstow, a north London suburb, England
Rue Dinda à Argentan, Orne, France · La rue principale à Fornaka, Algérie · Waverley Road à Walthamstow, banlieue nord de Londres, Angleterre
Rue Dinda in Argentan, Orne, Frankrijk · Hoofdstraat in Fornaka, Algerije · Waverley Road in Walthamstow, een noordelijke voorstad van Londen, Engeland

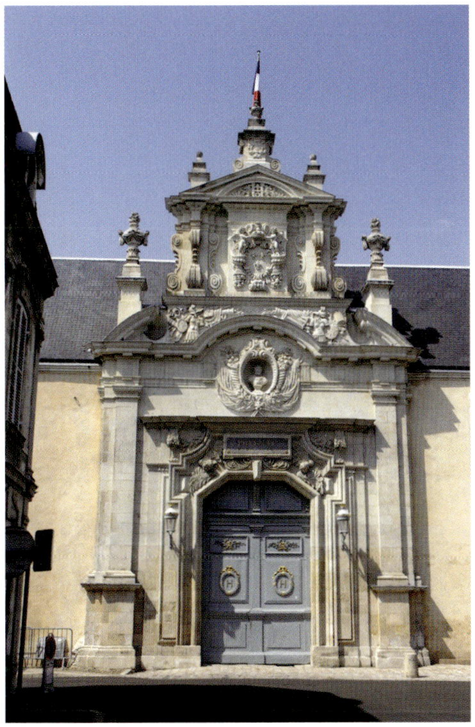 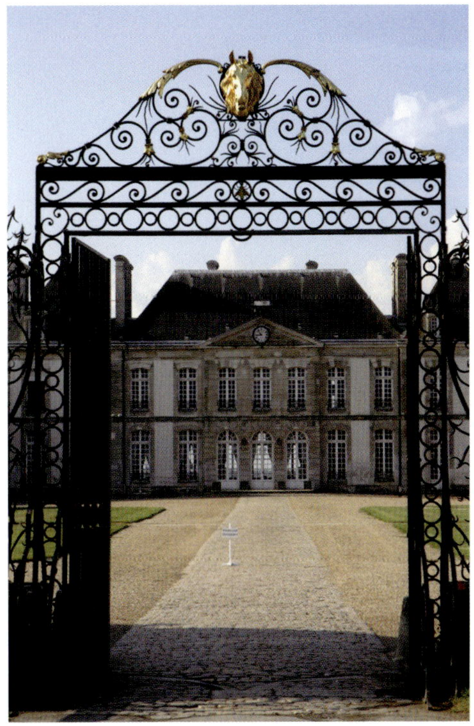 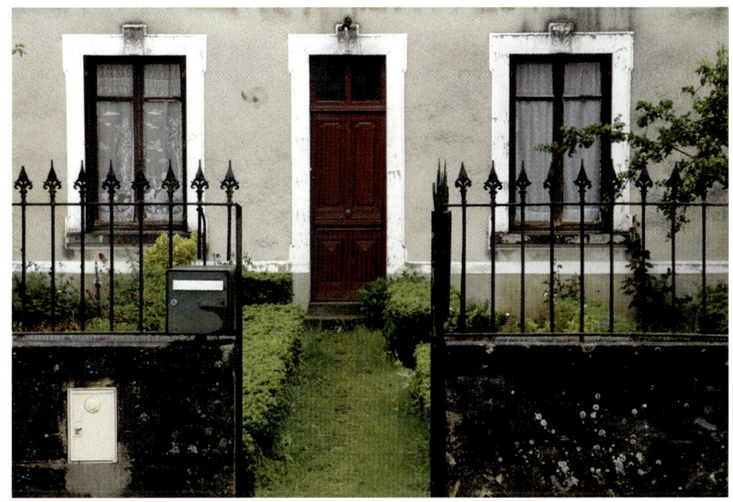

47°42’00” N - 0°04’25” W, d = 5.5 km | 48°44’26” N - 0°08’54” E, d = 11 km | 48°09’28” N - 0°00’00” E/W, d = 0 km

Military Academy at La Flèche, Sarthe, France · “Le Haras du Pin” national stud farm, Orne, France · Rue du Méridien, Neuvillalais, Sarthe, France
Prytanée militaire à La Flèche, Sarthe, France · Le Haras du Pin, Orne, France · Rue du Méridien à Neuvillalais, Sarthe, France
Militaire academie in La Flèche, Sarthe, Frankrijk · ‘Le Haras du Pin’, Orne, Frankrijk · Rue du Méridien in Neuvillalais, Sarthe, Frankrijk

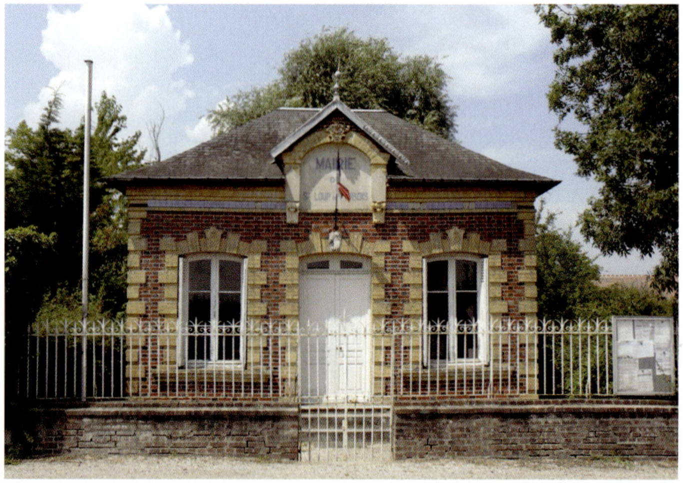

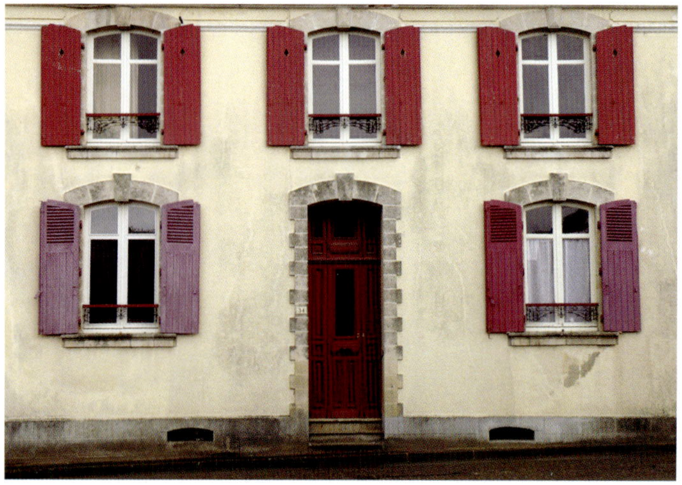

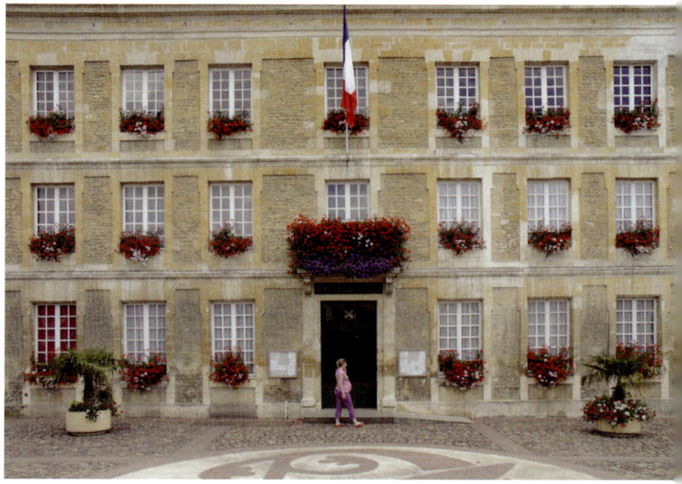

49°06'52" N - 0°00'42" E, d = 0.85 km | 48°09'28" N - 0°00'00" E/W, d = 0 km | 49°01'16" N - 0°01'51" W, d = 2.2 km

The small town hall of Saint-Loup-de-Fribois, Calvados, France · Rue du Méridien, Neuvillalais, Sarthe, France · Town Hall in Saint-Pierre-sur-Dives, Calvados, France
La petite mairie de Saint-Loup-de-Fribois, Calvados, France · Rue du Méridien à Neuvillalais, Sarthe, France · Hôtel de ville de Saint-Pierre-sur-Dives, Calvados, France
Het piepkleine gemeentehuis van Saint-Loup-de-Fribois, Calvados, Frankrijk · Rue du Méridien in Neuvillalais, Sarthe, Frankrijk · Stadhuis van Saint-Pierre-sur-Dives, Calvados, Frankrijk

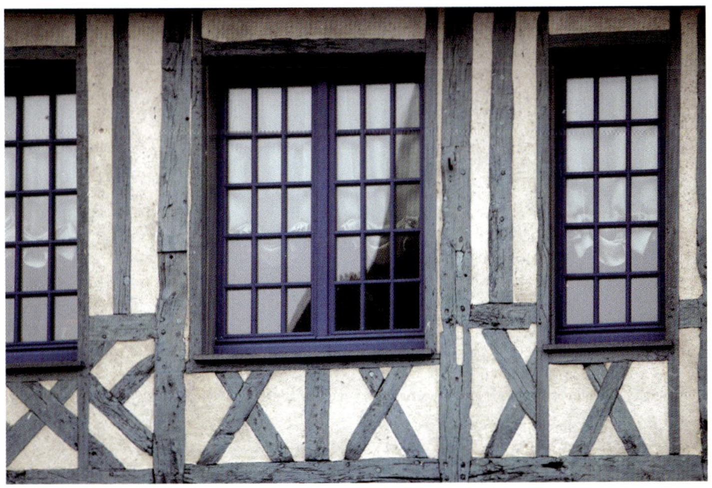

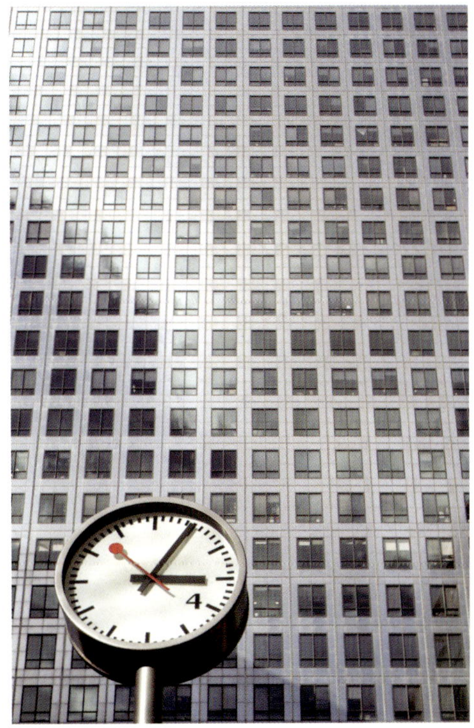

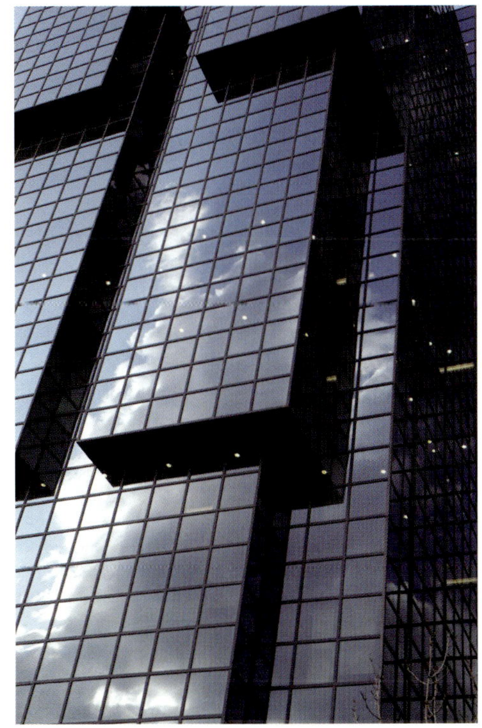

49°16'47" N - 0°06'43" E, d = 8.1 km | 51°30'20" N - 0°01'06" W, d = 1.3 km | 51°30'34" N - 0°04'59" W, d = 5.7 km

Detail on a house in Beaumont-en-Auge, Calvados, France · Canary Wharf, London, England · The City, London, England
Détail d'une maison à Beaumont-en-Auge, Calvados, France · Canary Wharf, Londres, Angleterre · La City, Londres, Angleterre
Detail van een huis in Beaumont-en-Auge, Calvados, Frankrijk · Canary Wharf, Londen, Engeland · De City, Londen, Engeland

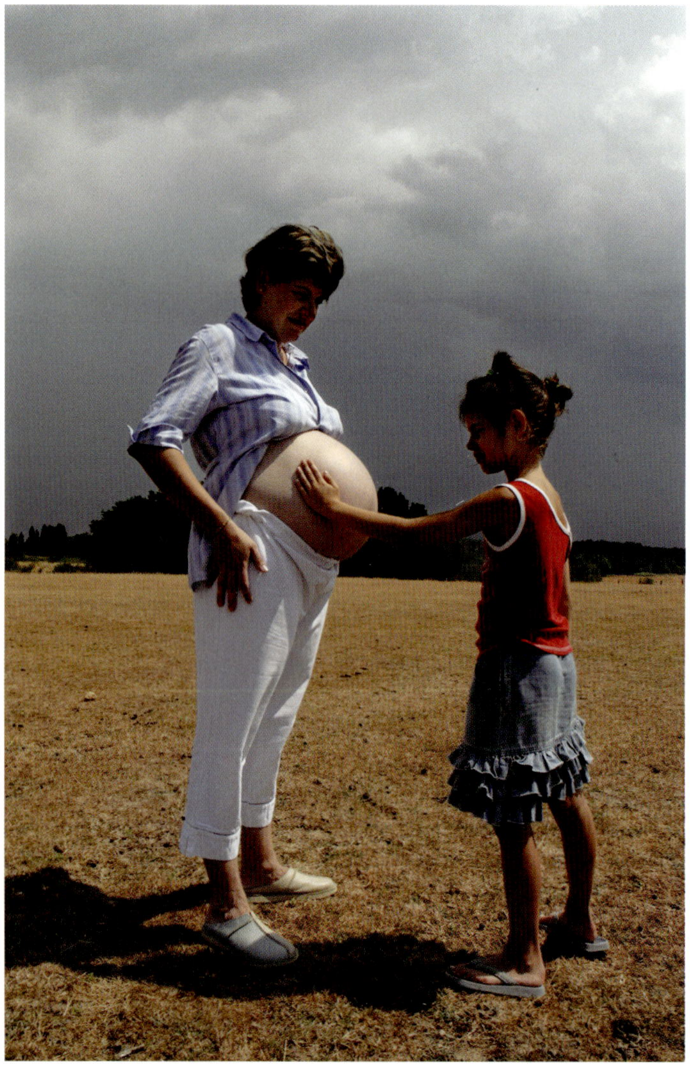

Childhood | Enfance | Jeugd

Life begins well before birth and it develops in the arms of a mother. Protected and loved, children learn about life gradually. After a period of play comes the dizziness of adolescence. A carefree period for some and drudgery for others; yet, whether from the north or the south - black, brown or white - there is the same beauty, the same purity and the same laughter!

La vie commence bien avant la naissance et se développe dans les bras d'une mère. Protégés et aimés, les enfants apprennent à vivre. Après le jeu, vient le vertige de l'adolescence. Insouciance pour les uns, corvées pour les autres. Mais, du nord au sud - Noirs, Bruns ou Blancs - la même beauté, la même pureté, les mêmes éclats de rire !

Het leven begint al voor de geboorte en ontplooit zich in de armen van een moeder. In de bescherming van het gezin en omringd door liefde krijgen kinderen de eerste speelse levenslessen. Na de tijd van het spel breekt de duizelingwekkende puberteit aan. Zorgeloosheid voor sommigen, verplichtingen voor anderen. Maar van Noord naar Zuid en of ze nu zwart, bruin of blank zijn, overal kom je dezelfde schoonheid, dezelfde onschuld en dezelfde schaterlach tegen!

47°43'42" N - 0°04'59" W, d = 6.2 km | 12°33'05" N - 0°01'37" W, d = 2.9 km

Manou and her mother in La Goussetière, near La Flèche, Sarthe, France
Little Margot plays with a soda can in Bilanga, Burkina Faso

Manou et sa maman à La Goussetière près de La Flèche, Sarthe, France
La petite Margot joue avec une boîte de soda à Bilanga, Burkina Faso

Manou en haar moeder in La Goussetière in de omgeving van La Flèche, Sarthe, Frankrijk
De kleine Margot voetbalt met een blikje in Bilanga, Burkina Faso

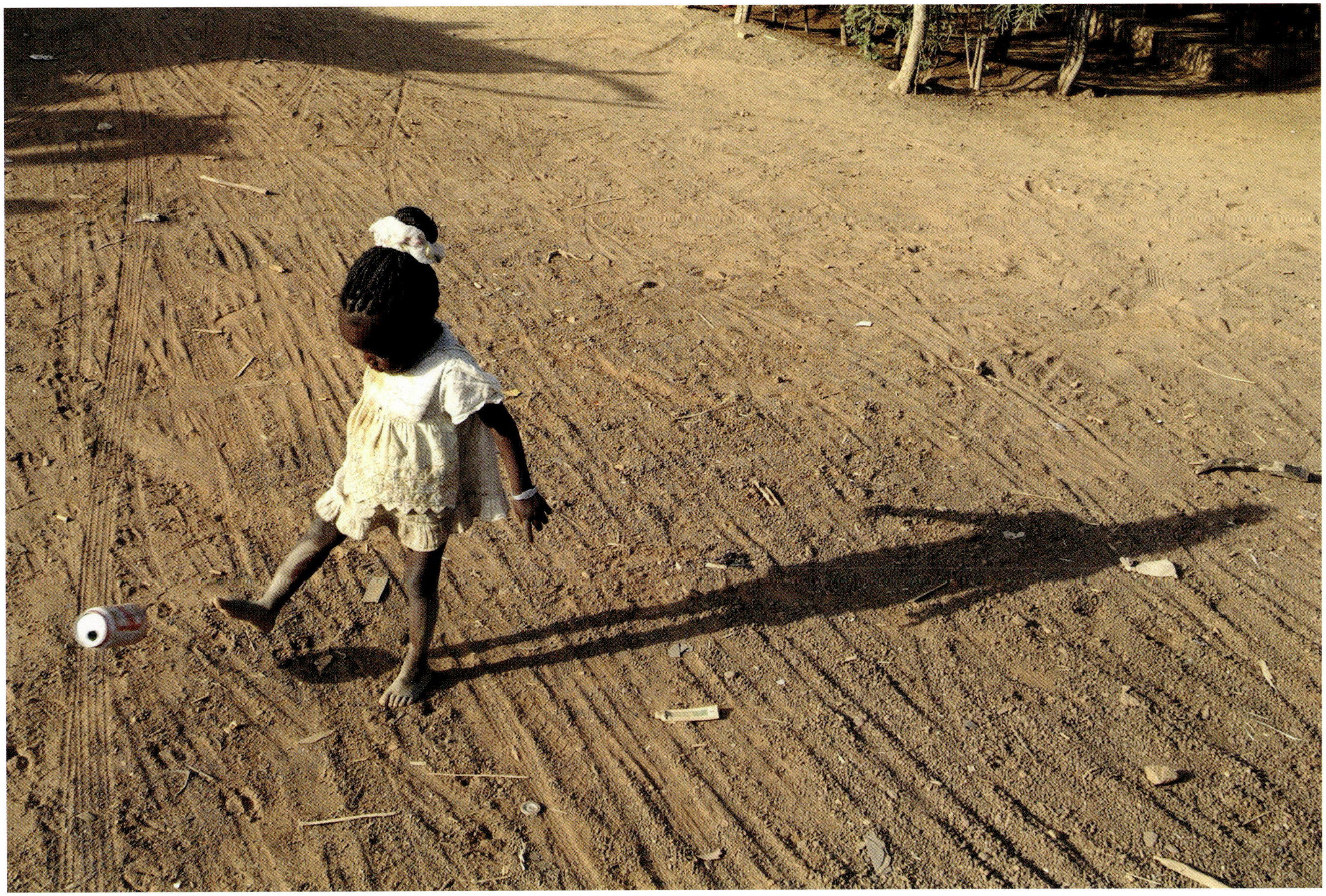

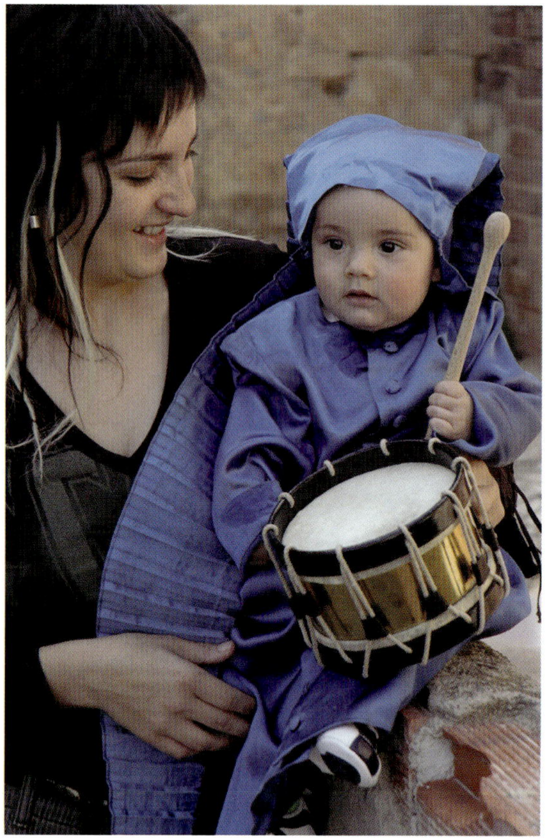

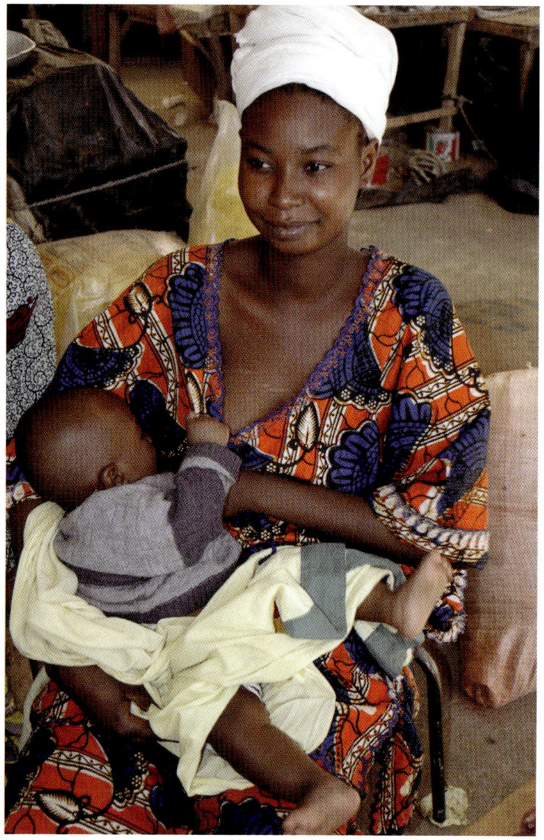

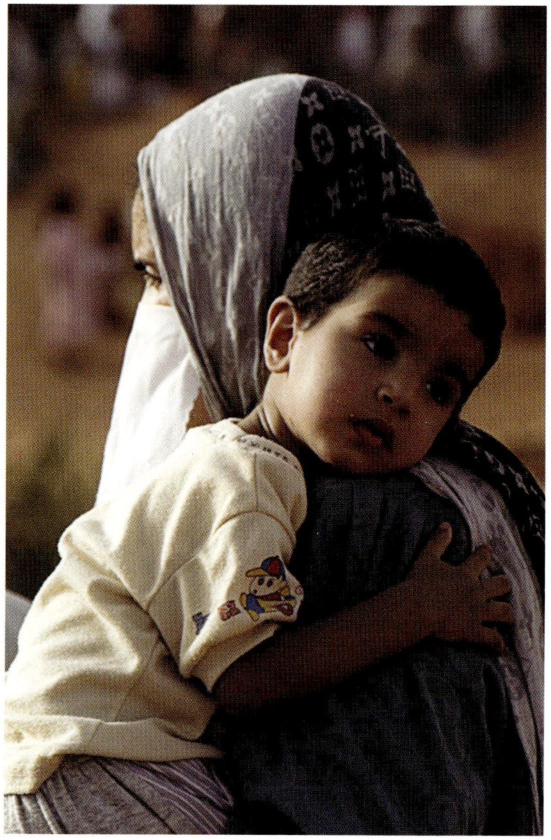

41°03'09" N - 0°07'44" W, d = 11 km | 16°16'42" N - 0°02'59" W, d = 5.3 km | 29°14'09" N - 0°12'40" E, d = 21 km

Holy Week in Alcañiz, Spain. Pilar and her son Martín who will play his drum on Good Friday · Douaboya and her baby Samou at the Gao market, Mali · Veiled mother and her son, near Timimoun, Algeria
Semaine sainte à Alcañiz, Espagne. Pilar et son fils Martín qui battra du tambour le Vendredi saint · Douaboya et son bébé Samou au marché de Gao, Mali · Mère voilée et son fils, près de Timimoun, Algérie
Stille week, Alcañiz, Spanje. Pilar en haar zoon Martín die er op Goede Vrijdag verwoed op los zal trommelen · Douaboya en haar baby Samou op de markt, Gao, Mali · Gesluierde vrouw en haar zoon, bij Timimoun, Algerije

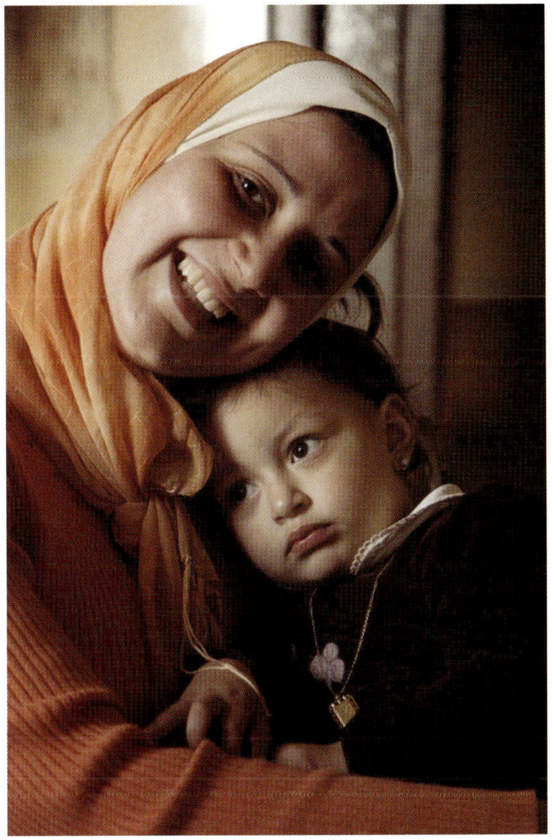

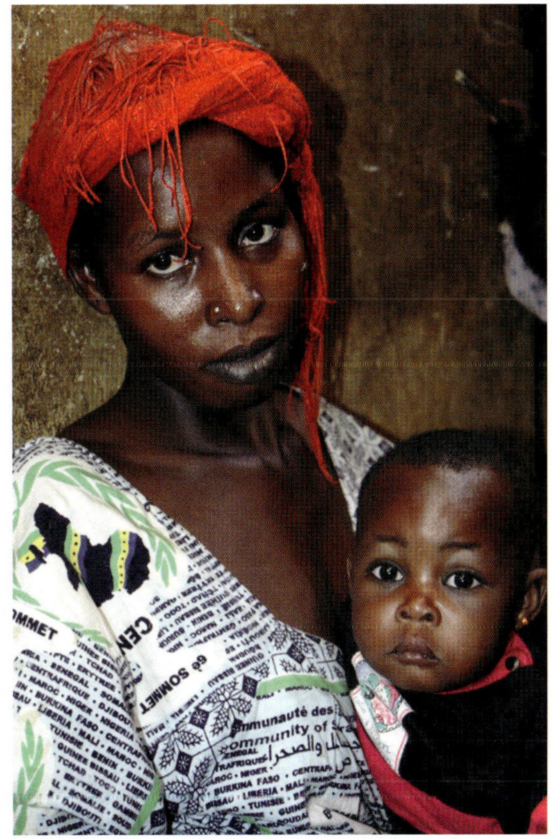

35°43'30" N - 0°32'16" W, d = 48 km | 16°16'42" N - 0°02'59" W, d = 5.3 km

Rachida's tender love for her daughter Leila, Oran, Algeria · Anita, made up with indigo, and her daughter Fadimata at the Gao market, Mali
L'amour de Rachida pour sa fille Leila, à Oran, Algérie · Anita, lèvres et cou enduits d'indigo, avec sa fille Fadimata au marché de Gao, Mali
Rachida geeft al haar liefde aan haar dochtertje Leila, in Oran, Algerije · Anita, ingewreven met indigo, en haar dochter Fadimata op de markt van Gao, Mali

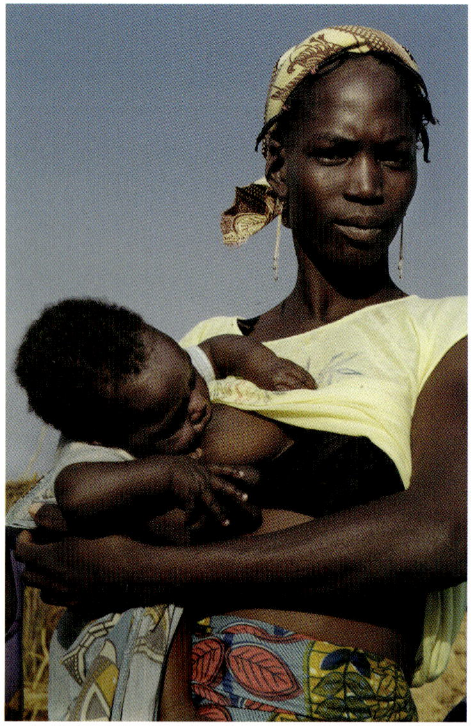 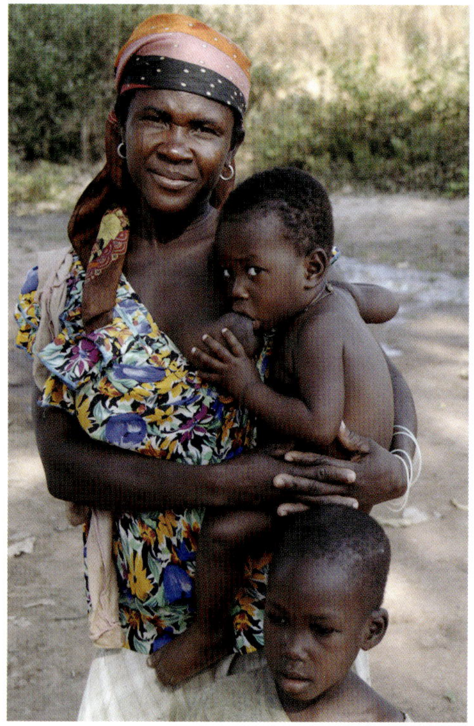 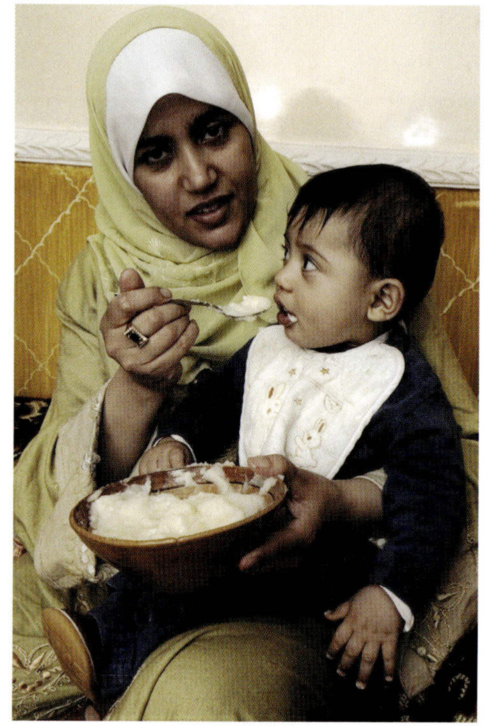

12°56’01” N - 0°00’14” E, d = 0.43 km | 08°11’43” N - 0°00’08” E, d = 0.24 km | 35°43’30” N - 0°32’16” W, d = 48 km

Sapona in Léoura, Burkina Faso · Adjara with her children near a well in N’Gawe, Ghana · Aisha and her son Adnan in Oran, Algeria
Sapona à Léoura, Burkina Faso · Adjara et ses enfants près d’un puits à N’Gawe, Ghana · Aïcha et son fils Adnan à Oran, Algérie
Sapona in Léoura, Burkina Faso · Adjara met haar kinderen bij een waterput in N’Gawe, Ghana · Aïcha en haar zoon Adnan in Oran, Algerije

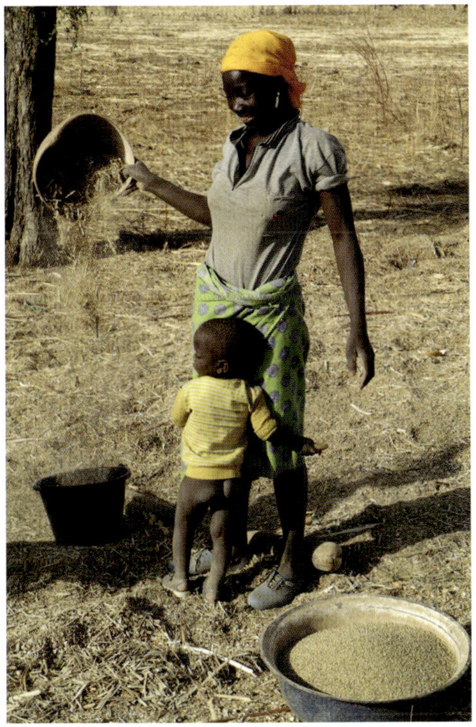

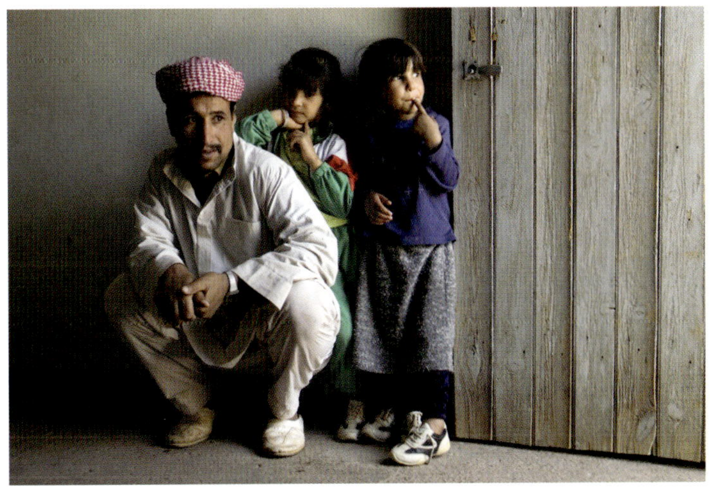

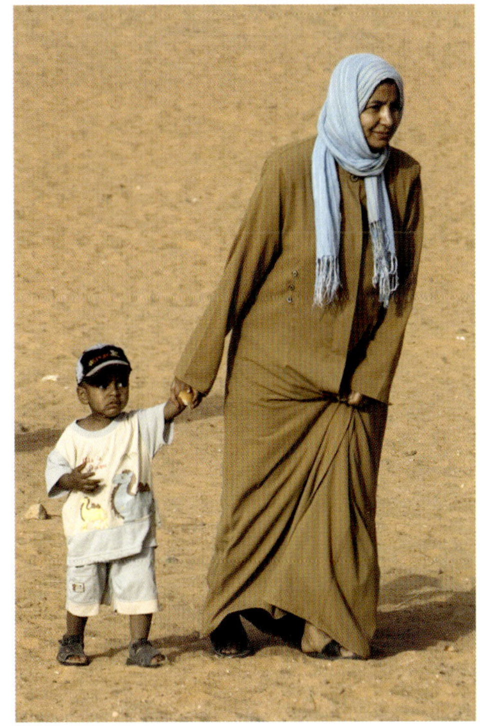

13°06'23" N - 0°10'01" W, d = 18 km | 32°29'39" N - 0°27'58" W, d = 44 km | 29°14'09" N - 0°12'40" E, d = 21 km

In Nindango, Burkina Faso, frightened by the white photographer · Ali Ghoul, the imam of the village of Moghrar Tahtani, Algeria, and his two daughters · Near Sidi Hadj Belkacem, Algeria
À Nindango, Burkina Faso, bébé effrayé par le photographe blanc · Ali Ghoul, l'Imam du village, et ses deux filles, à Moghrar Tahtani, Algérie · Près de Sidi Hadj Belkacem, Algérie
Geschrokken voor de blanke fotograaf in Nindango, Burkina Faso · Ali Ghoul, de Imam in het dorpje Moghrar Tahtani, Algerije, met zijn twee dochtertjes · Bij Sidi Hadj Belkacem, Algerije

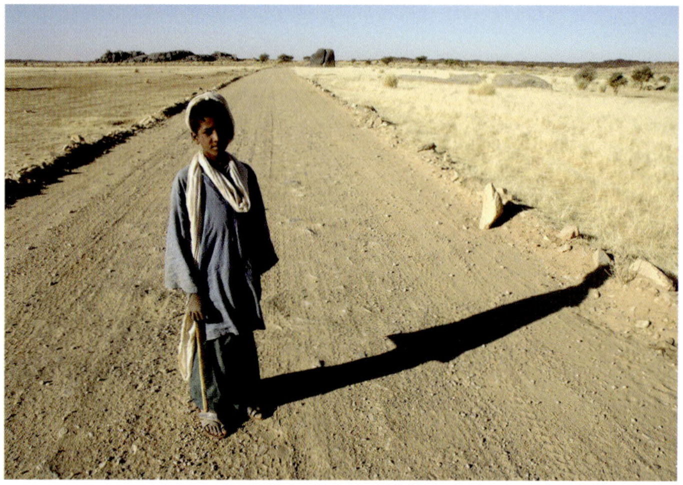

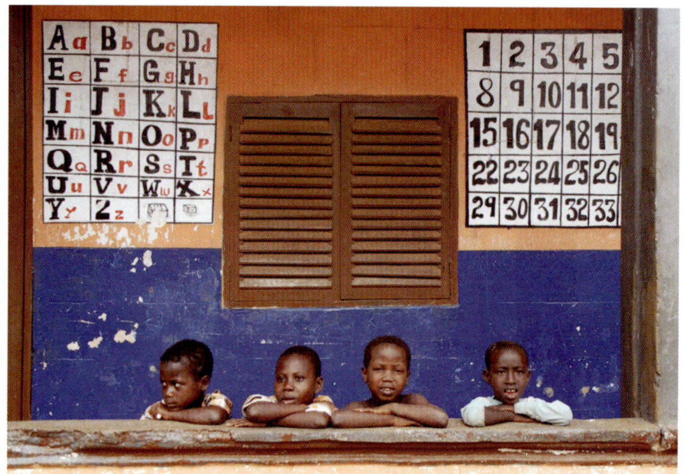

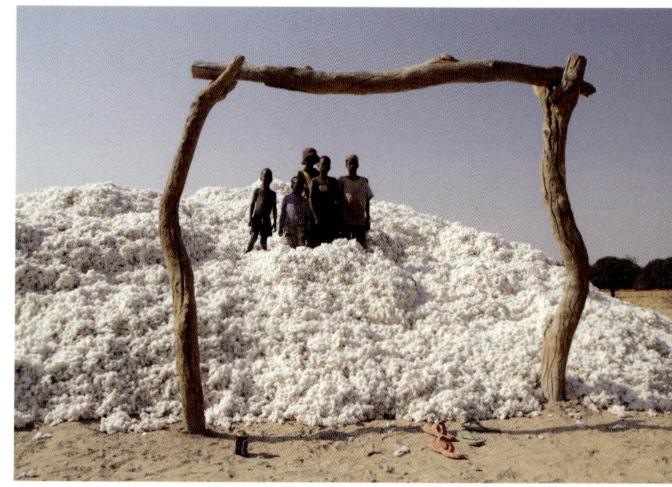

18°15'01" N - 0°54'31" E, d = 0.23 km | 05°23'17" N - 0°29'26" W, d = 54 km | 12°15'58" N - 0°15'15" E, d = 28 km

In the immensity of the desert near Anéfis, Mali, Abola spends the day garding his flock · Owinde Foundation School in Senya Beraku, Ghana · Playing in the cotton in Nayouri, Burkina Faso

Dans l'immensité du désert près d'Anéfis, Mali, Abola passe sa journée à garder son troupeau · À l'école de l'Owinde Foundation à Senya Beraku, Ghana · Jeu dans le coton à Nayouri, Burkina Faso

In de uitgestrektheid van de woestijn bij Anéfis, Mali hoedt de kleine Abola de gehele dag zijn kudde · De Owinde Foundation school in Senya Beraku, Ghana · Spelen in de katoenberg bij Nayouri, Burkina Faso

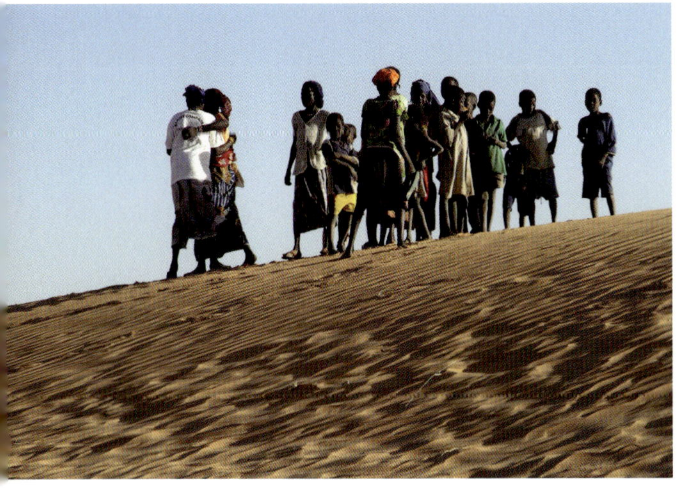

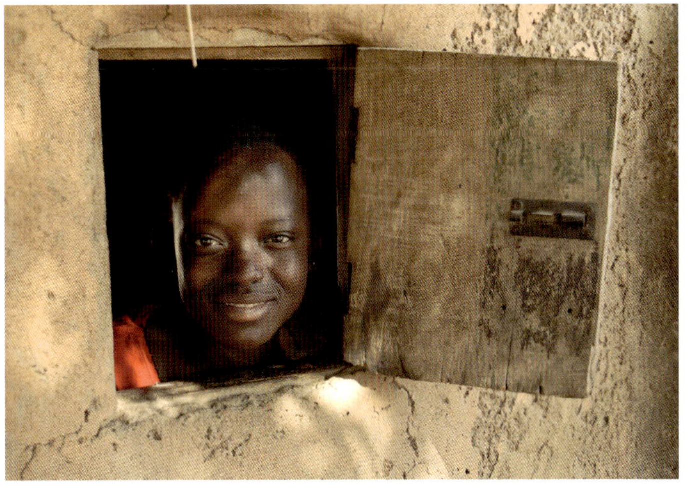

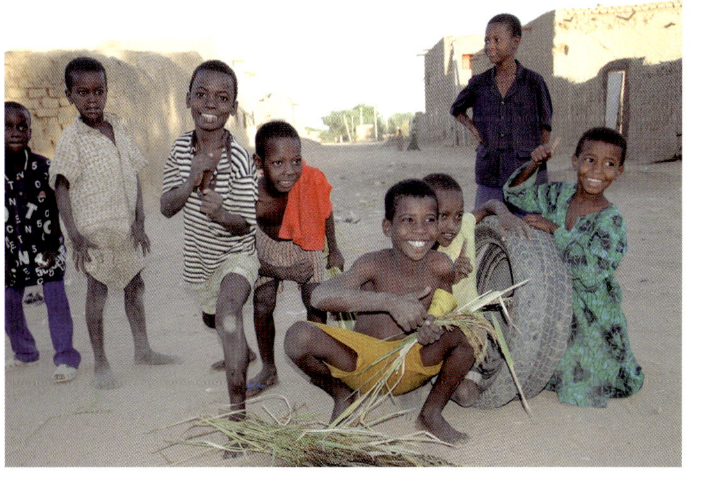

14°40’55” N - 0°27’38” W, d = 49 km | 10°50’14” N - 0°28’29” W, d = 52 km | 15°40’08” N - 0°29’29” E, d = 53 km

A curious crowd at the top of the dune in Oursi, Burkina Faso · *Sarah at the window of her house in Buya, Burkina Faso* · Youngsters in a street in Ansongo, Mali
Bande de curieux en haut de la dune d’Oursi, Burkina Faso · Sarah à la fenêtre de sa maison à Buya, Burkina Faso · Jeunes dans une rue d’Ansongo, Mali
Een nieuwsgierig stel op de top van een duin bij Oursi, Burkina Faso · Sarah blikt nieuwsgierig vanuit een raam in Buya, Burkina Faso · Een stel jongeren in een straat van Ansongo, Mali

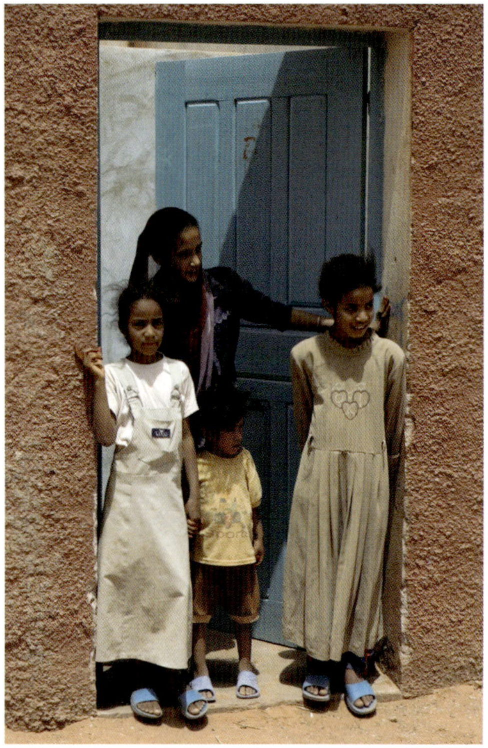

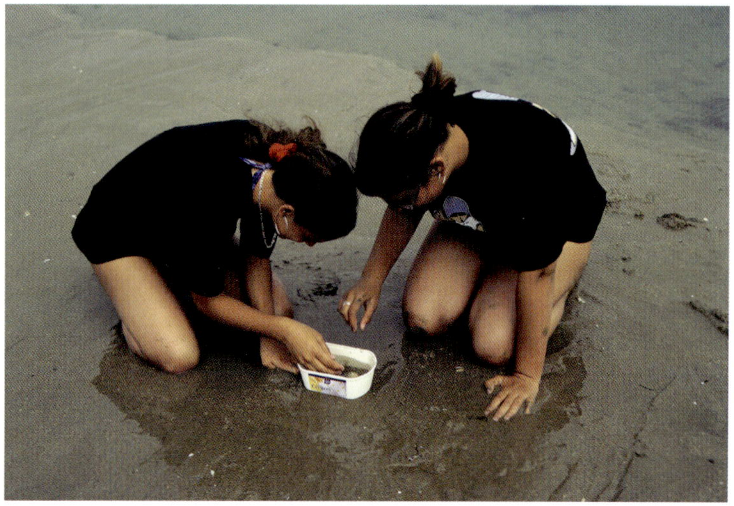

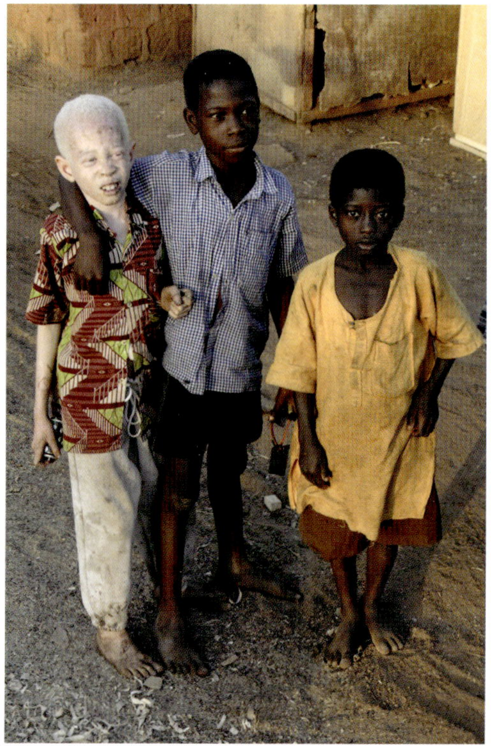

27°02'35" N - 0°05'32" W, d = 9.1 km | 49°19'35" N - 0°00'00" E/W, d = 0 km | 09°26'38" N - 0°00'40" W, d = 1.2 km

Watching the world go by from the door of a house, Chiouléline, Algeria · Gathering shrimps at low tide at Villers-sur-Mer, Calvados, France · Two African boys with their albino friend in Yendi, Ghana
Regarder le monde depuis la porte de sa maison, Chiouléline, Algérie · Ramassage de crevettes à marée basse à Villers-sur-Mer, Calvados, France · Deux garçons noirs avec leur ami albinos à Yendi, Ghana
De wereld bekijken vanuit de veiligheid van je ouders' huis, Chiouléline, Algerije · Bij laagwater garnalen vangen in Villers-sur-Mer, Calvados, Frankrijk · Twee zwarte jongens met hun albino-vriendje in Yendi, Ghana

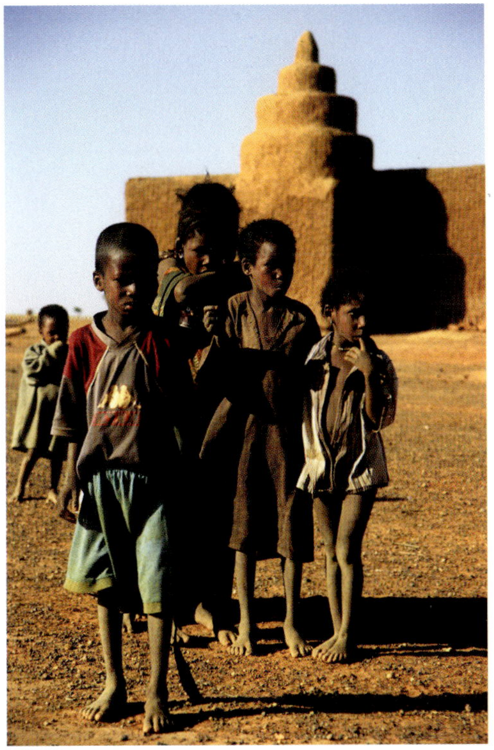 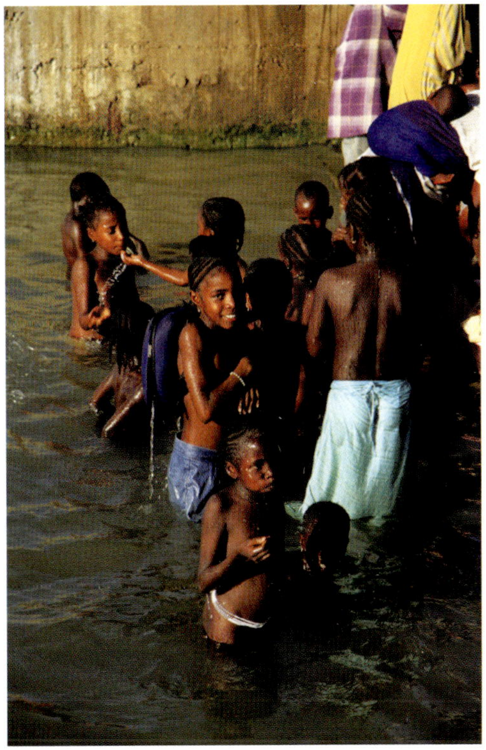 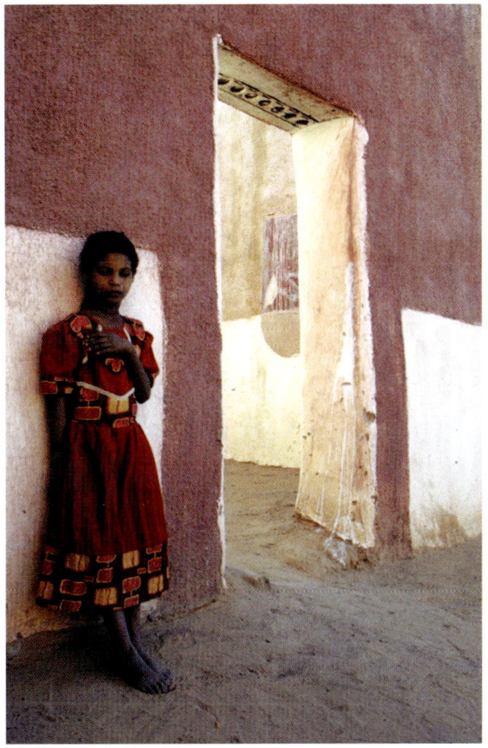

16°03'31" N - 0°07'15" E, d = 13 km | 16°16'49" N - 0°03'02" W, d = 5.4 km | 19°28'03" N - 0°51'24" E, d = 90 km

In front of the mosque of Haoussa Foulane Kobé, Mali · Bathing in the River Niger at Gao, Mali · What will the future hold for young Zaha?, Aguelhoc, Mali
Devant la mosquée de Haoussa Foulane Kobé, Mali · Bain dans le Niger à Gao, Mali · Quel sera l'avenir de la jeune Zaha ?, Aguelhoc, Mali
Voor de moskee van Haoussa Foulane Kobé, Mali · Poedelen in de Niger bij Gao, Mali · Wat voor toekomst wacht de jonge Zaha?, Aguelhoc, Mali

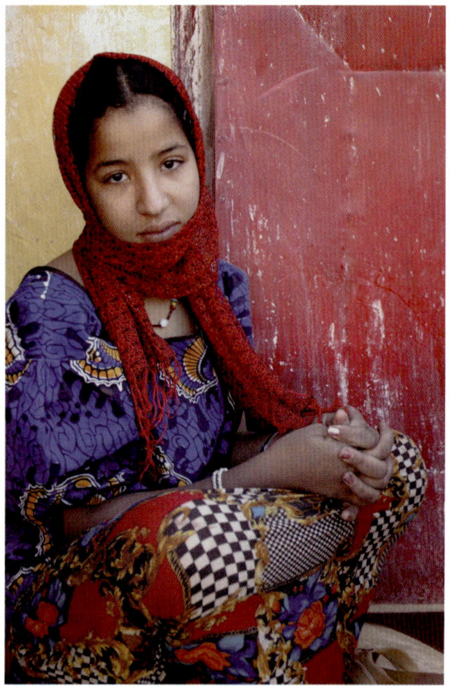

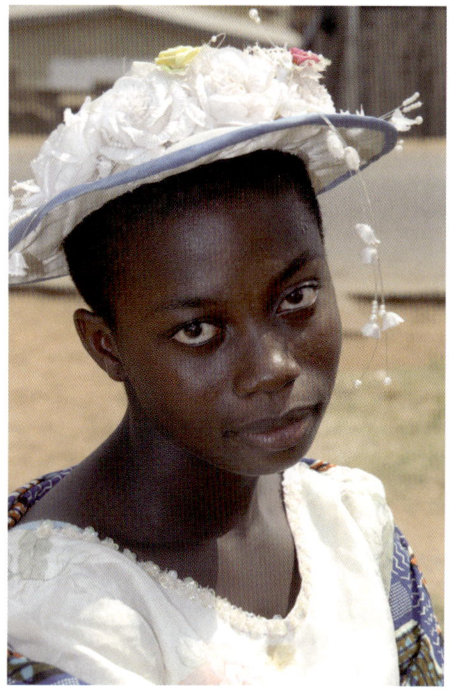

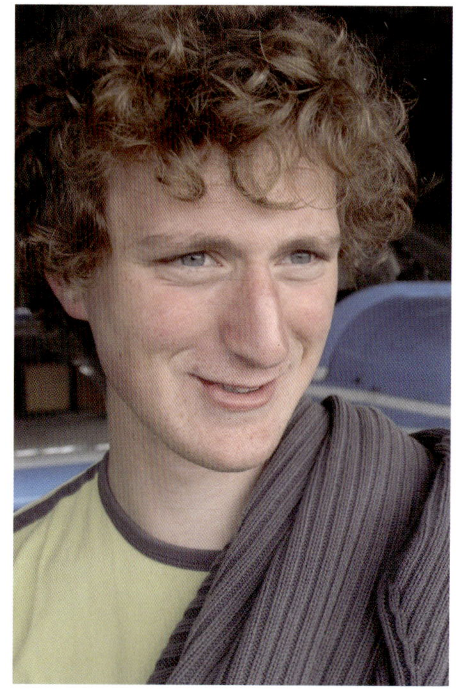

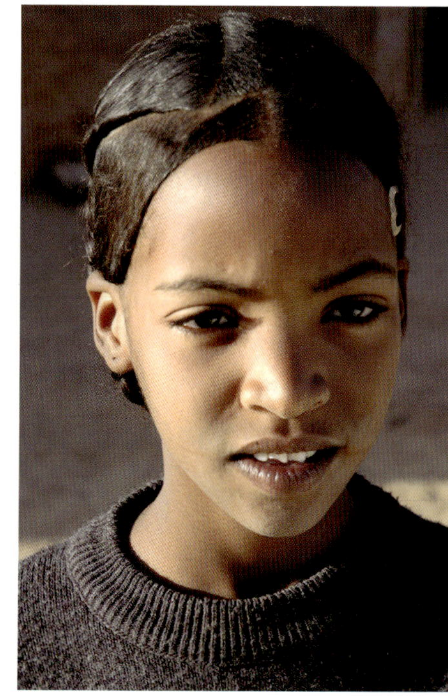

19°28'03" N - 0°51'24" E, d = 90 km | 06°56'14" N - 0°17'14" E, d = 32 km | 47°41'28" N - 0°00'13" W, d = 0.27 km | 19°28'03" N - 0°51'24" E, d = 90 km

13-year-old, Tata dreams of becoming a midwife, Aguelhoc, Mali · After mass in Sovie, Ghana · 16-year-old Timothée will become a pilot, La Flèche, Sarthe, France · Zéina in Aguelhoc, Mali
À 13 ans, Tata rêve de devenir sage-femme, Aguelhoc, Mali · À la sortie de la messe, Sovie, Ghana · Timothée, 16 ans, deviendra pilote, La Flèche, Sarthe, France · Zéina à Aguelhoc, Mali
Tata is 13 jaar oud en wil graag vroedvrouw worden, Aguelhoc, Mali · Na de mis in Sovie, Ghana · De 16 jaar oude Timothée leert vliegen, La Flèche, Sarthe, Frankrijk · Zéina in Aguelhoc, Mali

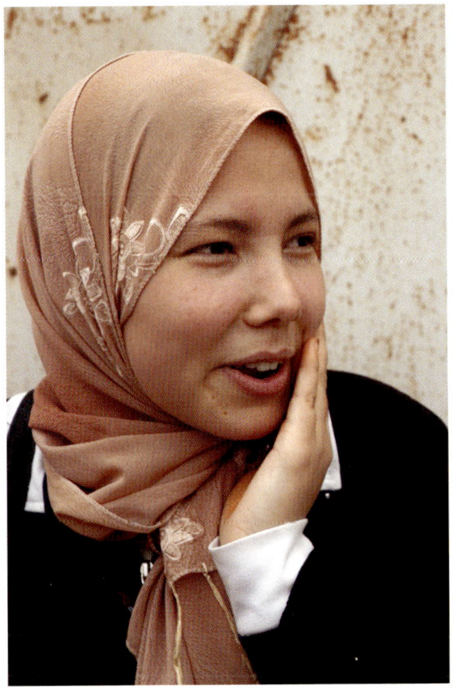

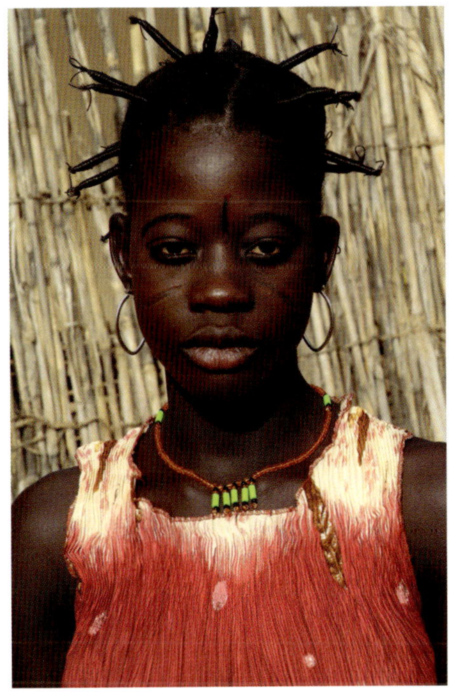

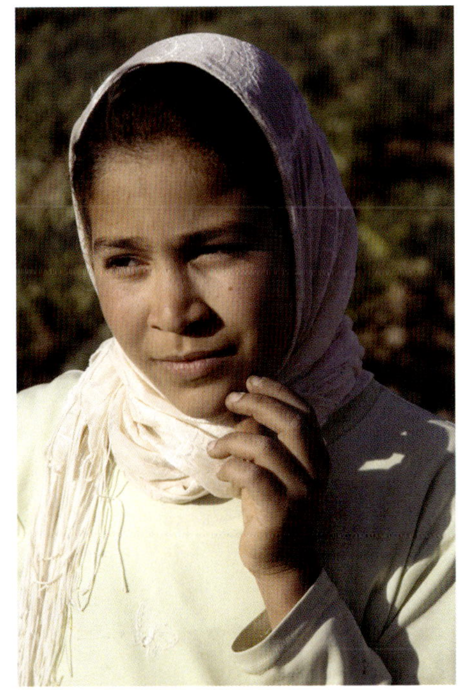

35°27'42" N - 0°00'29" W, d = 0.73 km | 13°15'40" N - 0°12'41" W, d = 23 km | 35°26'45" N - 0°02'11" E, d = 3.3 km

A school girl from Hacine, Algeria · In Mani, Burkina Faso, Bahanié has just had her hair dressed in tiny plaits by her sister · A young girl gathering beans near Hacine, Algeria
Lycéenne de Hacine, Algérie · À Mani, Burkina Faso, Bahanié vient de se faire faire des petites nattes par sa sœur · Jeune fille récoltant des fèves près de Hacine, Algérie
Leerling aan het lyceum van Hacine, Algerije · In Mani, Burkina Faso, is het haar van Bahanié zojuist door haar zusje gevlochten · Dit meisje oogst tuinbonen in een veld bij Hacine, Algerije

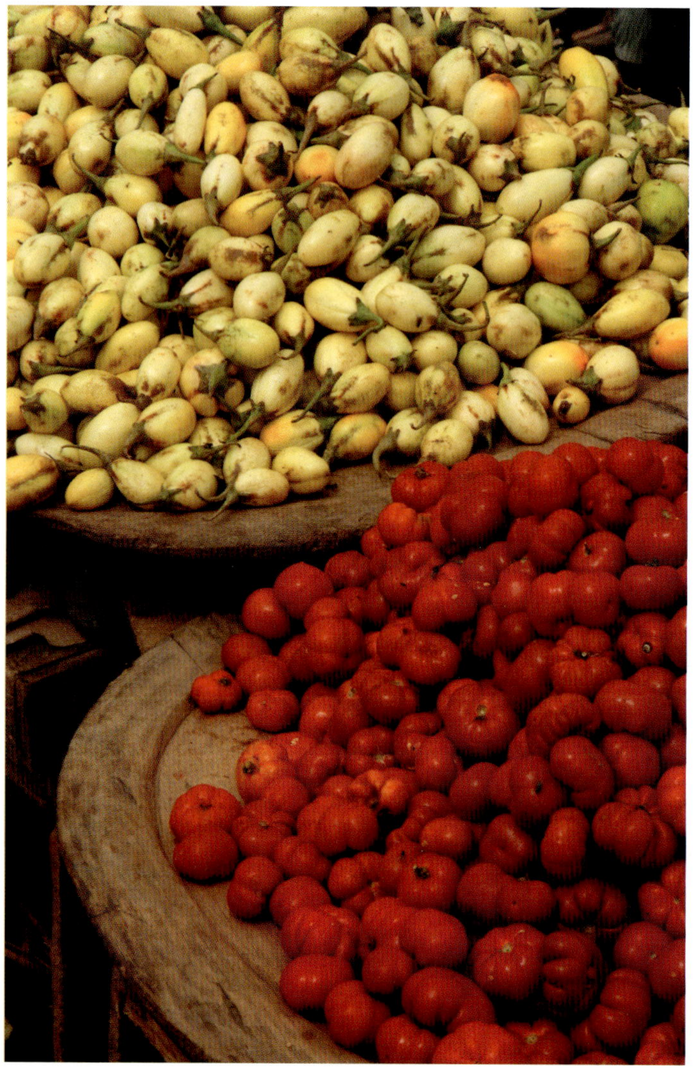

Flavours | Saveurs | Smaken

“Fish and chips”, “pot au feu”, “paella”, “couscous” or “bassi niougou”, every people, every culture enjoys its “daily bread”. Wheat or millet, potatoes or yams, langoustines or goat meat, apples or dates - the farm labourer works the land, the fisherman hauls in his nets, and the shepherd guides his flock. To eat one’s fill… the daily challenge. But what pleasure there is in preparing a meal to be shared by the family, or friends or a passing traveller!

«Fish and chips», «pot au feu», «paella», «couscous», «bassi niougou». Chaque peuple, chaque culture, possède son «pain quotidien». Blé ou mil, pommes de terre ou yams, langoustines ou viande de chèvre, pommes ou dattes. Le paysan laboure la terre, le pêcheur remonte son filet, le berger guide son troupeau. Manger à sa faim… le défi quotidien. Mais quel plaisir de préparer des plats partagés en famille, entre amis ou avec le voyageur de passage !

‘Fish and chips’, ‘pot au feu’, ‘paella’, ‘couscous’, ‘bassi niougou’. Elk volk, elke cultuur, kent zijn eigen ‘dagelijks brood’. Tarwe of boekweit, aardappelen of broodvruchten, haring of geitenvlees, appels of dadels. De boer ploegt zijn akker, de visser haalt zijn net op, de herder begeleidt zijn kudde. Elke dag weer dezelfde uitdaging: je honger te kunnen stillen… Maar er is ook het plezier van iets lekkers klaar te maken waarvan je samen geniet in de familiekring, met vrienden of met een reizende vreemdeling!

05°20'32" N - 0°37'05" W, d = 68 km | 13°15'40" N - 0°12'41" W, d = 23 km

Aubergines and tomatoes in Winneba, Ghana
Pohamou is offering palm oil in reusable bottles at the market in Mani, Burkina Faso

Aubergines et tomates à Winneba, Ghana
Pohamou propose de l’huile de palme dans des bouteilles de récupération au marché de Mani, Burkina Faso

Aubergines en tomaatjes in Winneba, Ghana
Pohamou verkoopt palmolie in tweedehands flessen op de markt van Mani, Burkina Faso

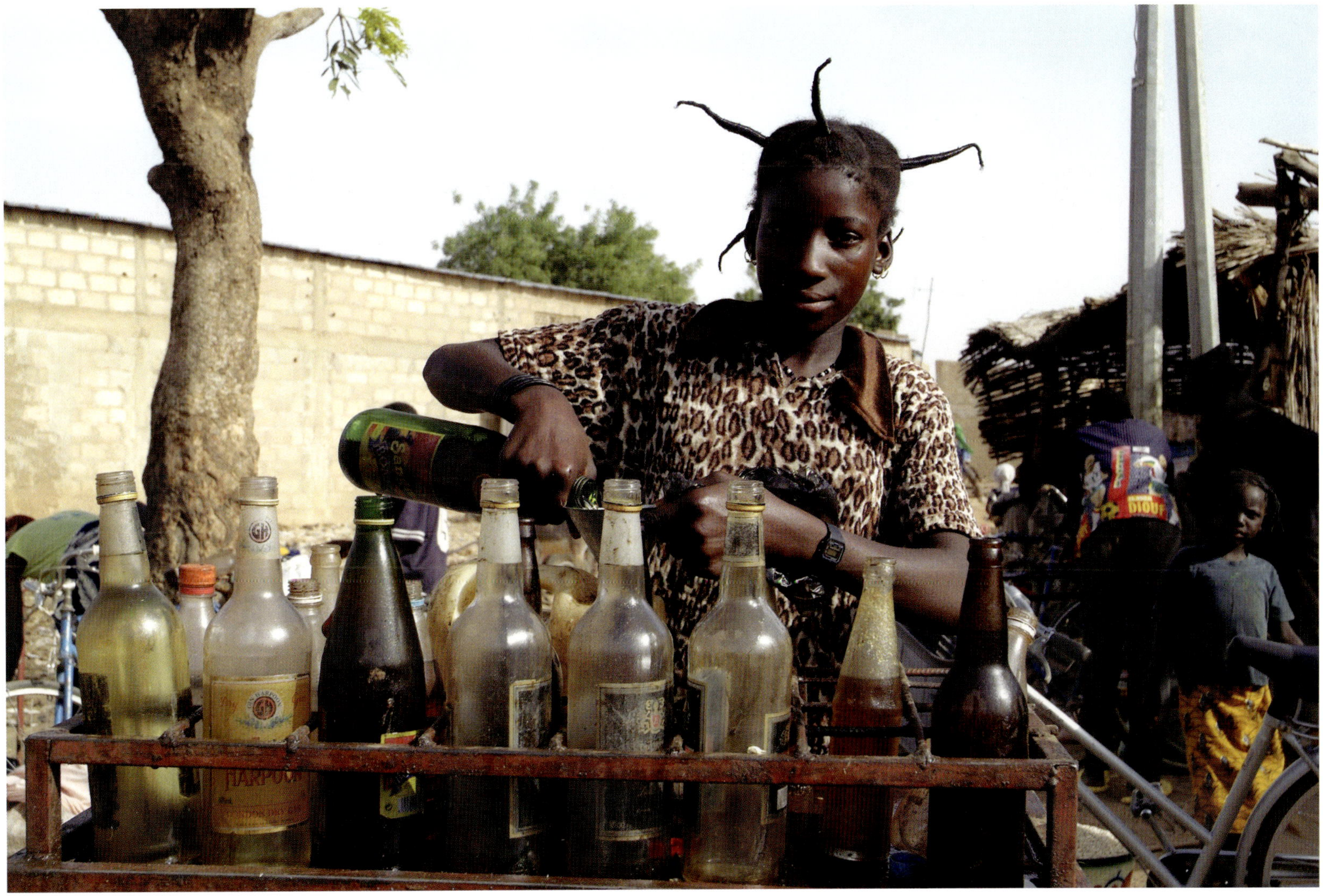

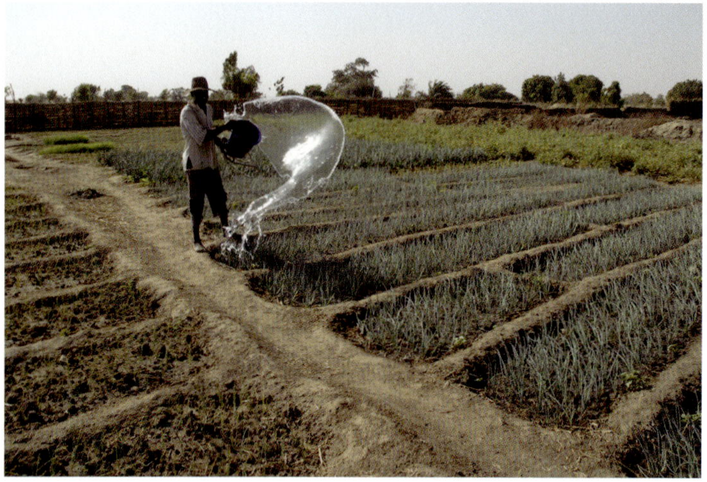

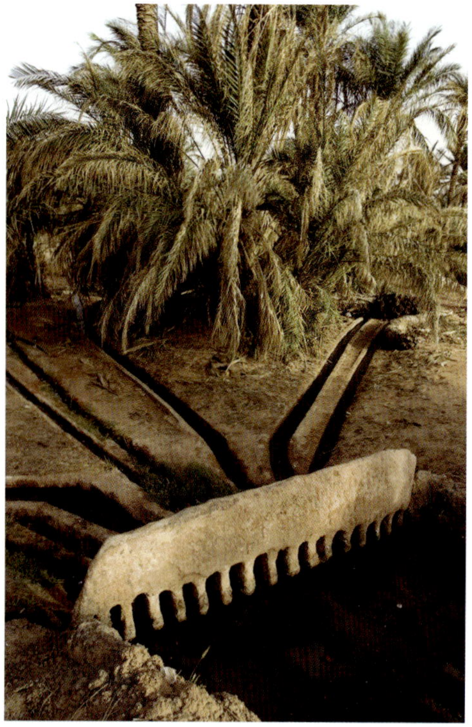

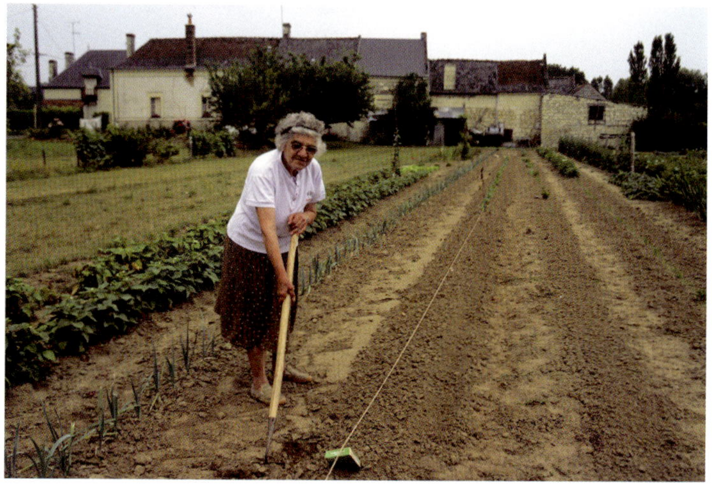

11°03’43” N - 0°07’10” W, d = 13 km | 29°16’03” N - 0°13’33” E, d = 22 km | 47°15’43” N - 0°17’00” E, d = 21 km

In Perloko, Ghana, Mahdi waters his onions with the water from a well dug by hand · In the oasis of Timimoun, Algeria, the foggara, stone combs, redistribute the water throughout the palm groves
Germaine hoes her field in Rigny-Ussé, Indre-et-Loire, France

À Perloko, Ghana, Mahdi arrose ses oignons avec l’eau d’un puits creusé à la main · Dans l’oasis de Timimoun, Algérie, les foggaras, peignes de pierre, redistribuent l’eau dans la palmeraie
Germaine bine son champ à Rigny-Ussé, Indre-et-Loire, France

In Perloko, Ghana, besproeit Mahdi zijn uienplanten met water uit een handgegraven put · In de oase van Timimoun, Algerije, zorgen de foggara’s, een soort stenen kammen, voor het verdelen van het water dat de palmbomen irrigeert
Germaine schoffelt haar moestuin in Rigny-Ussé, Indre-et-Loire, Frankrijk

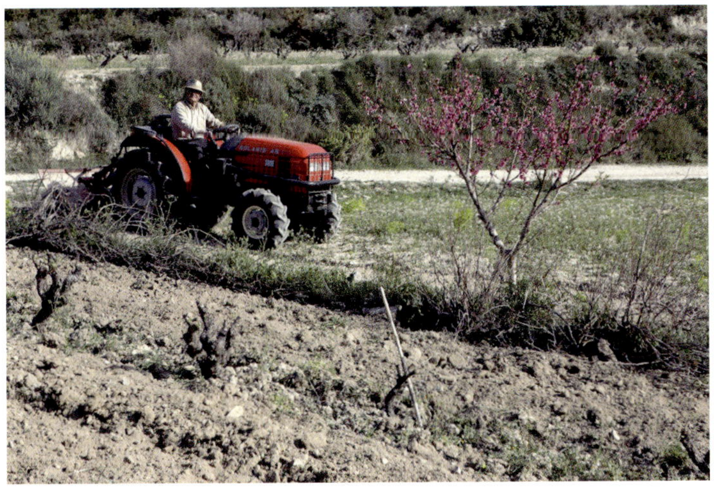

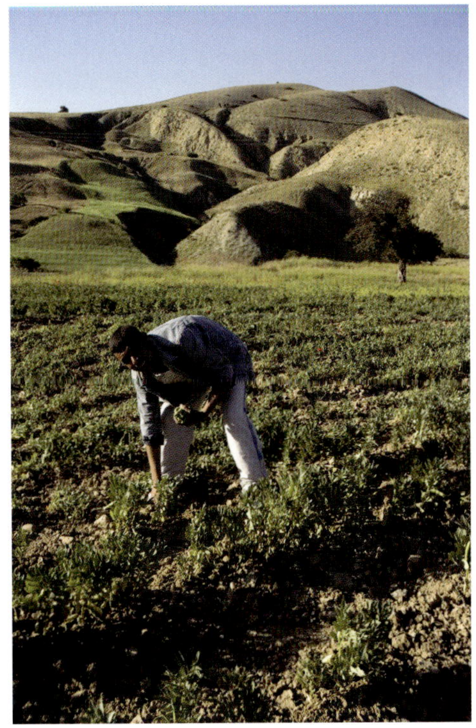

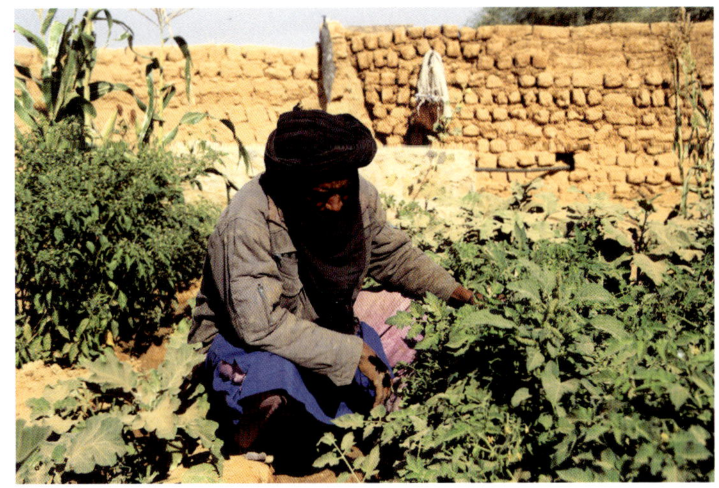

38°41'02" N - 0°01'13" E, d = 1.8 km | 35°26'45" N - 0°02'11" E, d = 3.3 km | 19°28'50" N - 0°52'47" E, d = 92 km

Diego prepares his field in Viñens, Spain · Mohamed harvests his beans near Hacine, Algeria · Abakaya inspects his plants at Sawané, Mali
Diego prépare son champ à Viñens, Espagne · Mohamed récolte des fèves près de Hacine, Algérie · Abakaya inspecte ses plantes à Sawané, Mali
Diego bereidt zijn akker in Viñens, Spanje, voor op het inzaaien · Mohamed oogst tuinbomen in de omgeving van Hacine, Algerije · Abakaya controleert zijn groenten in Sawané, Mali

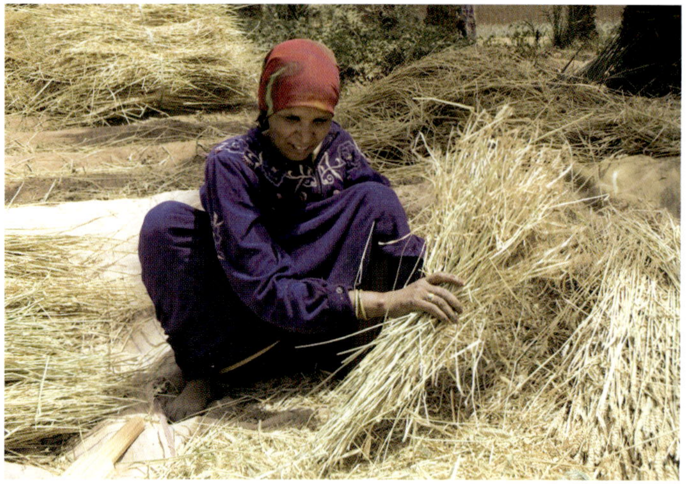

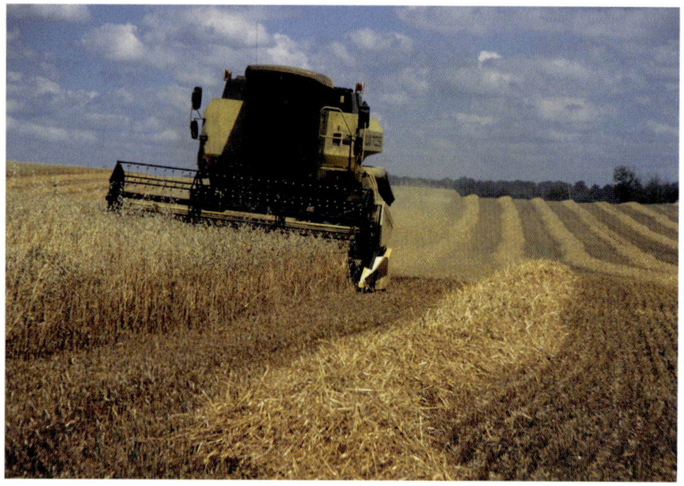

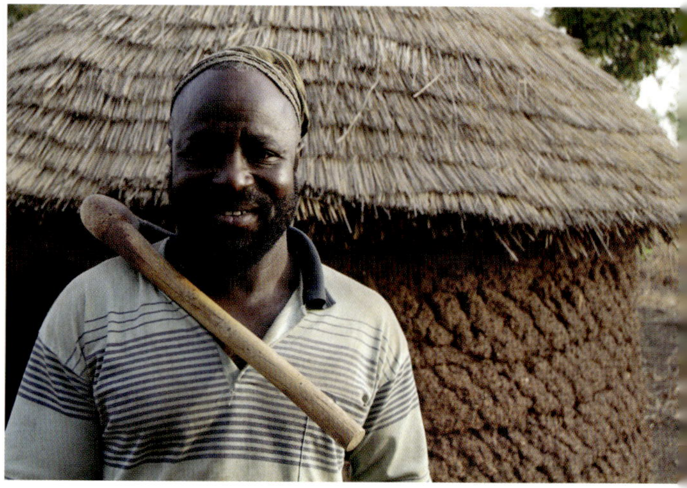

27°02'33" N - 0°05'32" W, d = 9.1 km | 47°55'58" N - 0°00'07" E, d = 0.15 km | 11°03'15" N - 0°06'25" E, d = 12 km

The oasis of Chiouléline, Algeria · Chemiré-le-Gaudin, Sarthe, France · In the canton of Timbou, Togo, Albert, of the Moba tribe, gets ready to work his plot of land
Oasis de Chiouléline, Algérie · Chemiré-le-Gaudin, Sarthe, France · Dans le canton de Timbou, Togo, Albert, de la tribu des Moba, s'en va retourner sa terre
Oase van Chiouléline, Algerije · Chemiré-le-Gaudin, Sarthe, Frankrijk · Albert, van de Moba-stam, gaat zijn akker bewerken in de streek van Timbou, Togo

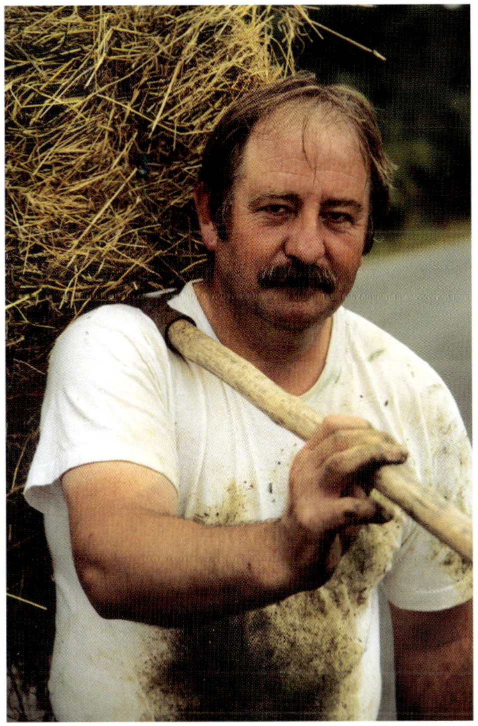

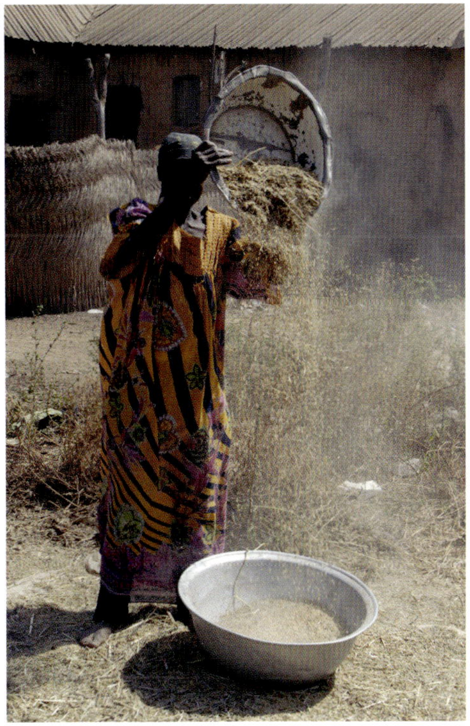

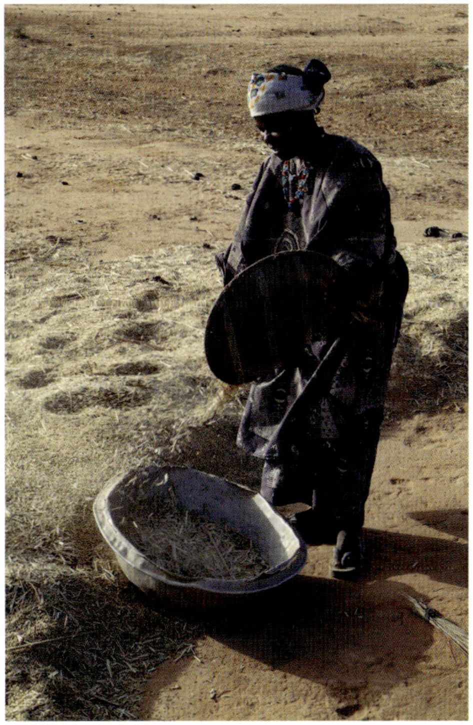

46°30’33” N - 0°02’52” W, d = 3.7 km | 08°39’21” N - 0°00’01” E, d = 0.015 km | 14°46’42” N - 0°02’19” E, d = 4.2 km

Dany is going to feed his cows at La Bourrolière, near Vasles, Deux-Sèvres, France · Separating the wheat from the chaff at Wulensi, Ghana · In the village of Débanga near Tambao, Burkina Faso
Dany va donner à manger à ses vaches à La Bourrolière, près de Vasles, Deux-Sèvres, France · Séparation du grain de la balle à Wulensi, Ghana · Au village de Débanga près de Tambao, Burkina Faso
Dany is op weg om zijn koeien te voederen in het gehucht La Bourrolière, in de buurt van Vasles, Deux-Sèvres, Frankrijk · Het kaf van het koren scheiden in Wulensi, Ghana · In het dorpje Débanga bij Tambao, Burkina Faso

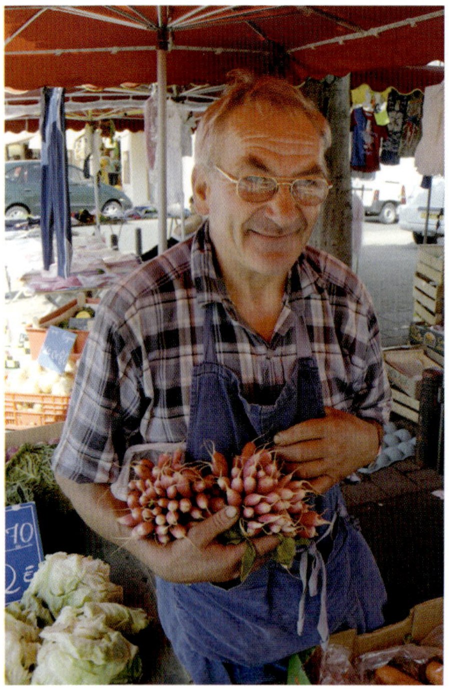

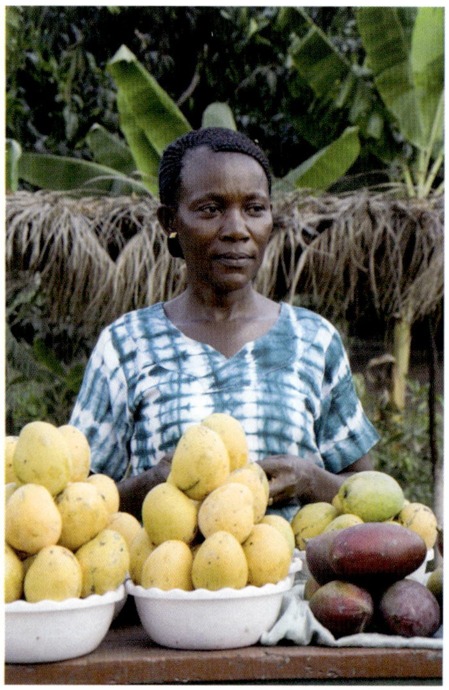

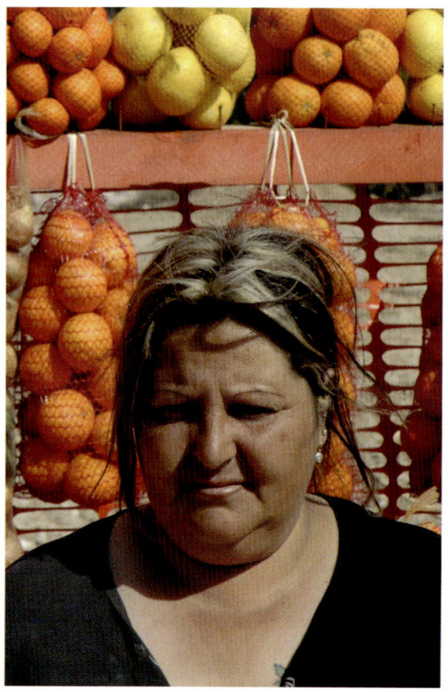

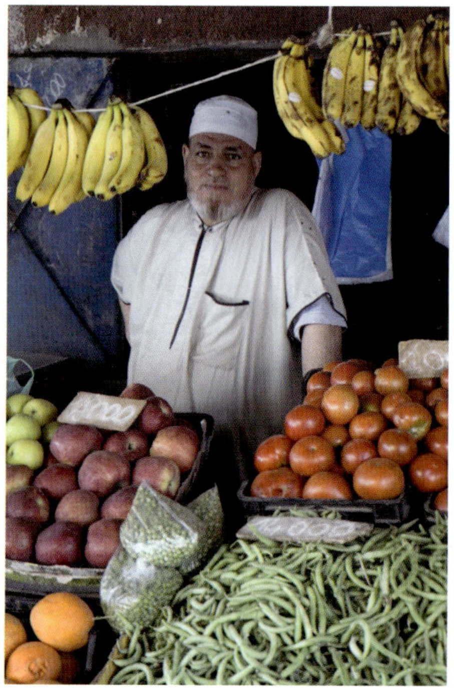

48°44'43" N - 0°01'03" W, d = 1.3 km | 05°53'41" N - 0°06'06" W, d = 11 km | 38°52'21" N - 0°01'39" W, d = 2.4 km | 27°52'33" N - 0°17'31" W, d = 29 km

At the market. In Argentan, Orne, France · Between Dodowa and Lerteh, Ghana · In Molinell, Spain · In Adrar, Algeria…
Au marché. À Argentan, Orne, France · Entre Dodowa et Lerteh, Ghana · À Molinell, Espagne · À Adrar, Algérie…
Op de markt. In Argentan, Orne, Frankrijk · Tussen Dodowa en Lerteh, Ghana · In Molinell, Spanje · In Adrar, Algerije…

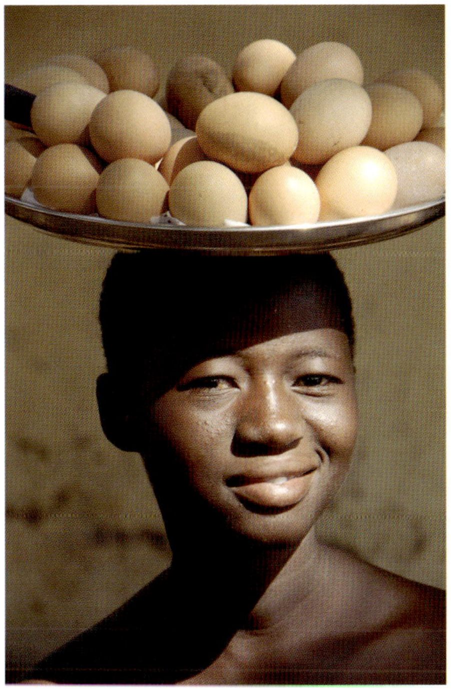

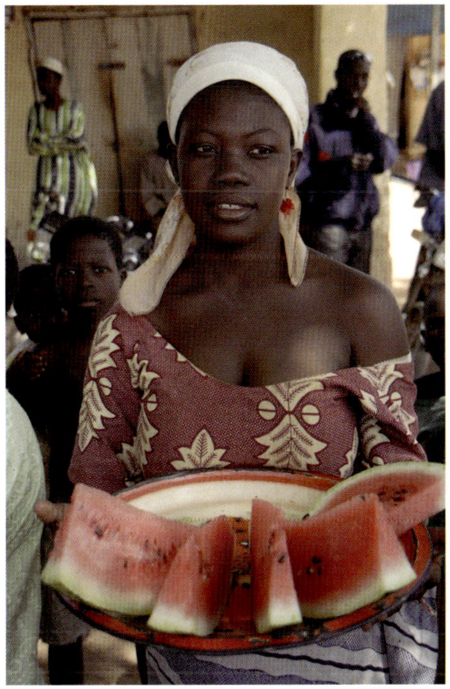

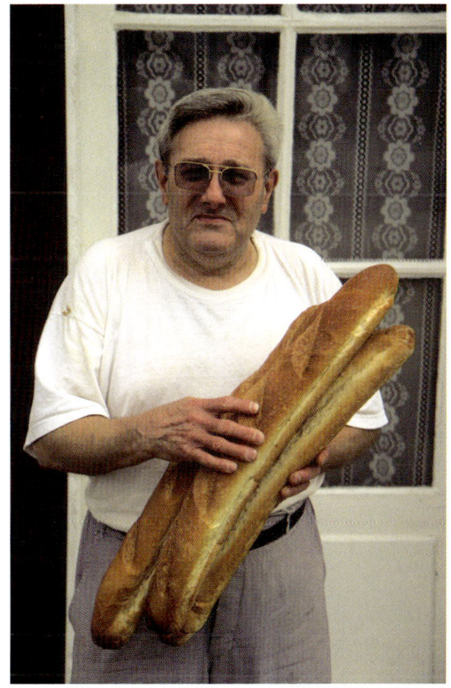

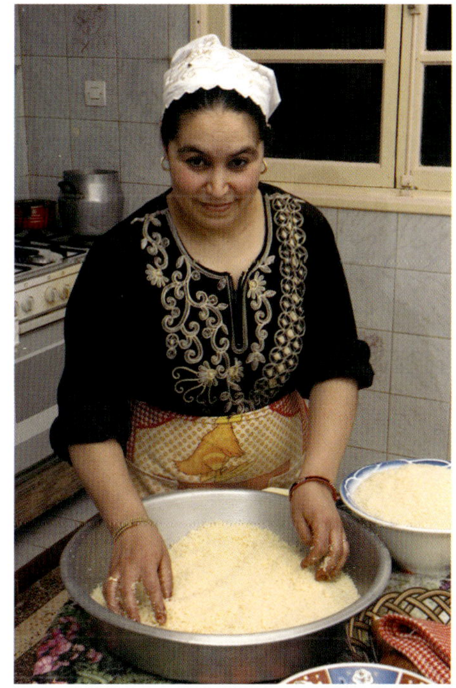

11°05'06" N - 0°01'09" W, d = 2.1 km | 11°05'06" N - 0°01'09" W, d = 2.1 km | 46°43'15" N - 0°01'31" W, d = 1.9 km | 35°43'30" N - 0°32'16" W, d = 49 km

…In Widana, Ghana, near the border with Togo · Jacky, a baker in Thénezay, Deux-Sèvres, France · Fatima is preparing the family couscous in Oran, Algeria
…À Widana, Ghana, près de la frontière togolaise · Jacky, boulanger à Thénezay, Deux-Sèvres, France · Préparation du couscous familial par Fatima à Oran, Algérie
…In Widana, Ghana, vlak bij de grens met Togo · Jacky, bakker in Thénezay, Deux-Sèvres, Frankrijk · Fatima bereidt de couscous voor haar gezin in Oran, Algerije

14°46'42" N - 0°02'19" E, d = 4.2 km | 35°55'47" N - 0°05'44" E, d = 8.6 km | 05°20'32" N - 0°37'05" W, d = 68 km

Millet seeds in Debanga, Burkina Faso · Pastries in Mostaganem, Algeria · Dried skate in Winneba, Ghana
Grains de mil à Débanga, Burkina Faso · Pâtisseries à Mostaganem, Algérie · Raies séchées à Winneba, Ghana
Gierstkorrels in Débanga, Burkina Faso · Zoetigheden in Mostaganem, Algerije · Gedroogde roggen in Winneba, Ghana

35°55'26" N - 0°03'37" E, d = 5.4 km | 14°26'42" N - 0°14'04" W, d = 25 km | 08°39'21" N - 0°00'01" E, d = 0.015 km

Fish at Mostaganem, Algeria · Pottery at the Gorom market, Burkina Faso · Tomatoes at Wulensi, Ghana
Marché aux poissons à Mostaganem, Algérie · Poteries au marché de Gorom, Burkina Faso · Tomates à Wulensi, Ghana
Vis in Mostaganem, Algerije · Aardewerk op de markt van Gorom, Burkina Faso · Tomaten in Wulensi, Ghana

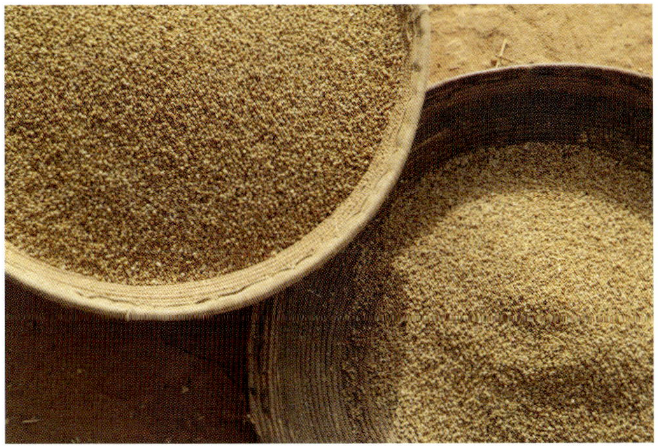
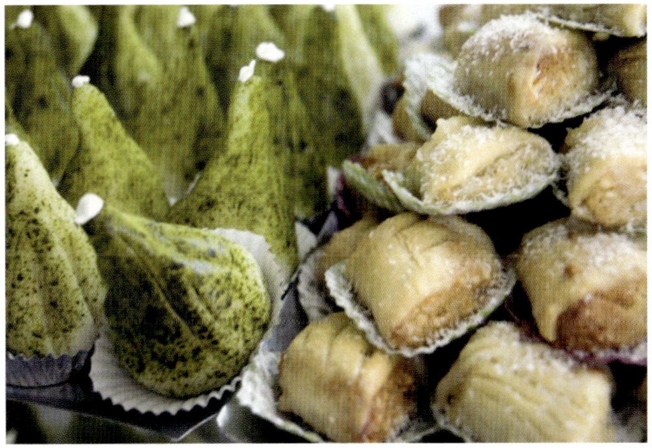
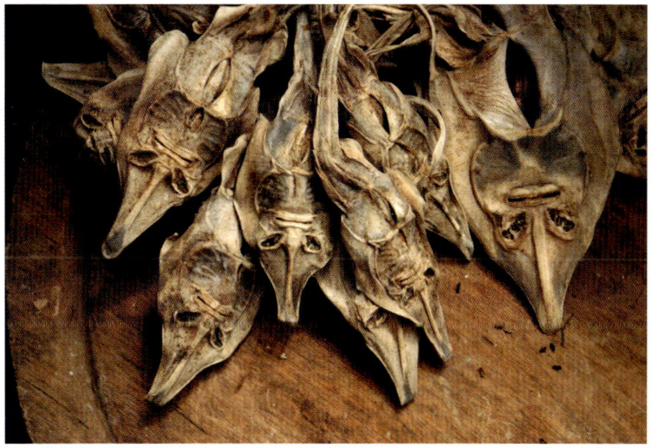
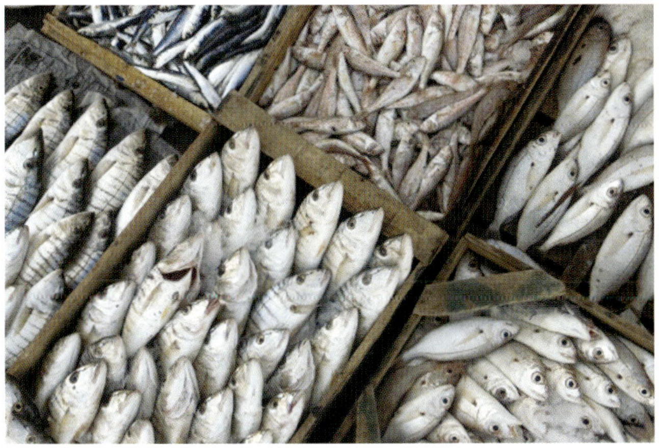
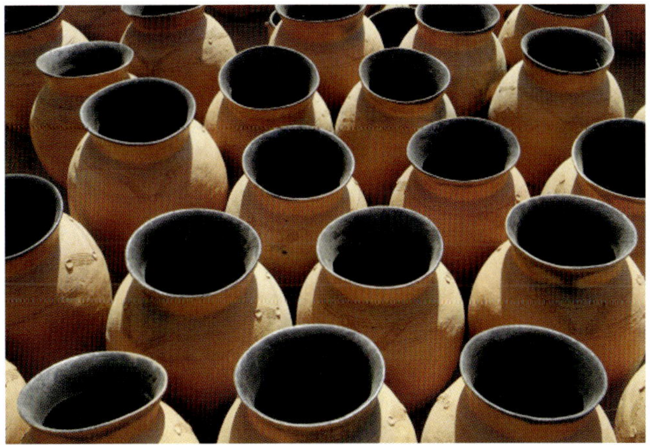
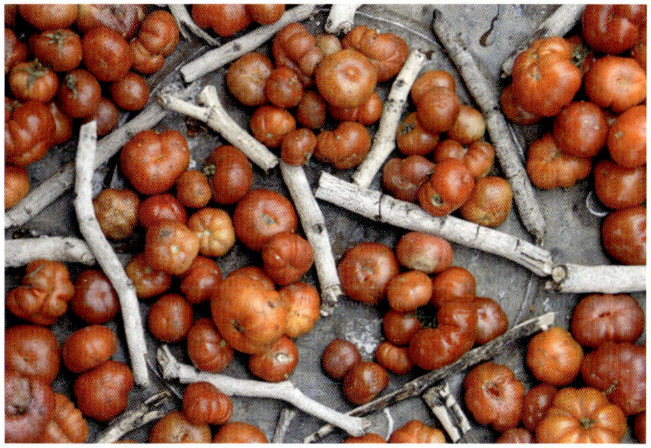

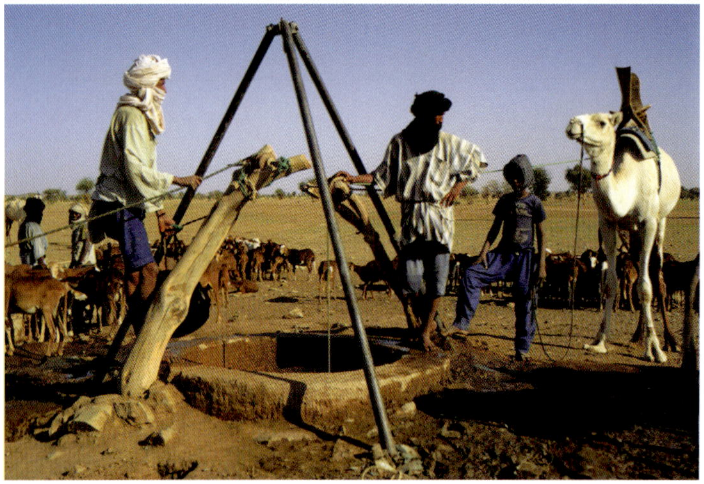

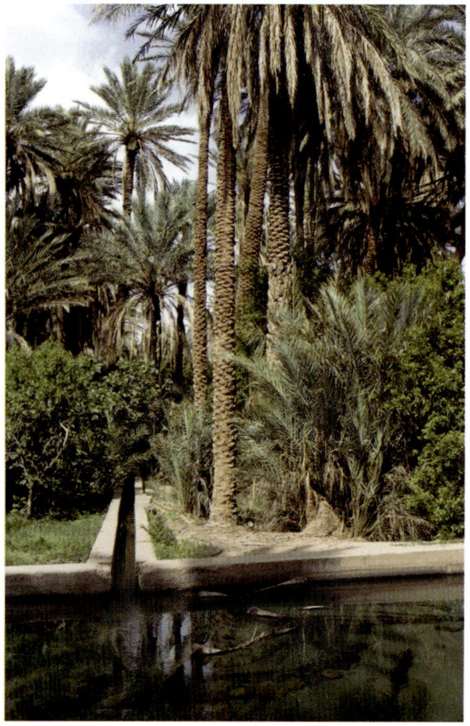

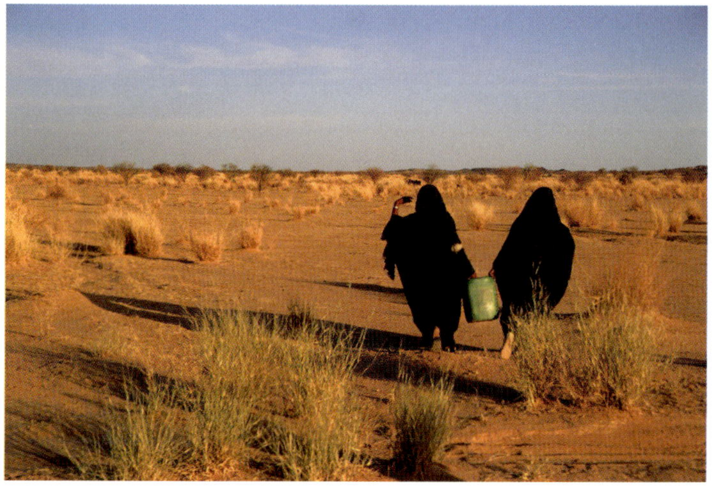

18°53'34" N - 0°47'49" E, d = 84 km | 32°52'08" N - 0°01'15" E, d = 1.9 km | 19°14'13" N - 0°53'57" E, d = 94 km

In desert regions, life is organised around the rare wells that exist. In Tadjmart, Mali, camels are used to draw the water from a depth of 50 metres to water the livestock
A "tijn't", a pond in the oasis-palm grove of Boussemghoun, Algeria · Two Tamasheq sisters transporting a container of water across the steppe in the Aguelhoc area in Mali

Dans les régions désertiques, la vie s'organise autour des rares points d'eau. À Tadjmart, Mali, les chameaux remontent l'eau d'une profondeur de 50 mètres pour abreuver le bétail
Un «tijn't», bassin d'eau dans l'oasis-palmeraie de Boussemghoun, Algérie · Deux sœurs Tamasheq transportent un bidon d'eau à travers la steppe, secteur d'Aguelhoc au Mali

In de woestijn concentreert het leven zich rond de schaarse waterputten. In Tadjmart, Mali, wordt het water voor het vee met behulp van dromedarissen uit een diepte van 50 meter omhoog gehesen
Een 'tijn't', een waterbekken in de oase van Boussemghoun, Algerije · Twee Tamasheq-zusters zeulen met een jerrycan vol water door de steppe in de buurt van Aguelhoc, Mali

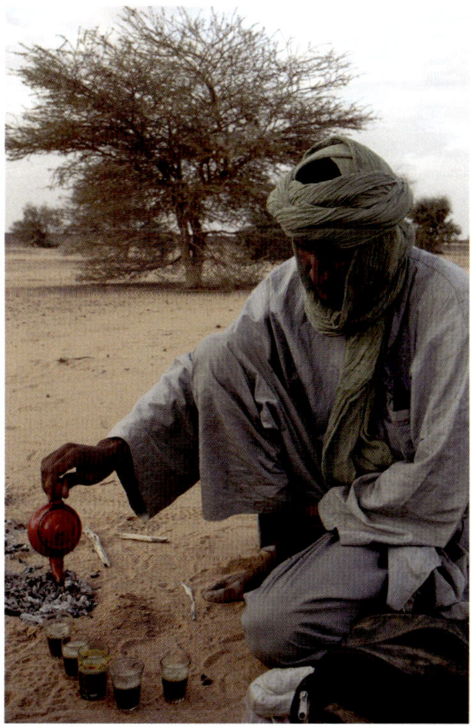

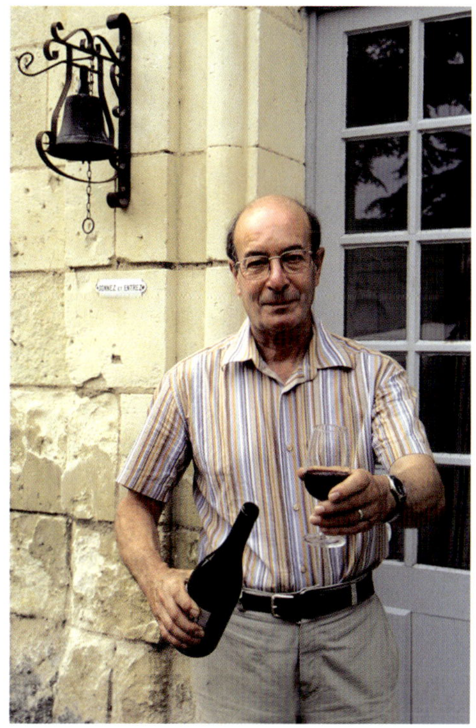

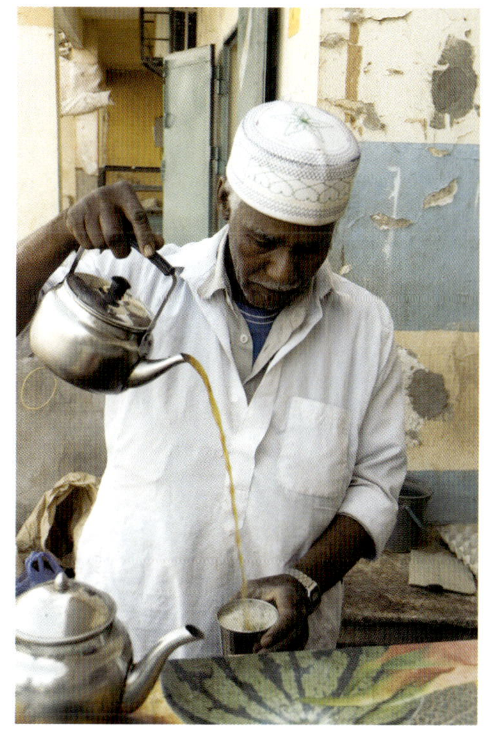

17°17'08" N - 0°00'00" E/W, d = 0 km | 47°14'08" N - 0°00'05" E, d = 0.096 km | 26°43'09" N - 0°10'32" E, d = 17 km

Ahmed preparing the traditional cup of tea, exactly on the Prime Meridian, some 3,793 km from the Greenwich Observatory!
At Château de Marconnay, Parnay, Maine-et-Loire, France, Jean is offering a tasting of the Loire wine produced by his son · At the Reggane market, Algeria

Au Mali, Ahmed prépare le thé traditionnel, exactement sur le Méridien, à 3793 km de l'observatoire de Greenwich !
Au Château de Marconnay, à Parnay, Maine-et-Loire, France, Jean fait goûter le vin de Loire produit par son fils · Au marché de Reggane, Algérie

In de woestijn in Mali maakt Ahmed de thee klaar, precies op de Nulmeridiaan, op 3.793 km van de Sterrenwacht in Greenwich!
Jean laat de Loirewijn die zijn zoon maakt proeven. Château de Marconnay in Parnay, Maine-et-Loire, Frankrijk · Op de markt van Reggane, Algerije

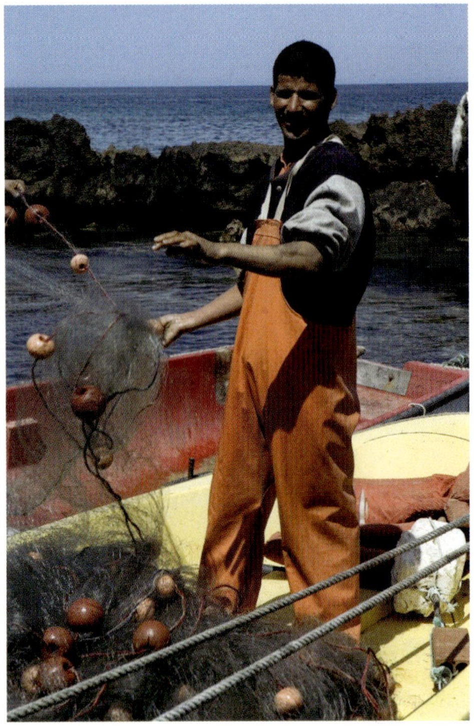

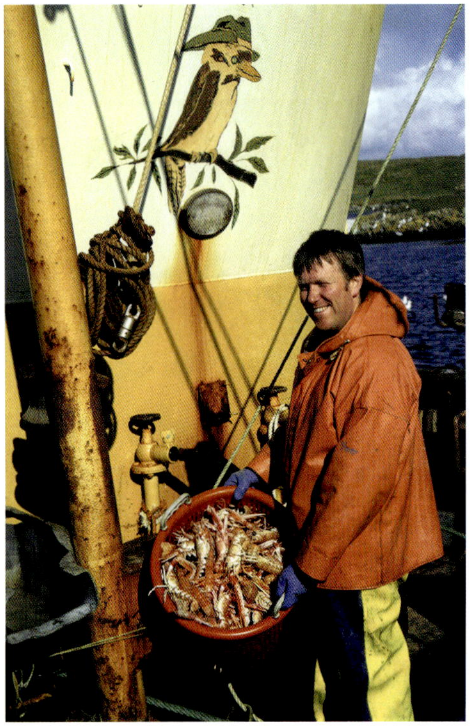

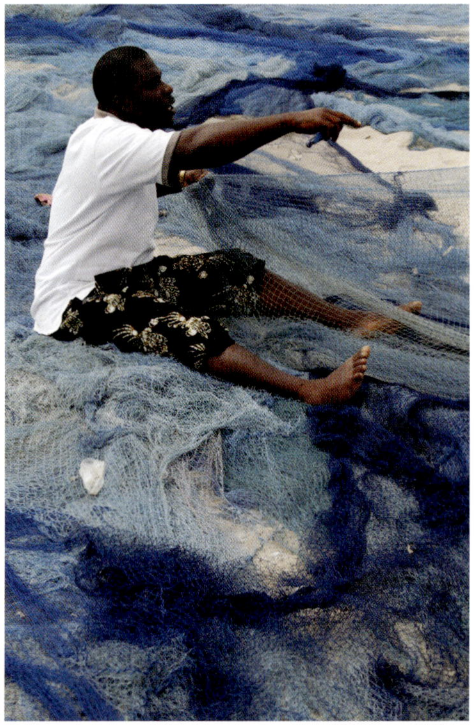

35°49'57" N - 0°00'58" W, d = 1.5 km | 60°25'24" N - 0°44'58" W, d = 41 km | 05°17'26" N - 0°43'47" W, d = 81 km

Ahmed is a fisherman in Stidia, Algeria · John is captain of the trawler *Renown* located in Out Skerries, Shetland Isles, Scotland · James repairs his nets on the beach in Apam, Ghana
Ahmed est pêcheur à Stidia, Algérie · John est le patron du chalutier *Renown* aux Out Skerries, Îles Shetland, Écosse · James répare ses filets sur la plage d'Apam, Ghana
Ahmed is visser in Stidia, Algerije · John is de schipper van de treiler *Renown* in de Out Skerries, Shetland eilanden, Schotland · James boet zijn netten op het strand van Apam, Ghana

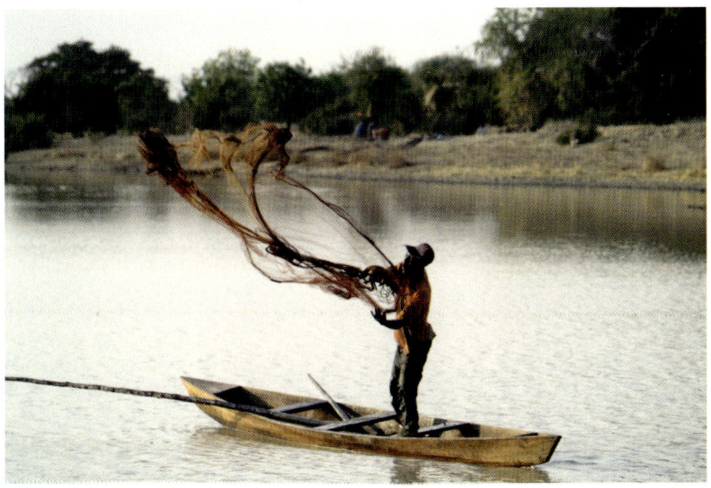

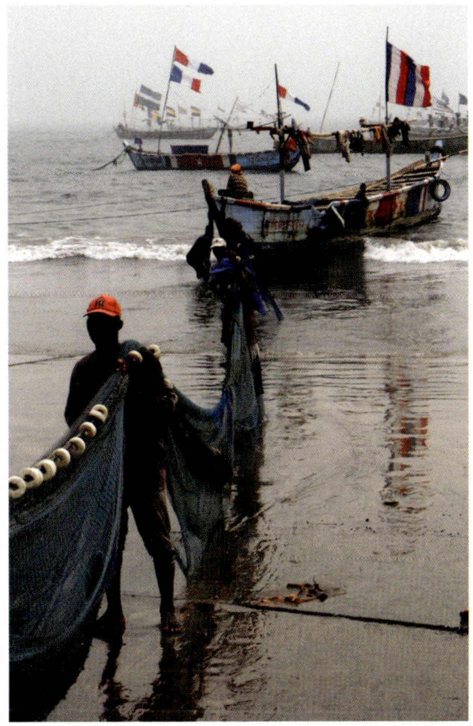

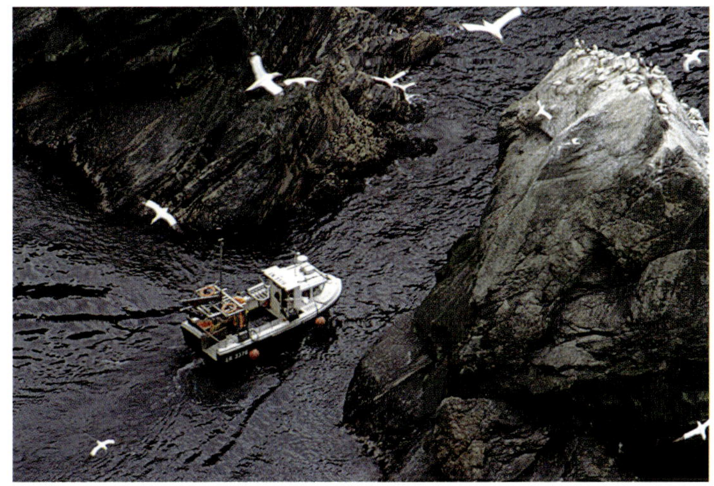

12°47'25" N - 0°07'37" W, d = 14 km | 05°23'23" N - 0°29'20" W, d = 54 km | 60°49'19" N - 0°54'14" W, d = 49 km

In a reservoir near Piéla, Burkina Faso · Returning home after fishing in Senya Beraku, Ghana · A fishing boat at Hermaness, isle of Unst, Shetland Isles, Scotland
Dans une retenue d'eau près de Piéla, Burkina Faso · Retour de pêche à Senya Beraku, Ghana · Bateau de pêche à Hermaness, île d'Unst, Îles Shetland, Écosse
In een waterbekken in de omgeving van Piéla, Burkina Faso · Terugkeer van de vissers op het strand van Senya Beraku, Ghana · Vissersboot bij Hermaness, Unst, Shetland eilanden, Schotland

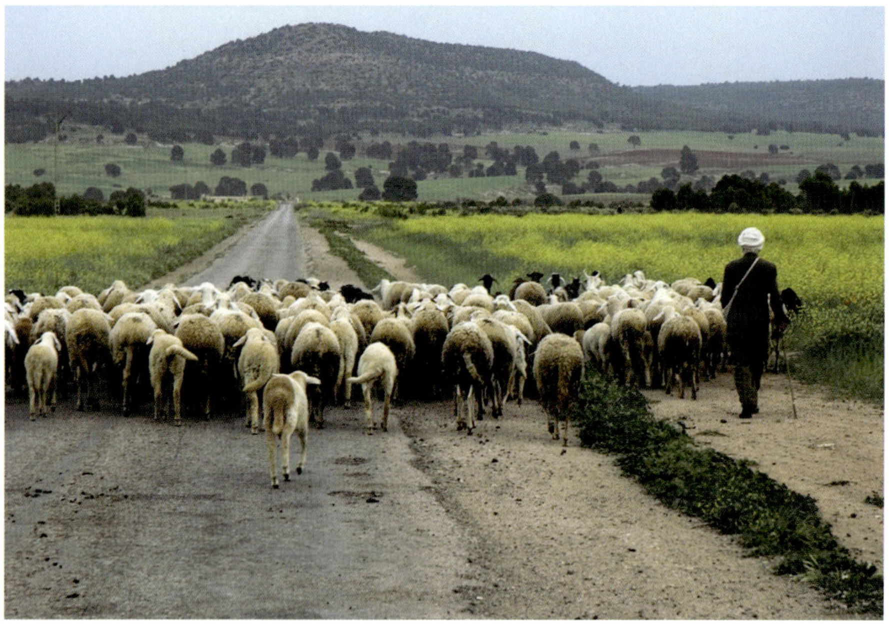

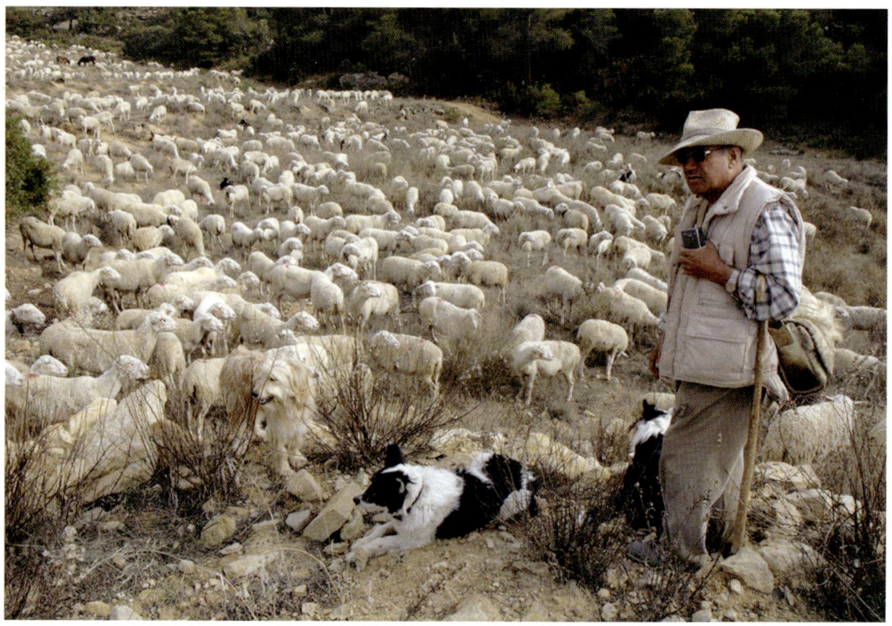

34°49'12" N - 0°02'10" W, d = 3.3 km | 41°16'42" N - 0°03'41" E, d = 5.1 km | 10°53'29" N - 0°04'13" W, d = 7.7 km

A shepherd in Sidi M'Barek, Algeria · In Caspe, Spain, José watches over his flock while listening to his small transistor radio. The time of the Pan flute has evolved somewhat!
At the end of the day, a man guides his zebus to a village near Warinyaga, Ghana

Berger à Sidi M'Barek, Algérie · À Caspe, Espagne, José garde son troupeau tout en écoutant son petit transistor. Le temps de la flûte de Pan semble révolu !
En fin de journée, un homme dirige ses zébus vers un village près de Warinyaga, Ghana

Herder bij Sidi M'Barek, Algerije · José de herder luistert naar zijn transistorradio bij Caspe, Spanje. De tijden van de Panfluit zijn voorbij!
Aan het einde van de dag drijft een herder zijn runderen naar een dorpje nabij Warinyaga, Ghana

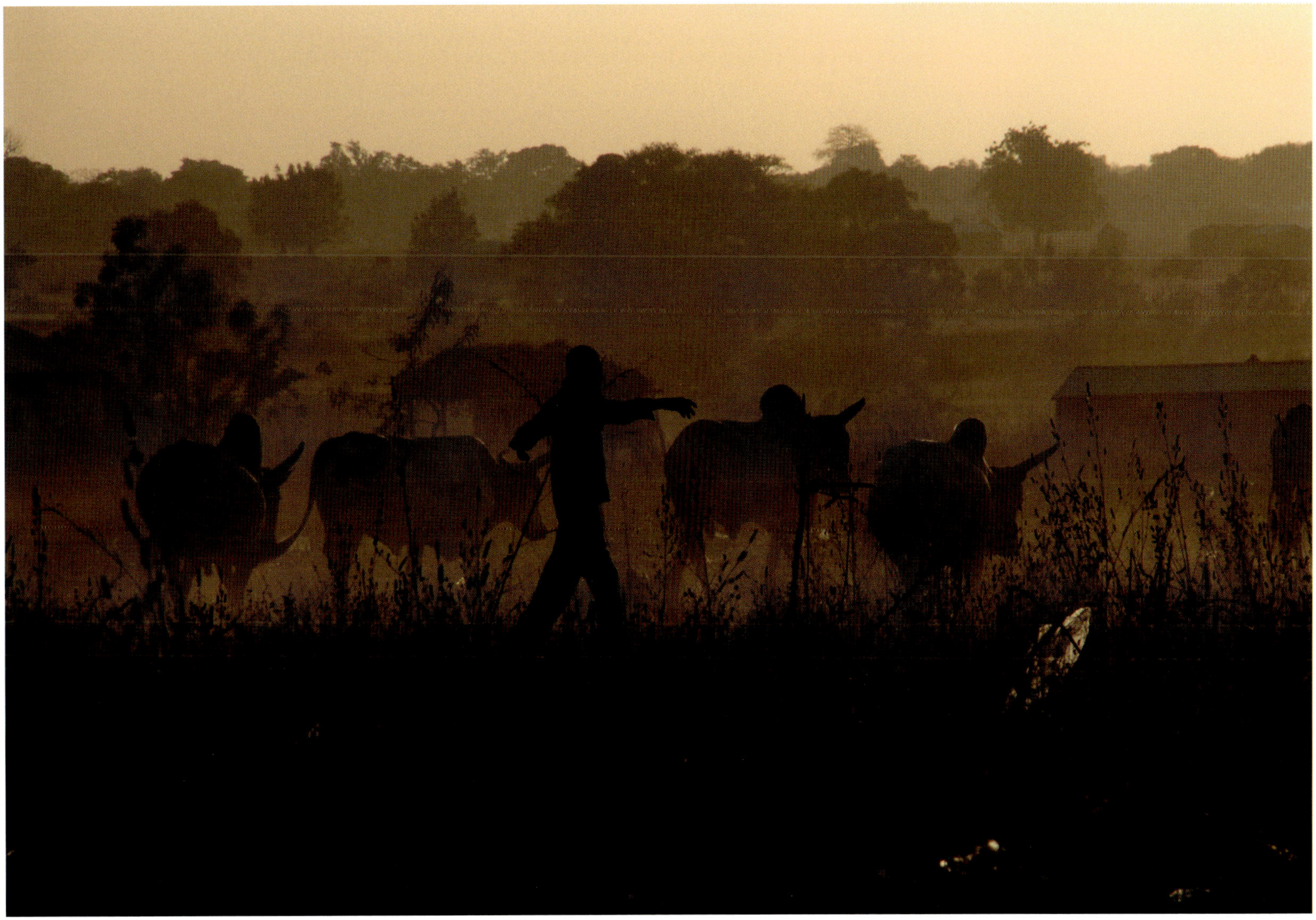

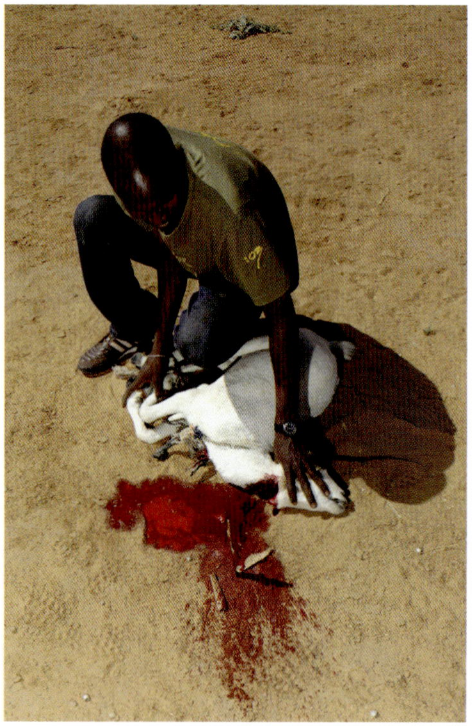

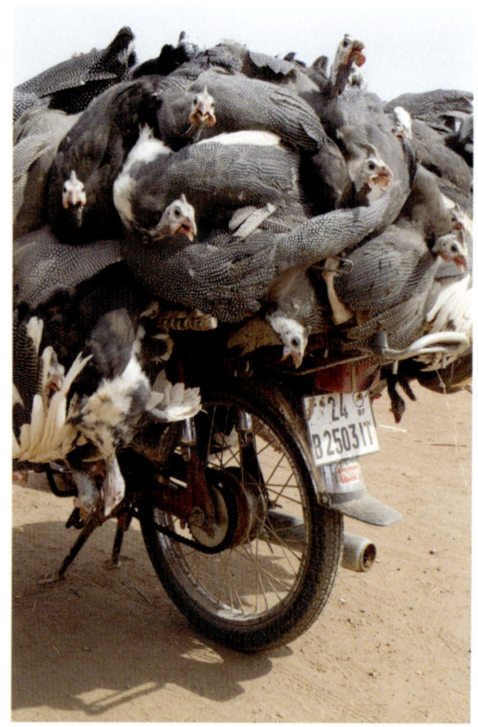

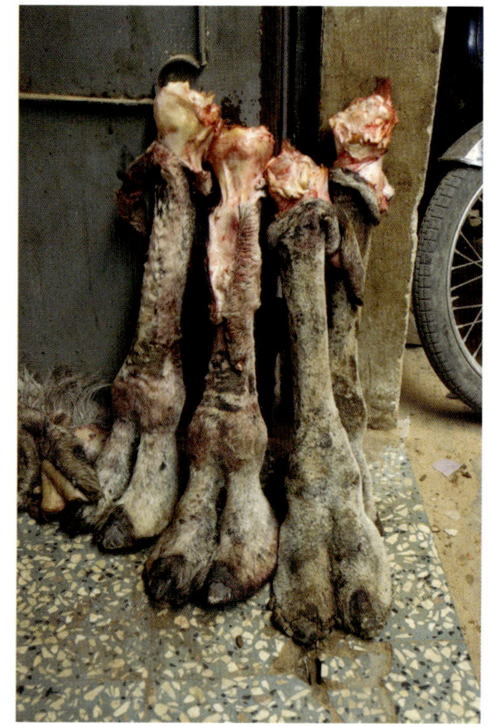

17°57'42" N - 0°25'16" E, d = 45 km | 13°16'59" N - 0°39'04" W, d = 70 km | 29°15'51" N - 0°13'51" E, d = 22 km

Bilal has been bleeding a goat at the edge of the trail, in Mali · A moped loaded with guinea-fowl near Naré, Burkina Faso · Legs from slaughtered dromedaries at the market of Timimoun, Algeria
Bilal vient de saigner une chèvre sur le bord de la piste, au Mali · Vélomoteur chargé de pintades près de Naré, Burkina Faso · Pattes de dromadaires abattus au marché de Timimoun, Algérie
Bilal heeft zojuist een geitje geslacht langs de weg, in Mali · Een bromfiets vol parelhoenders bij Naré, Burkina Faso · Poten van een geslachte dromedaris op de markt van Timimoun, Algerije

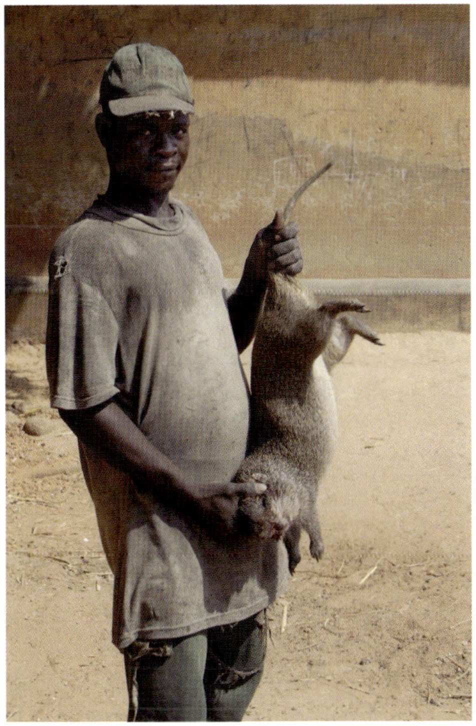

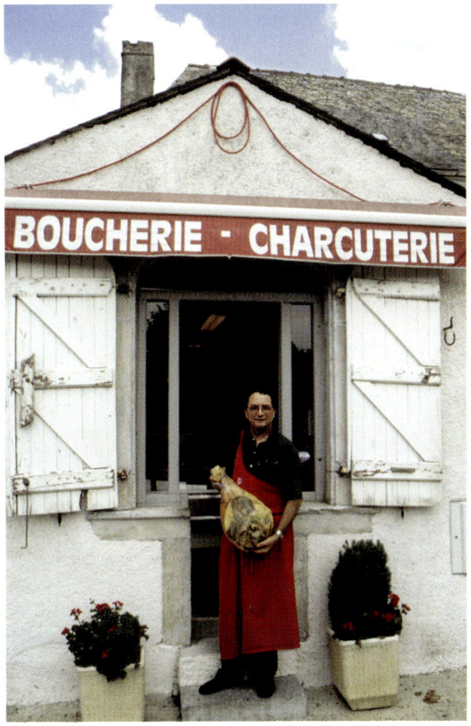

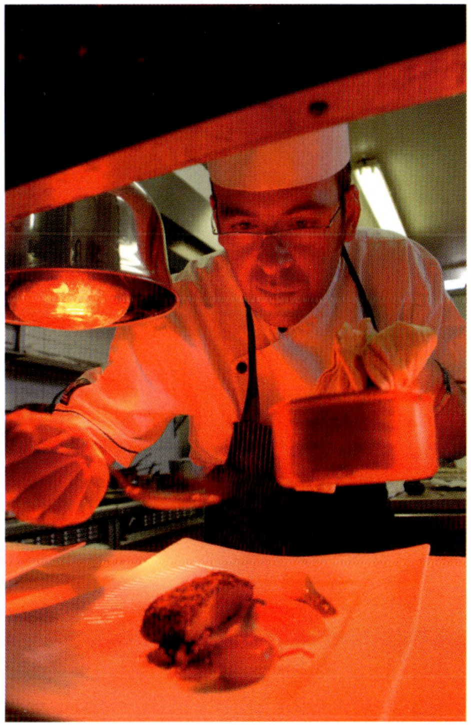

08°21'16" N - 0°03'43" W, d = 6.8 km | 43°14'03" N - 0°00'10" E, d = 0.23 km | 48°44'24" N - 0°01'38" W, d = 2 km

At the market in Buya, Ghana, Nyabi is offering the greater cane rat, or grasscutter. These wild rodents are highly appreciated in West Africa · Michel was a butcher in Ibos, Hautes-Pyrénées, France. His small shop has disappeared due to competition from supermarkets · The refined dishes of the head cook Arnaud Viel at the Hostellerie de la Renaissance in Argentan, Orne, France, are kept warm by infra-red lamps

Au marché de Buya, Ghana, Nyabi propose un aulacode, rongeur sauvage très apprécié en Afrique occidentale · Michel était boucher à Ibos, Hautes-Pyrénées, France. Sa petite boutique a disparu, suite à la concurrence des supermarchés · Les plats raffinés du chef cuisinier Arnaud Viel de l'Hostellerie de la Renaissance à Argentan, Orne, France, maintenus au chaud par des lampes infrarouges

Op de markt van Buya, Ghana, verkoopt Nyabi een rietrat. In West Afrika gelden deze knaagdieren als een lekkernij · Michel was slager in Ibos, Hautes-Pyrénées, Frankrijk. Zijn winkeltje heeft het in de concurrentiestrijd tegen de supermarkten niet kunnen bolwerken · Chefkok Arnaud Viel van de 'Hostellerie de la Renaissance' in Argentan, Orne, Frankrijk, houdt zijn gerechten warm onder een stel infraroodlampen

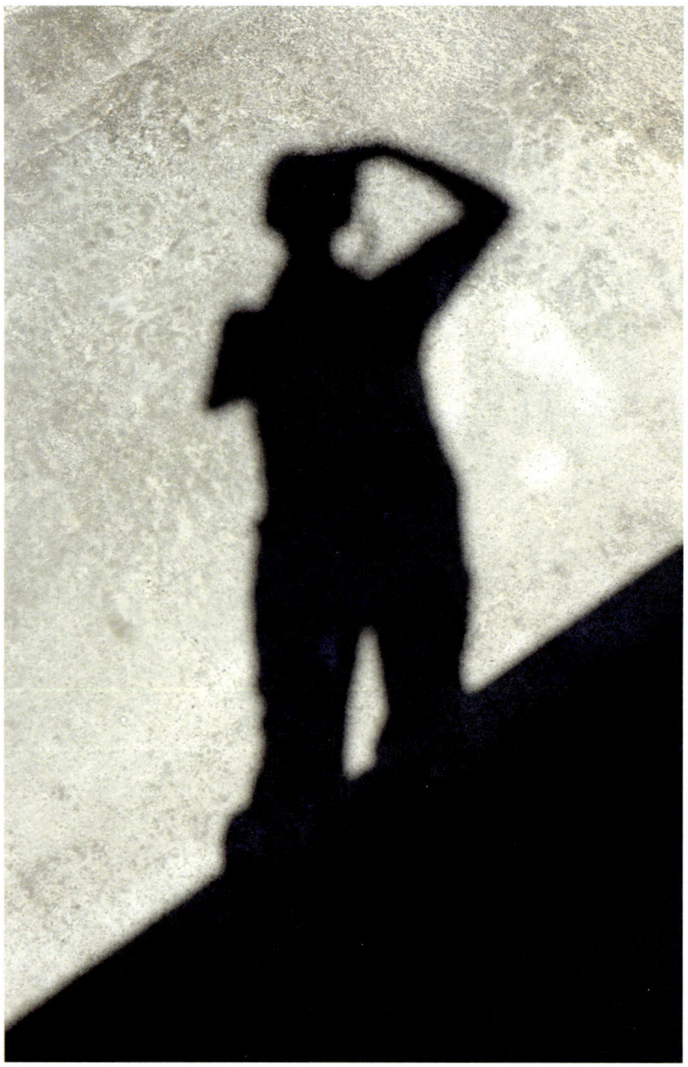

Work | Le travail | Werk

It is a man's hands, guided by his talent, that can produce, transform and create. Transforming a sheep's wool into clothing, the wood from a tree into a table or a boat, the landscape into a cultivated field; all gestures that have been made by man for thousands of years! By the sweat of his brow, man plans roads, creates musical instruments, and repairs mysterious mechanisms. Doubtless through the need to survive, but also through a genuine love of a job well done, everyone being proud of his trade.

Ce sont les mains de l'homme qui, guidées par son génie, produisent, transforment et créent. De la laine de mouton à l'habit, du bois de l'arbre à la table ou au bateau, du paysage au champ cultivé, que de gestes millénaires ! À la sueur de son front, l'homme trace des routes, crée des instruments de musique, répare des mécaniques mystérieuses. Par besoin de subsister, sans doute, mais aussi par amour et fierté du travail bien fait.

De handen van de mens, gestuurd door zijn brein, vervaardigen, transformeren en scheppen. Eeuwenoude rituelen maken schapenwol tot kleding, boomstammen tot tafel of boot, een landschap tot bebouwde akker. In het zweet zijns aanschijns bouwt de mens wegen en muziekinstrumenten, of repareert hij geheimzinnige machines. Niet alleen om te overleven, maar ook uit een soort innerlijke drang en uit liefde voor zijn vak.

38°37'47" N - 0°00'00" E/W, d = 0 km | 12°15'58" N - 0°15'15" E, d = 28 km

On the Prime Meridian, the port of Altea, Spain · In Nayouri, Burkina Faso, Ahandi is responsible for the cotton, a market dominated by unfair competition from America and ruthless Chinese buyers

Sur le Méridien, port d'Altea, Espagne · À Nayouri, Burkina Faso, Ahandi est le responsable du coton, un marché dominé par la concurrence américaine déloyale et d'impitoyables acheteurs chinois

Op de Meridiaan in de haven van Altea, Spanje · Ahandi is verantwoordelijk voor de handel in ruwe katoen in Nayouri, Burkina Faso, een markt die overheerst wordt door oneerlijke Amerikaanse concurrenten en genadeloze Chinese inkopers

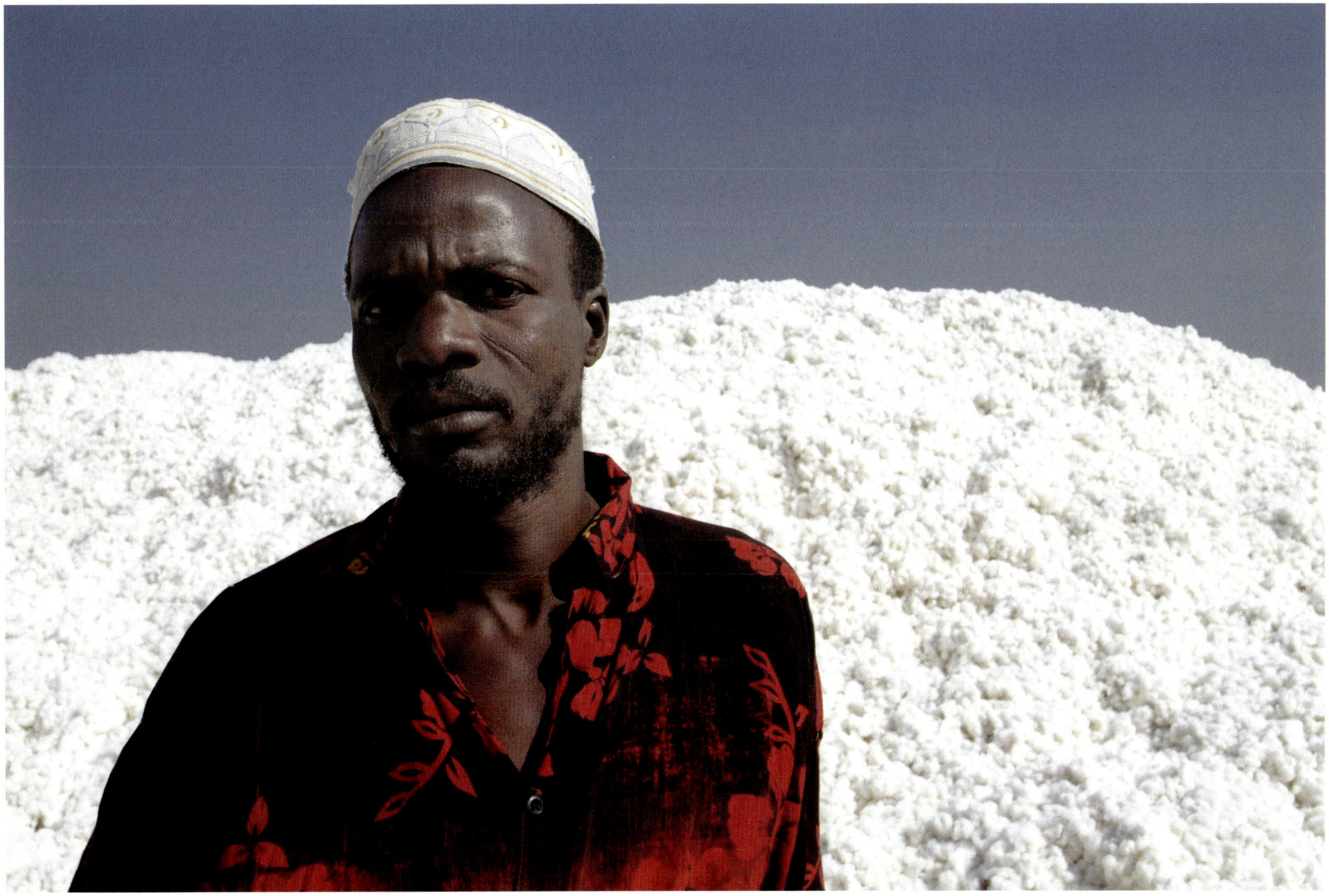

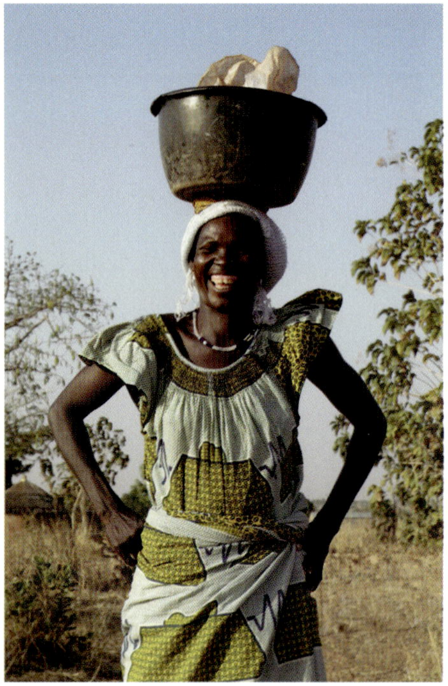 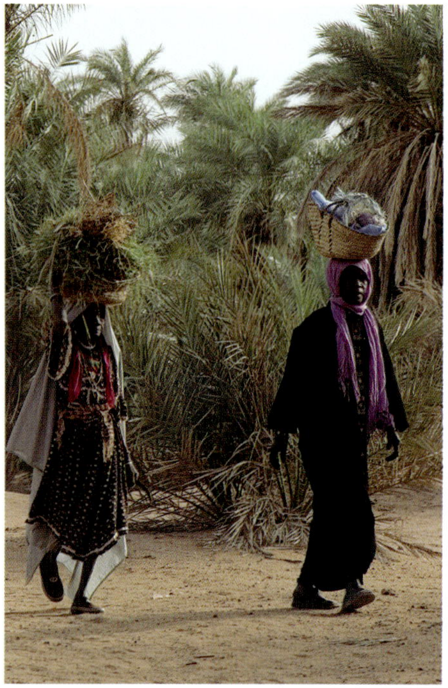 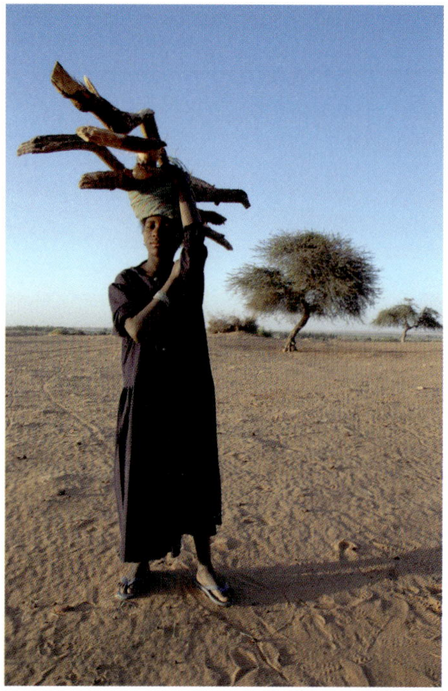 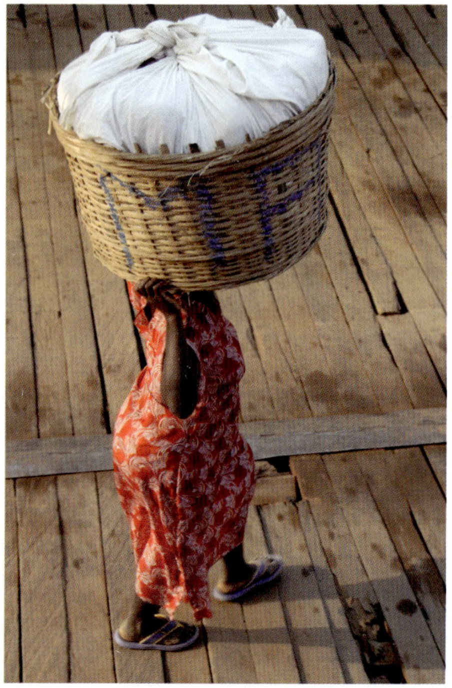

10°54'18" N - 0°06'43 E, d = 12 km | 29°16'03" N - 0°13'33" E, d = 22 km | 15°45'02" N - 0°27'48" E, d = 50 km | 08°04'36" N - 0°10'35" E, d = 19 km

On the route from Nanergou to Tami, Togo · In the oasis of Timimoun, Algeria · Near Ansongo, Mali · Transporting a laundry basket on a ferry-boat in Dumbai, Ghana
Sur la route de Nanergou à Tami, Togo · Dans l'oasis de Timimoun, Algérie · Près d'Ansongo, Mali · Transport d'un panier de linge sur le bac à Dumbai, Ghana
Langs de weg van Nanergou naar Tami, Togo · In de oase van Timimoun, Algerije · In de omgeving van Ansongo, Mali · Transport van een mand wasgoed op de pont bij Dumbai, Ghana

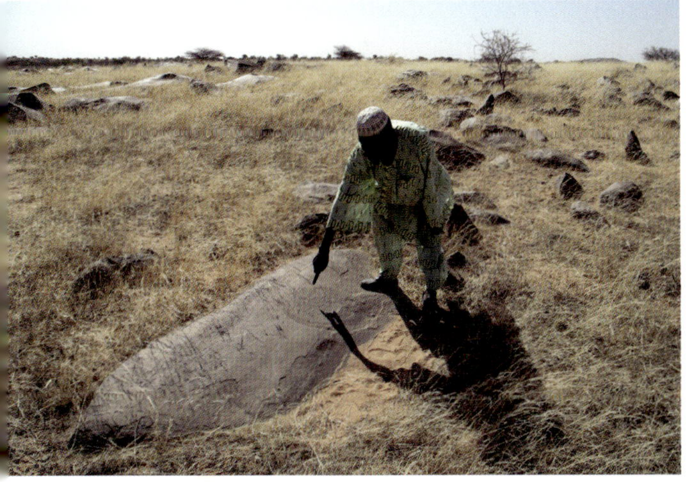 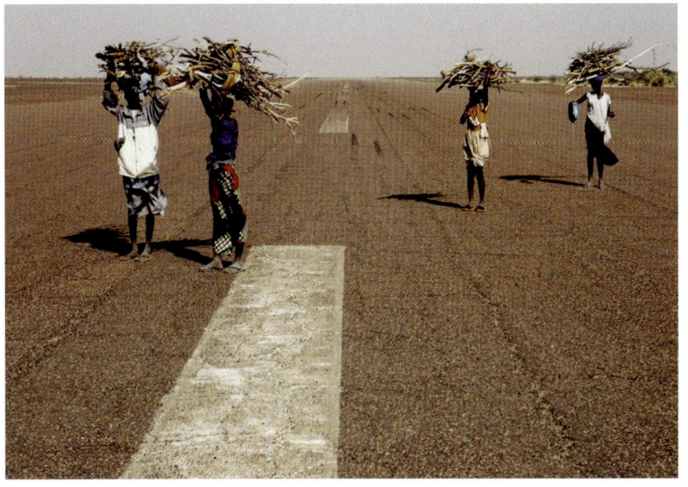 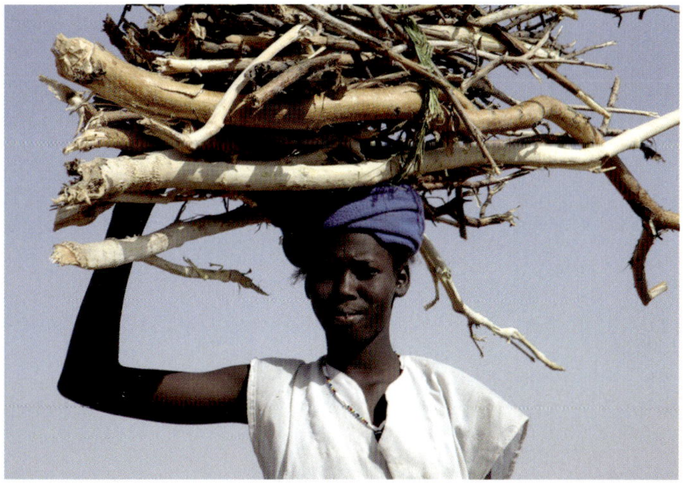

14°39'50" N - 0°03'38" E, d = 6.5 km | 16°15'07" N - 0°00'00" E/W, d = 0 km | 16°15'07" N - 0°00'00" E/W, d = 0 km

Moumouni shows the rock carvings that he discovered when he was a boy, Burkina Faso · Only one plane a week lands at the runway of Gao airport, Mali, which is located exactly on the Prime Meridian
Moumouni montre les gravures rupestres qu'il a découvertes lorsqu'il était gamin, Burkina Faso · Sur la piste de l'aéroport de Gao, Mali, exactement sur le Méridien où n'atterrit qu'un avion par semaine
Moumouni toont de rotstekeningen die hij als kind ontdekt heeft, Burkina Faso · Op de landingsbaan van het vliegveld van Gao, Mali, precies op de Meridiaan, landt slechts één vliegtuig per week

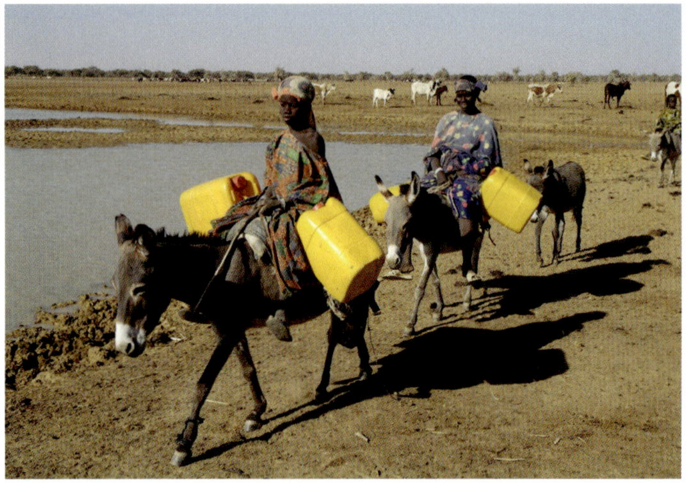

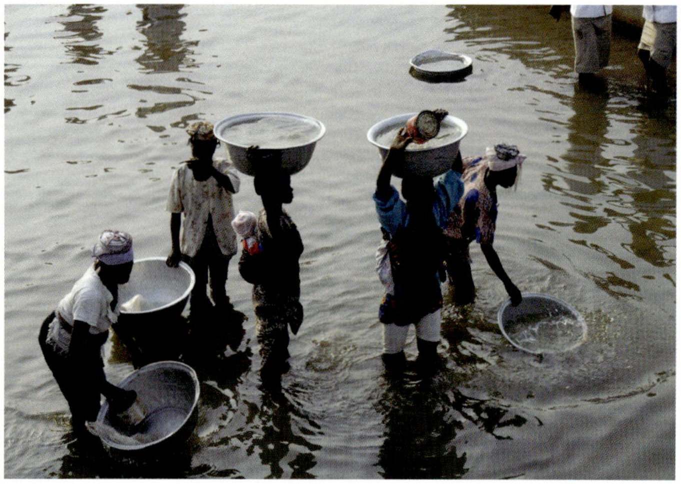

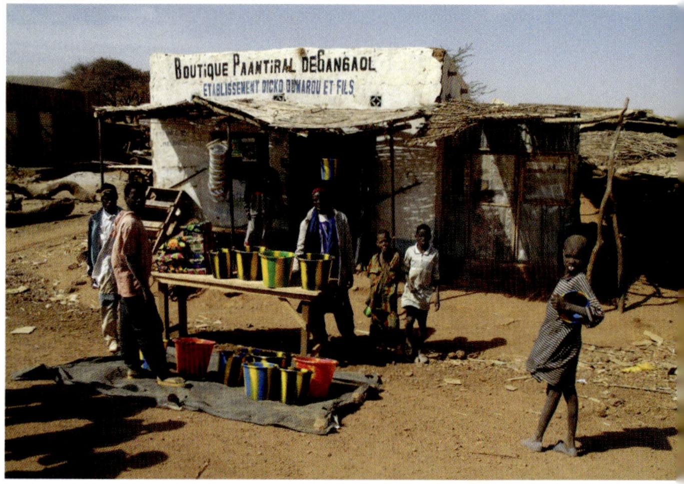

14°30'12" N - 0°16'44" W, d = 30 km | 08°04'36" N - 0°10'35" E, d = 19 km | 13°47'39" N - 0°05'41" W, d = 10 km

The water of the Toro barrage, near Gorom, Burkina Faso, is transported by donkeys · Dumbai, Ghana, women fetching water from Lake Volta · A boutique in Gangaol, Burkina Faso
L'eau du barrage de Toro, près de Gorom, Burkina Faso, est transportée à dos d'âne · À Dumbai, les femmes viennent chercher l'eau du lac Volta, Ghana · Boutique à Gangaol, Burkina Faso
Het water van het Toro-stuwmeer bij Gorom, Burkina Faso wordt per ezel afgevoerd · In Dumbai, Ghana, halen de vrouwen het water uit het Voltameer · Winkeltje in Gangaol, Burkina Faso

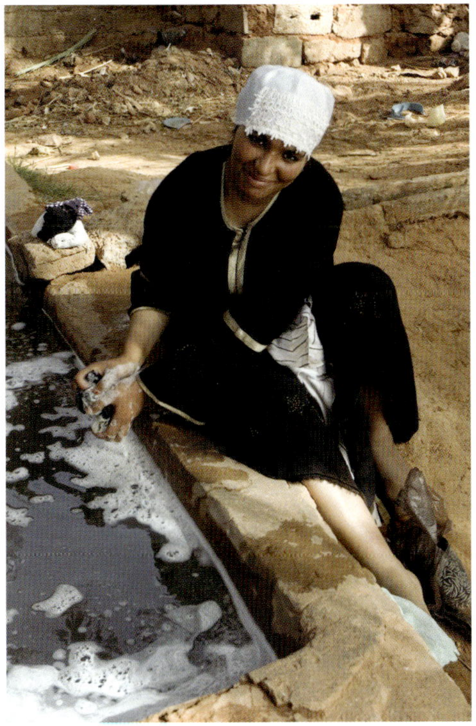

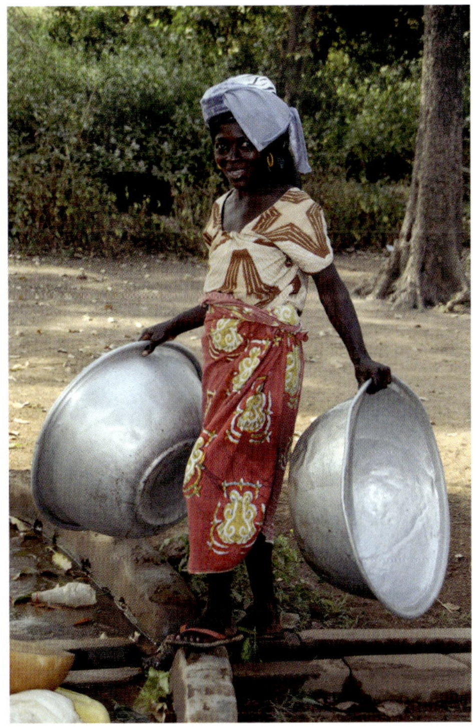

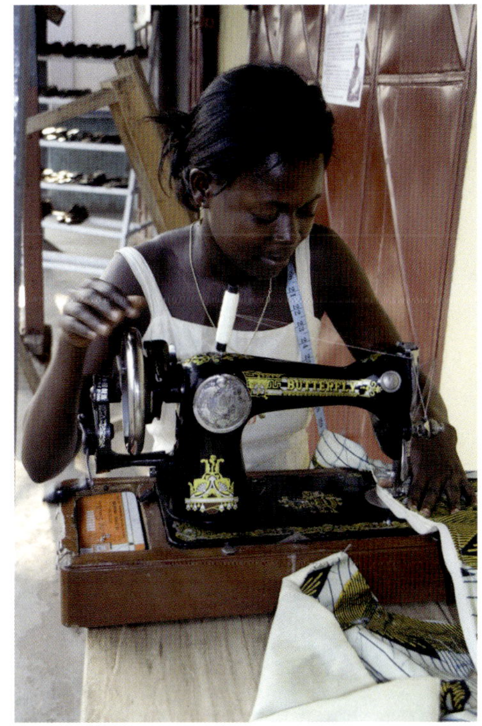

29°14'08" N - 0°12'40" E, d = 20 km | 08°11'43" N - 0°00'08" E, d = 0.25 km | 06°06'21" N - 0°00'48" W, d = 1.5 km

Linda doing the laundry in the oasis of Sidi Hadj Belkacem, Algeria · Zenabu at the communal pump of N'Gawé, Ghana · Somaya, a dressmaker in Lerteh, Ghana
Linda fait la lessive dans l'oasis de Sidi Hadj Belkacem, Algérie · Zenabu à la pompe communale de N'Gawé, Ghana · Somaya, couturière à Lerteh, Ghana
Linda doet de was in de oase van Sidi Hadj Belkacem, Algerije · Zenabu bij de dorpspomp van N'Gawé, Ghana · Somaya is naaister in Lerteh, Ghana

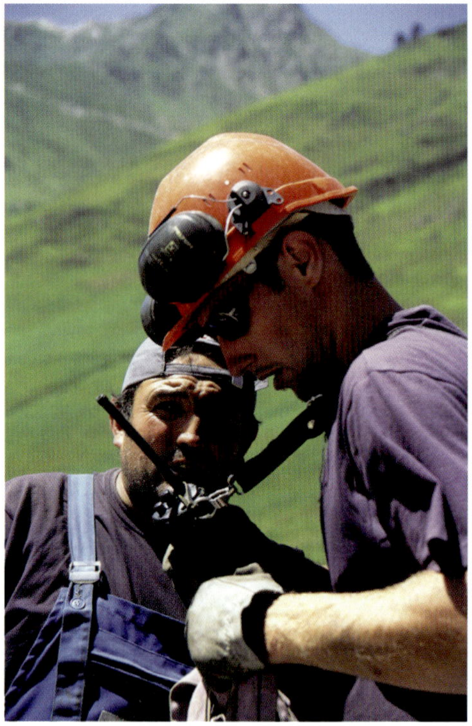

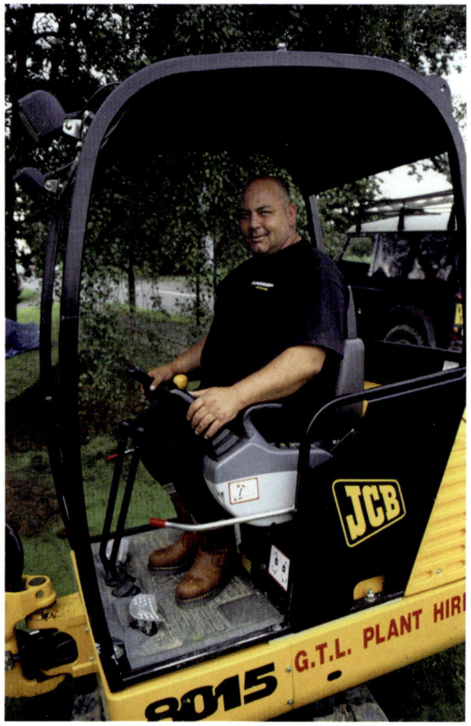

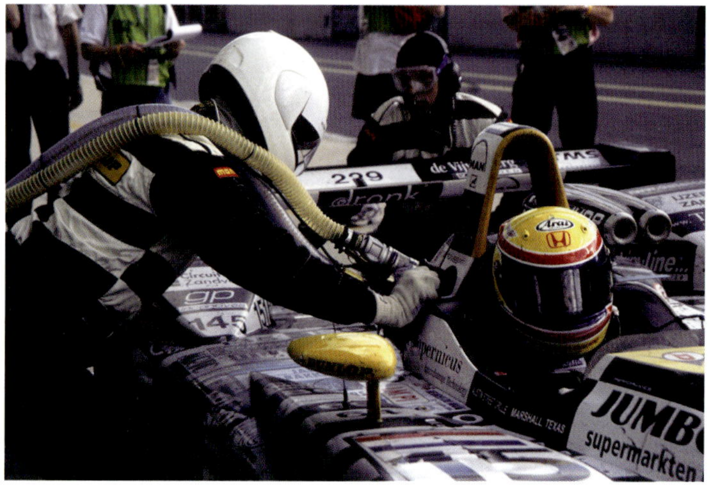

42°54'17" N - 0°06'08" E, d = 8.3 km | 52°48'18" N - 0°00'04" E, d = 0.07 km | 47°57'14" N - 0°12'32" E, d = 16 km

Arnaud and Patrick on the construction site of a water pipe at Barrèges, Hautes-Pyrénées, France · Gary works for the local council in Holbeach, England · Refuelling during the 2004 Le Mans 24 Hours, France
Arnaud et Patrick sur le chantier de construction d'une conduite d'eau à Barrèges, Hautes-Pyrénées, France · Gary, employé municipal à Holbeach, Angleterre · Ravitaillement pendant les 24 heures du Mans de 2004, France
Arnaud en Patrick bij de aanleg van een waterleiding bij Barrèges, Hautes-Pyrénées, Frankrijk · Gary werkt voor de gemeente Holbeach, Engeland · Pitstop tijdens de 24 uur's race van 2004 in Le Mans, Frankrijk

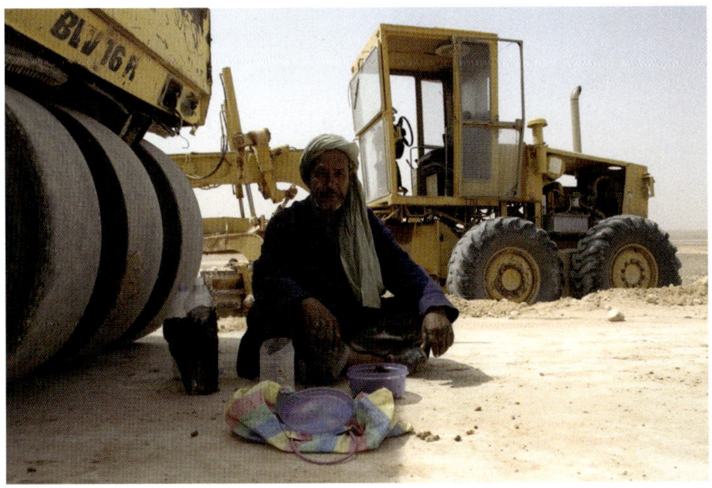

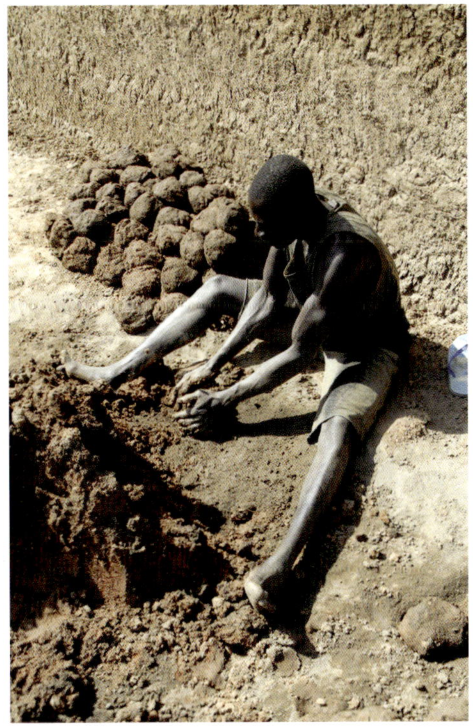

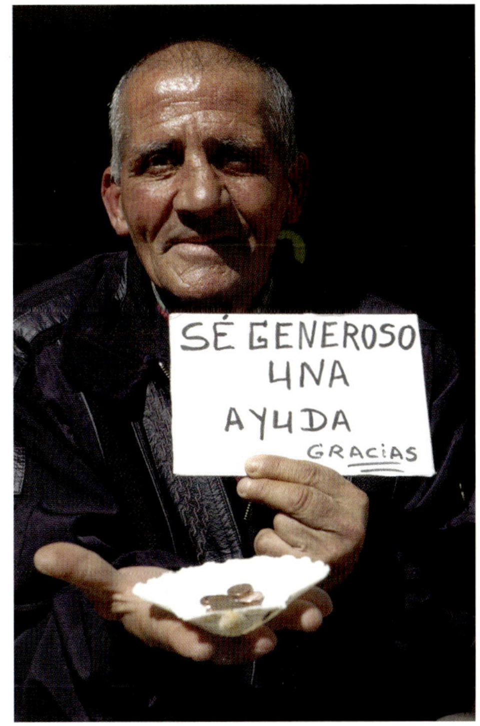

28°53'06" N - 0°50'21" W, d = 82 km | 11°05'05" N - 0°01'06" W, d = 2 km | 41°03'10" N - 0°07'47" E, d = 11 km

Mohammed doing maintenance work on the Béchar - Adrar road, Algeria · Osmani making balls of clay for the construction of a wall in Widana, Ghana
In Alcañiz, Spain, José, a former legionnaire, says that he needs money "for the bus". There is a very strong smell of wine about him...

Mohammed travaille à l'entretien de la route Béchar-Adrar, Algérie · À Widana, Ghana, Osmani forme des boules de glaise pour la construction d'un mur
À Alcañiz, Espagne, José, ancien légionnaire, dit avoir besoin d'argent «pour le bus». Il sent très fort le vin...

Mohammed werkt aan het onderhoud van de weg van Béchar naar Adrar, Algerije · Osmani boetseert kleiballen waarmee een muur in Widana, Ghana gebouwd zal worden
In Alcañiz, Spanje, zegt oud vreemdelingenlegioensoldaat José dat hij geld 'voor de bus' nodig heeft. Zijn adem ruikt behoorlijk naar wijn...

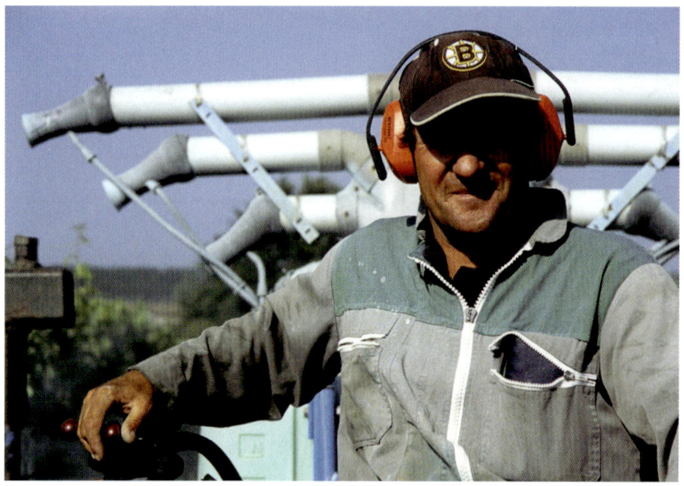

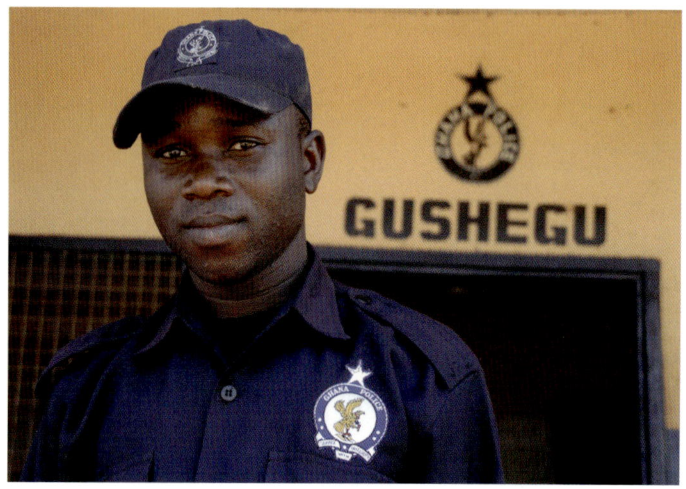

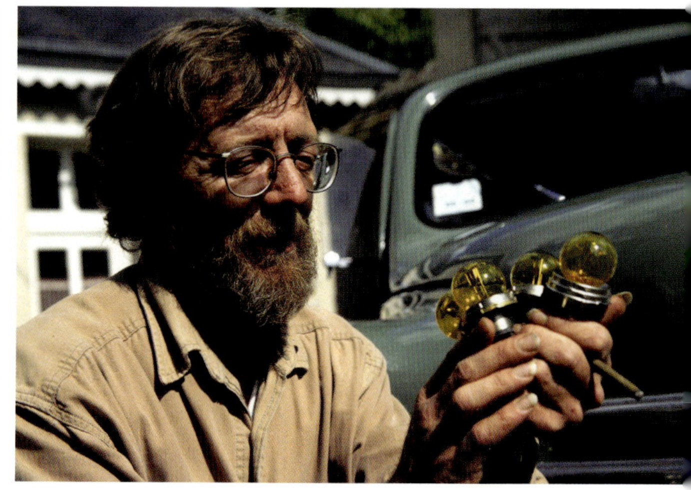

44°52'24" N - 0°03'03" E, d = 4.0 km | 09°55'42" N - 0°12'34" W, d = 23 km | 47°58'24" N - 0°33'12" E, d = 40 km

Near Saint-Michel-de-Montaigne, Dordogne, France, spraying the vines with copper sulphate · Jacob is a constable. In front of the police station at Gushegu, Ghana
West Auto Collection at Bouloire, Sarthe, France, where Philippe sells spare parts for veteran cars

Près de Saint-Michel-de-Montaigne, Dordogne, France, sulfatage de la vigne · Jacob est gardien de la paix. Devant le poste de police de Gushegu, Ghana
Chez West Auto Collection à Bouloire, Sarthe, France, Philippe vend des pièces pour voitures anciennes

Bij Saint-Michel-de-Montaigne, Dordogne, Frankrijk, het zwavelen van de wijnranken · Jacob is politieagent. Voor de controlepost van Gushegu, Ghana
Philippe verkoopt oude auto-onderdelen bij 'West Auto Collection' in Bouloire, Sarthe, Frankrijk

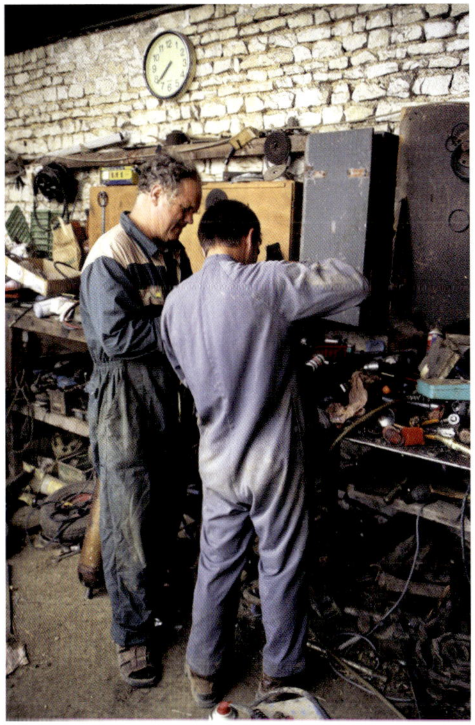

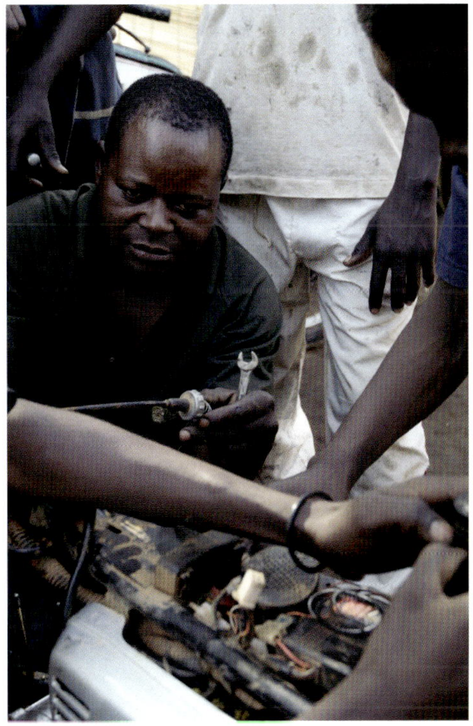

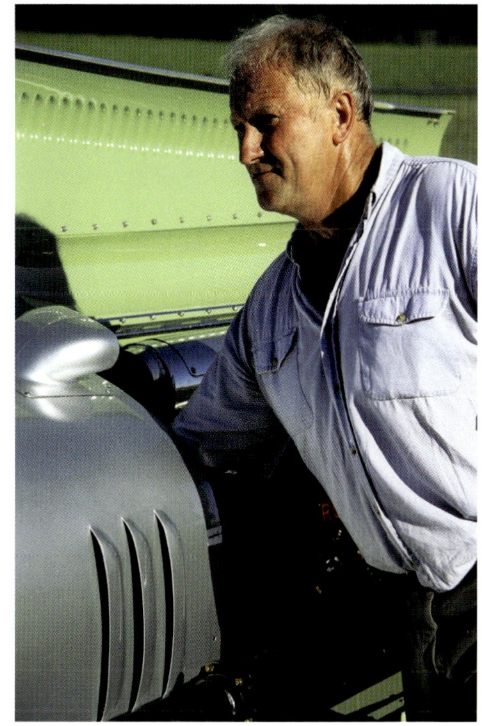

45°43’07” N - 0°00’02” W, d = 0.04 km | 10°52’07” N - 0°12’14” E, d = 22 km | 50°57’19” N - 0°03’19” W, d = 3.9 km

Claude and Xavier repairing a part from the harvester at Douzat, Charente, France · Noaga Alassane, a repairer of two-wheeled vehicles at Dapaong, Togo: “Life is like a motorbike, you have to be very careful with it!”
At Chailey, in England, Robin has spent fifteen years building a racing car with a 1500 hp Rolls Royce Merlin aircraft engine

Claude et Xavier réparent une pièce de moissonneuse à Douzat, Charente, France · Noaga Alassane, réparateur de deux-roues à Dapaong, Togo: «La vie, c’est comme les motos, il faut beaucoup de prudence!»
À Chailey, Angleterre, Robin a construit, pendant quinze ans, une voiture de course autour d’un moteur d’avion Rolls Royce Merlin de 1500 CV

Claude en Xavier repareren een onderdeel van een landbouwmachine in Douzat, Charente, Frankrijk · Noaga Alassane, bromfietsreparateur in Dapaong, Togo: ‘Het leven is als het rijden op een motorfiets, voorzichtigheid is geboden!’
In Chailey, Engeland, heeft Robin vijftien jaar lang aan een raceauto gewerkt die hij rond een ‘Rolls Royce Merlin’ vliegtuigmotor van 1500 PK gebouwd heeft

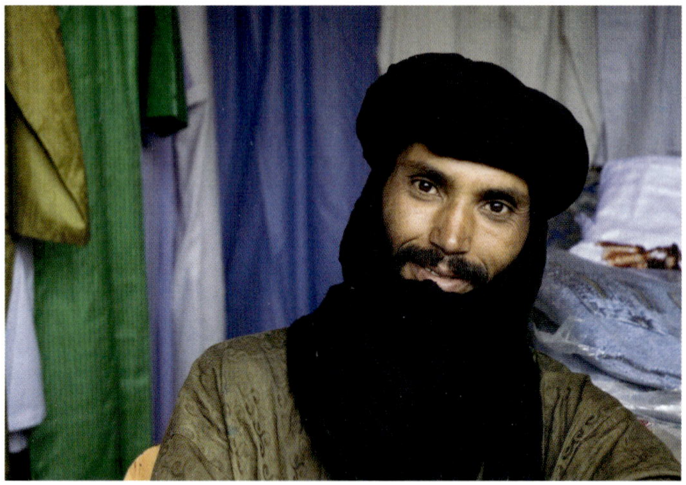

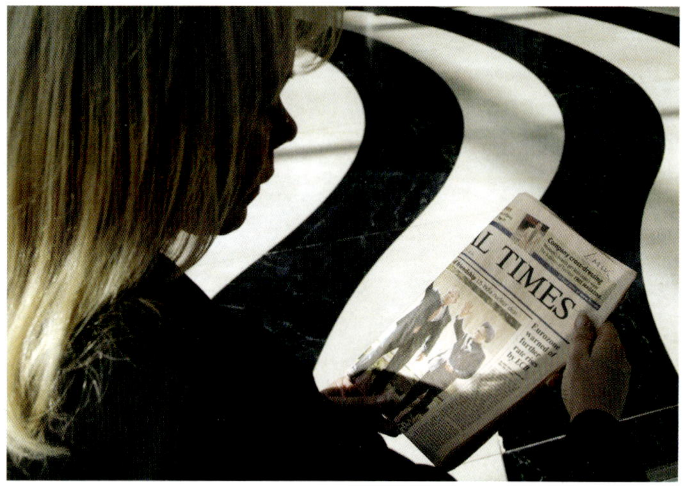

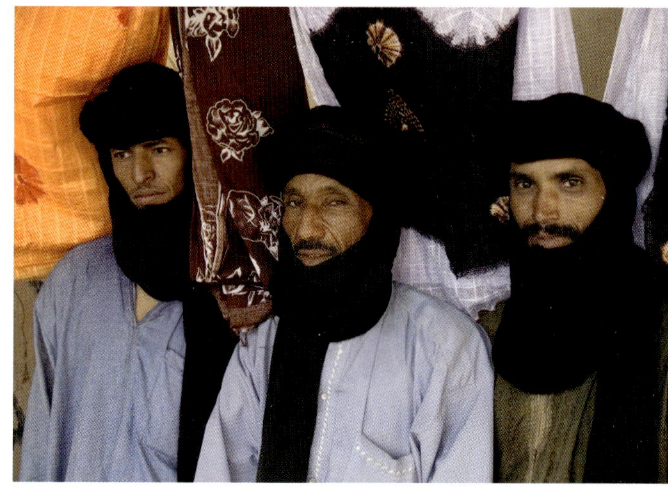

27°52'33" N - 0°17'31" W, d = 29 km | 51°30'20" N - 0°01'06" W, d = 1.3 km | 27°52'33" N - 0°17'31" W, d = 29 km

Street vendor selling clothes at the Adrar market, Algeria · Sharon, a businesswoman in the Canary Wharf business district, London, England · Street vendors at the Adrar market, Algeria
Marchand de vêtements au marché d'Adrar, Algérie · Sharon, femme d'affaires à Canary Wharf, Londres, Angleterre · Marchands au marché d'Adrar, Algérie
Klerenverkoper op de markt van Adrar, Algerije · Sharon, zakenvrouw in de businesswijk Canary Wharf, Londen, Engeland · Handelaars op de markt van Adrar, Algerije

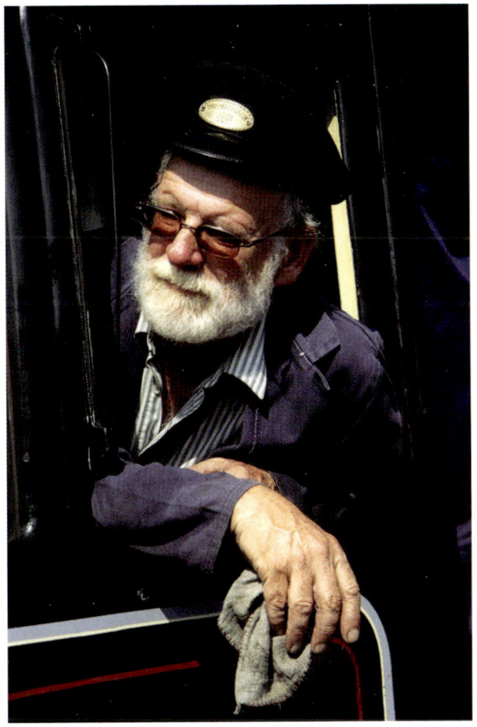

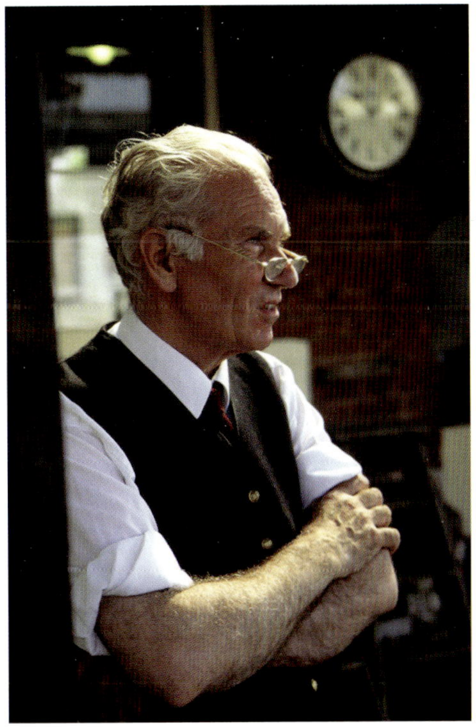

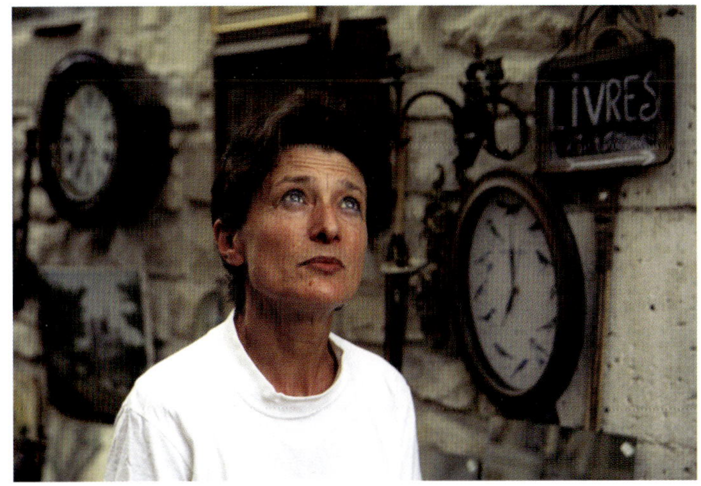

50°59'46" N - 0°00'01" E, d = 0.02 km | 50°59'46" N - 0°00'01" E, d = 0.02 km | 45°53'53" N - 0°00'55" E, d = 1.2 km

In England, at Sheffield Park Station, on the Bluebell Line, pensioners continue to work as railwaymen · At a flea market in Aigre, France, Marie-Sylvie amongst her old clocks
À Sheffield Park Station sur la Bluebell Line, Angleterre, les retraités continuent de faire les cheminots · Dans une brocante à Aigre, France, Marie-Sylvie évolue parmi ses horloges anciennes
In 'Sheffield Park Station' op de 'Bluebell Line', Engeland, blijven ze na hun pensioen hun werk als spoorwegbeambten voortzetten · Marie-Sylvie in een antiekwinkel in Aigre, Charente, Frankrijk, tussen haar oude klokken

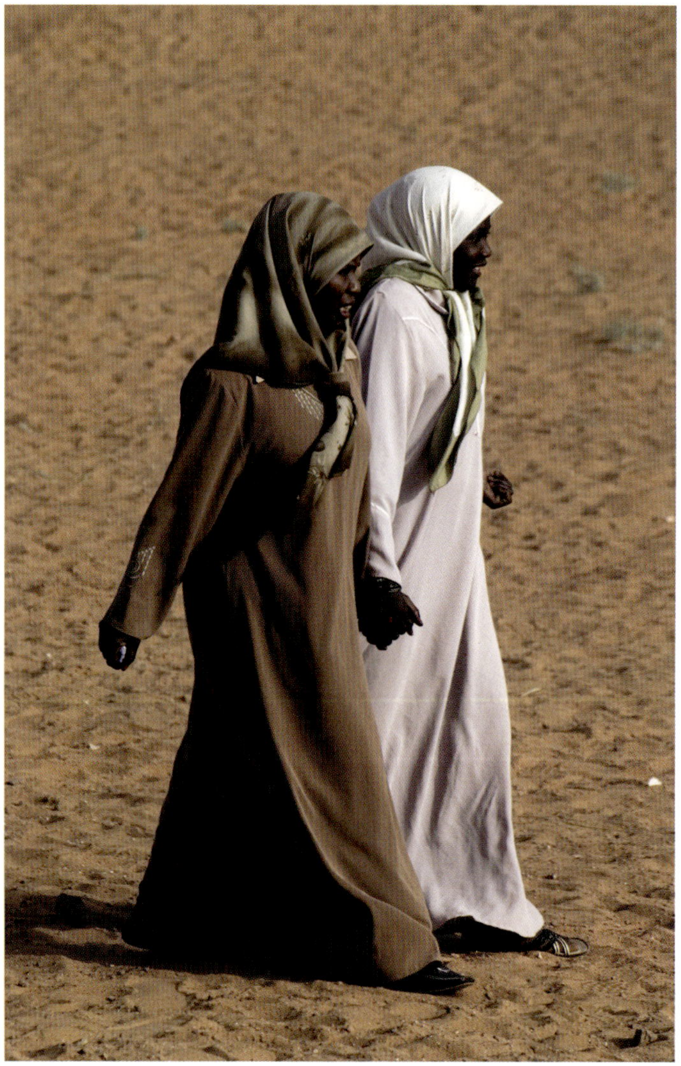

On the move | Déplacements | In beweging

A path may lead us to school, to a field or to the market. A road can take us to the factory, the office or simply "elsewhere". We can go on horseback, by bike, motorbike, on a bus, by train or by car. While some people are going in one direction, others are taking the opposite direction and their paths cross. The incomprehensible frenzy of the human hive of activity! We are all nomads in our souls.

Le chemin mène à l'école, au champ ou au marché. La route conduit à l'usine, au bureau ou simplement vers «ailleurs». On l'emprunte à pied, à cheval, à vélo, à moto, en bus, en métro, en train, en voiture. Tandis que les uns le parcourent dans un sens, les autres le croisent. Incompréhensible frénésie de la fourmilière humaine ! Nous sommes tous nomades dans l'âme.

Een landweg leidt naar de school, de akker of de markt. Een snelweg naar de fabriek, het bureau of domweg naar 'ergens anders'. Te voet of te paard, op fiets of motorfiets, met de bus of in de ondergrondse, in de trein of met de auto. Sommigen gaan de ene kant op terwijl anderen juist in omgekeerde richting snellen. Onbegrijpelijk gewriemel in de menselijke mierenhoop. In ons hart zijn we allemaal nomaden.

29°14'09" N - 0°12'40" E, d = 20 km | 26°43'14" N - 0°10'25" E, d = 17 km

Two Algerians walking, close to Timimoun
The rhythm of life slows down with age, like this old man walking alongside a wall at Reggane, Algeria

Deux femmes se déplacent à pied près de Timimoun, Algérie
L'âge venant, le rythme de vie ralentit, comme ce vieillard longeant un mur à Reggane, Algérie

Wandelende Algerijnse vrouwen bij Timimoun
Met de leeftijd gaat alles langzamer, zoals bij deze grijsaard die langs een muur in Reggane, Algerije sukkelt

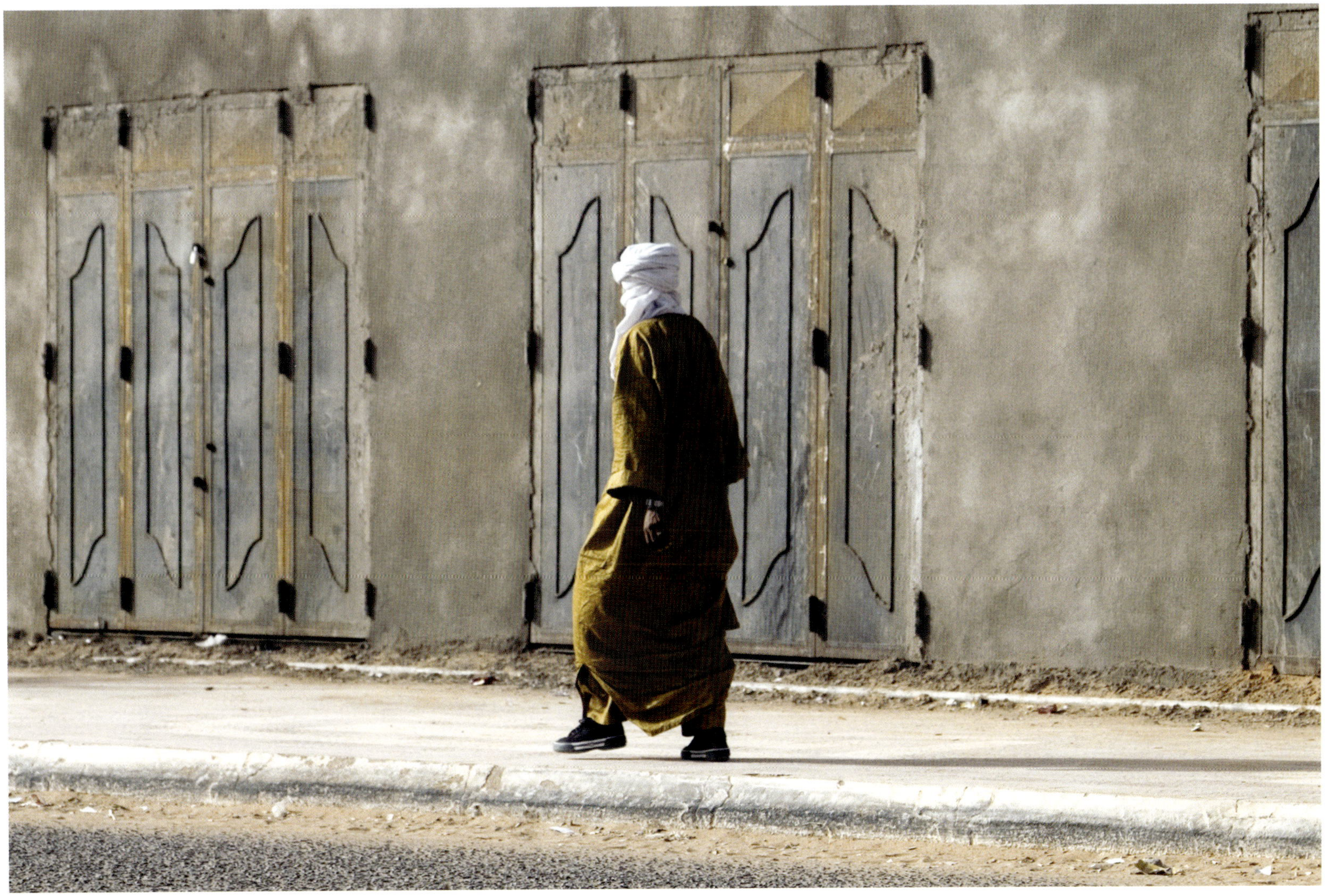

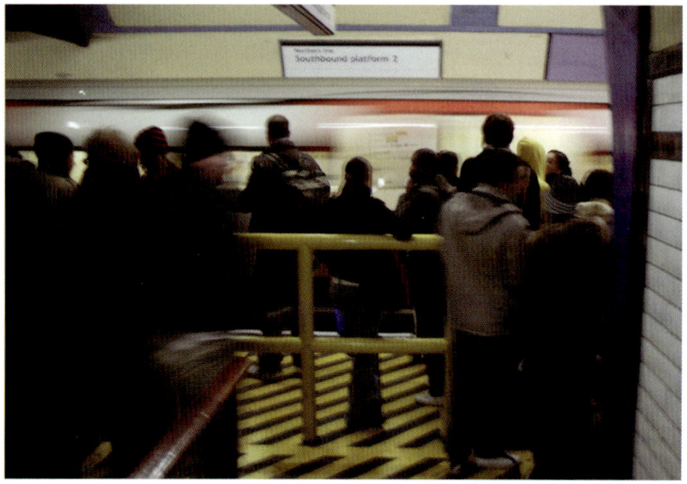

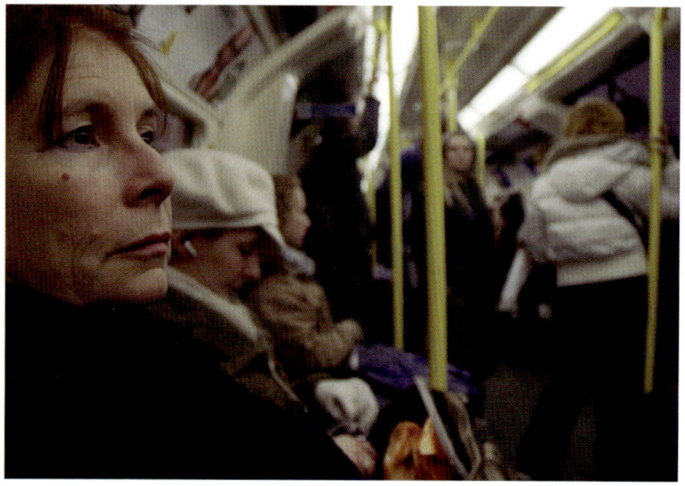

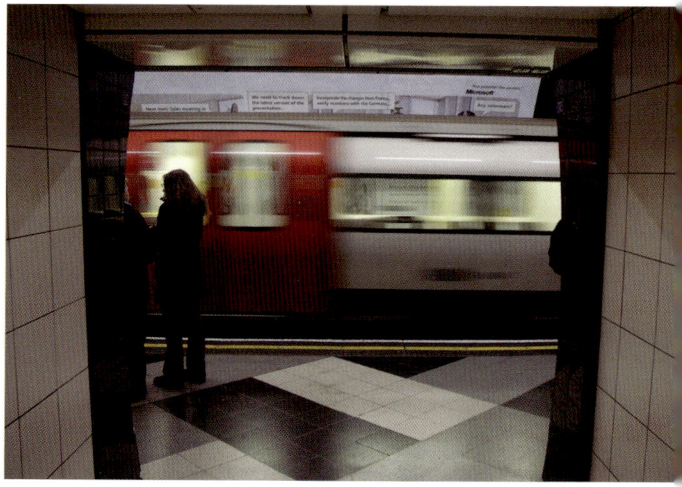

51°30'09" N 00°06'48" W, d = 7.8 km

The underground, a curious and noisy network beneath the ground. Waterloo Station, London, England
Le métro, un étrange et bruyant réseau souterrain. Waterloo Station, Londres, Angleterre
De metro is een merkwaardig en luidruchtig ondergronds labyrint. Waterloo Station, Londen, Engeland

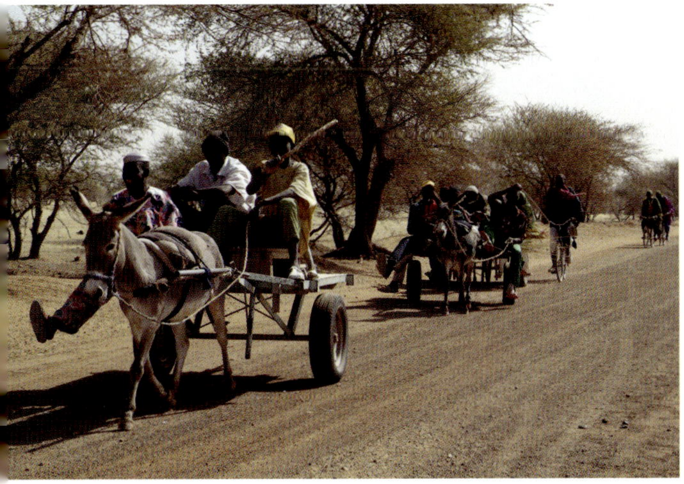

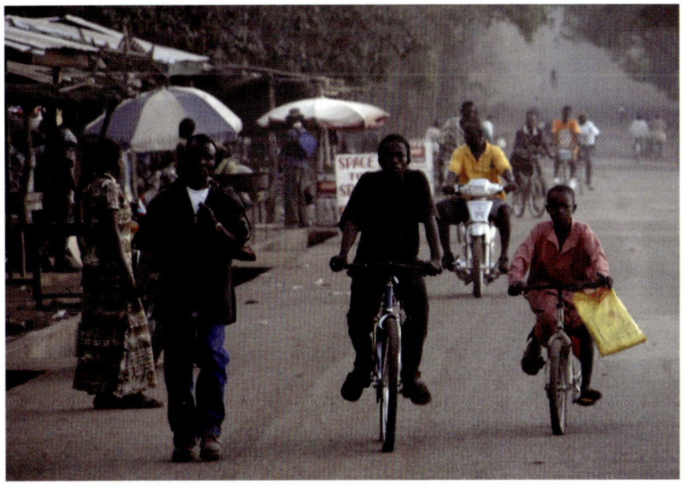

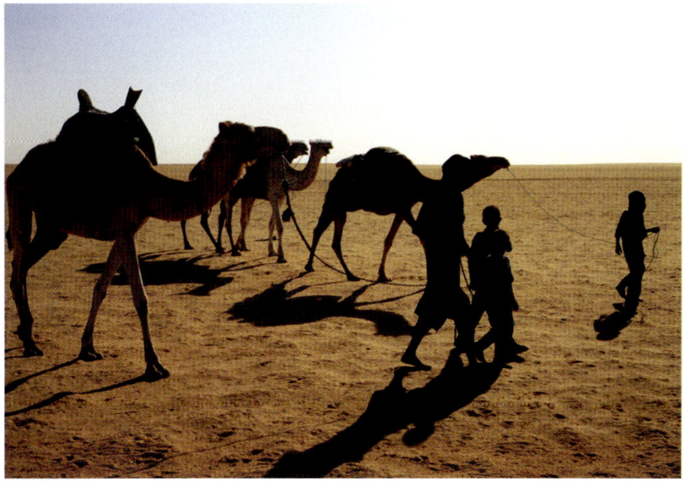

14°00'52" N - 0°00'00" E/W, d = 0 km | 09°25'06" N - 0°50'48" W, d = 93 km | 17°51'04" N - 0°14'37" E, d = 26 km

On the way to the Dori market, Burkina Faso · A lively street scene, Tamale, Ghana · Touaregs and their dromadaries in the infinite space of the Sahara, west of Tabankort, Mali
En route pour le marché de Dori, Burkina Faso · Animation de rue à Tamale, Ghana · Caravane de Touaregs et leurs dromadaires dans l'espace infini du Sahara, à l'ouest de Tabankort, Mali
Op weg naar de markt van Dori, Burkina Faso · Een drukke straat in Tamale, Ghana · Een karavaan Toearegs in de oneindigheid van de Sahara ten Westen van Tabankort, Mali

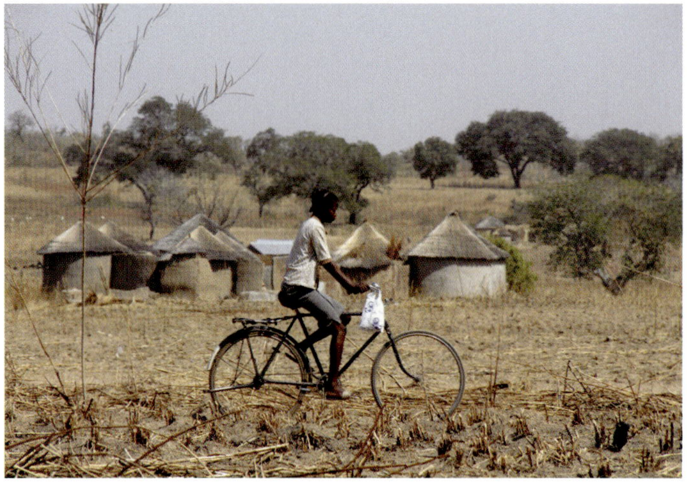

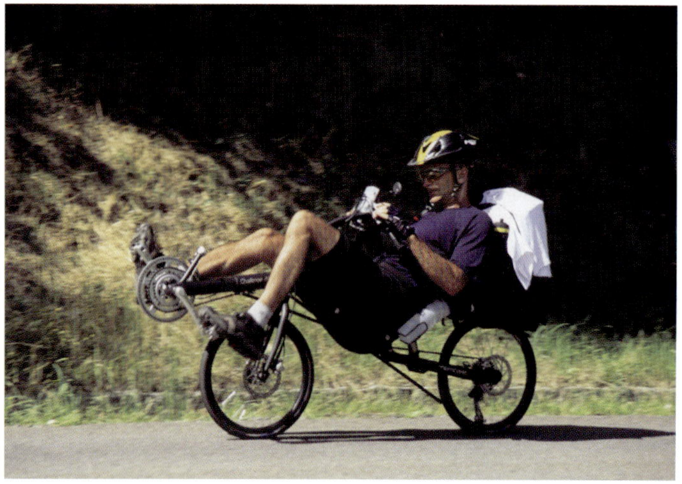

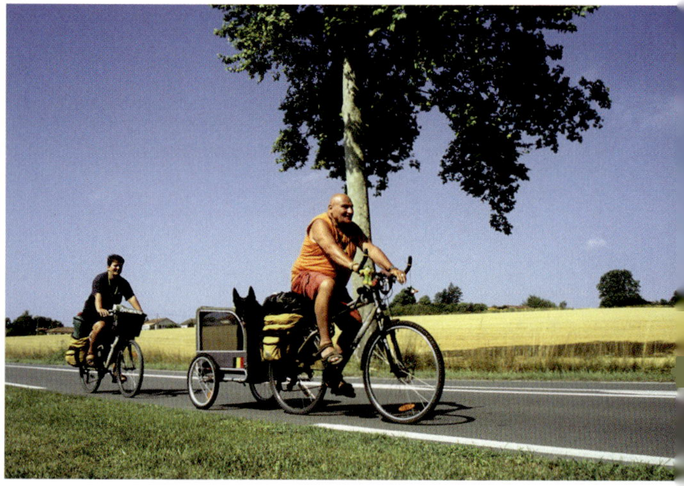

10°50'11" N - 0°28'30" W, d = 52 km | 42°53'01" N - 0°02'13" E, d = 3 km | 45°24'25" N - 0°08'17" E, d = 11 km

Across the fields at Buya, Ghana · Pascal on his reclining bike on the road to Col du Tourmalet, Hautes-Pyrénées, France · A return trip Liège-Chalais, Charente, France, for Christian, Andrée and their dog Black
À travers champs à Buya, Ghana · Pascal sur son «vélo couché» sur la route du col du Tourmalet, Hautes-Pyrénées, France · Un aller-retour Liège-Chalais, Charente, France, pour Christian, Andrée et leur chien Black
Dwars door de velden van Buya, Ghana · Met zijn ligfiets beklimt Pascal de Col du Tourmalet, Hautes-Pyrénées, Frankrijk · Een retourtje Luik-Chalais, Charente, Frankrijk, voor Christian, Andrée en hun hond Black

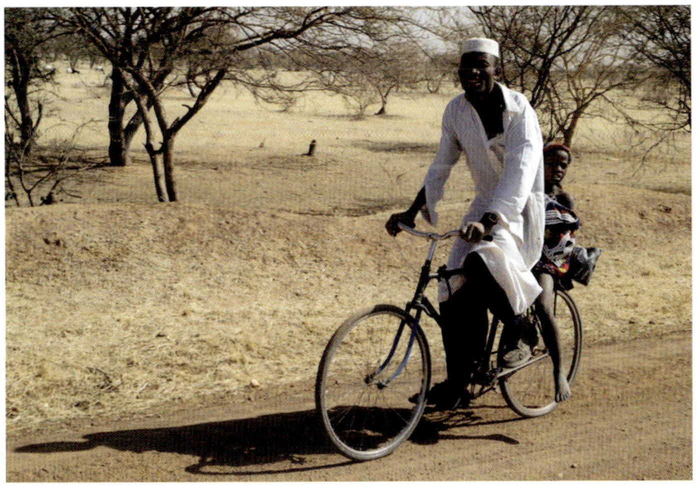

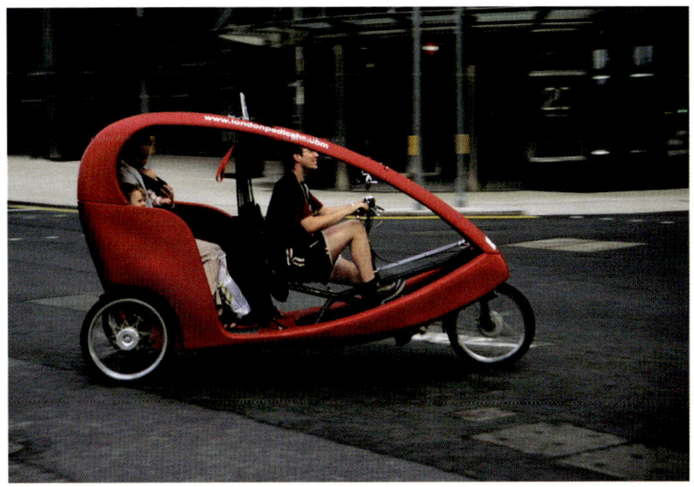

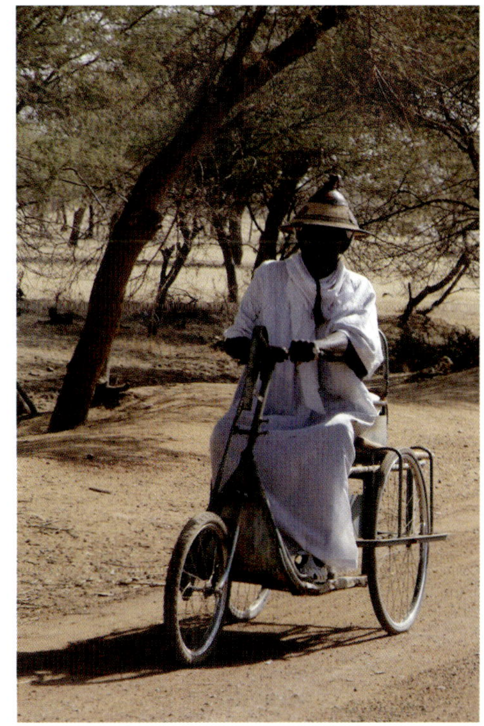

14°00'52" N - 0°00'00" E/W, d = 0 km | 51°30'20" N - 0°01'06" W, d = 1.3 km | 14°00'52" N - 0°00'00" E/W, d = 0 km

On the road to the Dori market, Burkina Faso · A futuristic cycle-taxi in the Canary Wharf district, London, England · An arm-powered bicycle for someone who has lost the use of his legs. Near Dori, Burkina Faso
Sur la route du marché de Dori, Burkina Faso · Vélotaxi futuriste au quartier de Canary Wharf à Londres, Angleterre · Vélo à bras, pour celui qui a perdu l'usage de ses jambes, près de Dori, Burkina Faso
Op weg naar de markt van Dori, Burkina Faso · Futuristische fietstaxi in Canary Wharf, Londen, Engeland · Een met de armen aangedreven fiets voor iemand die het gebruik van zijn benen kwijt is geraakt. Bij Dori, Burkina Faso

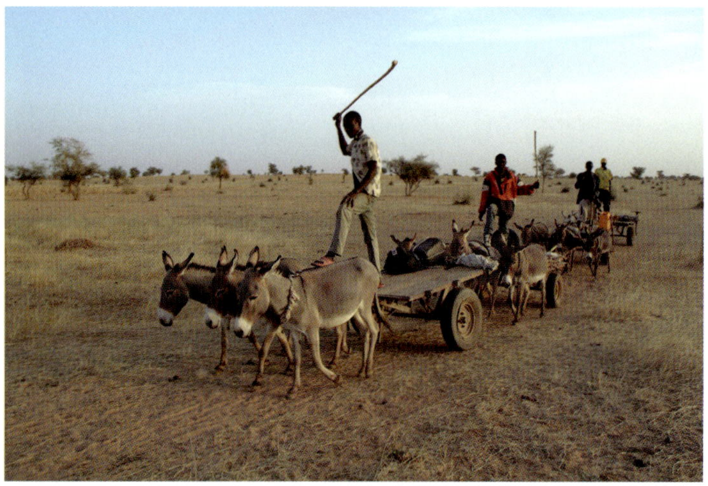

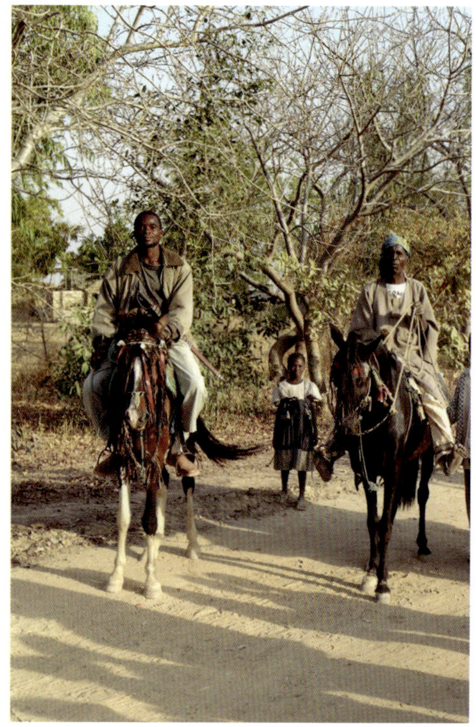

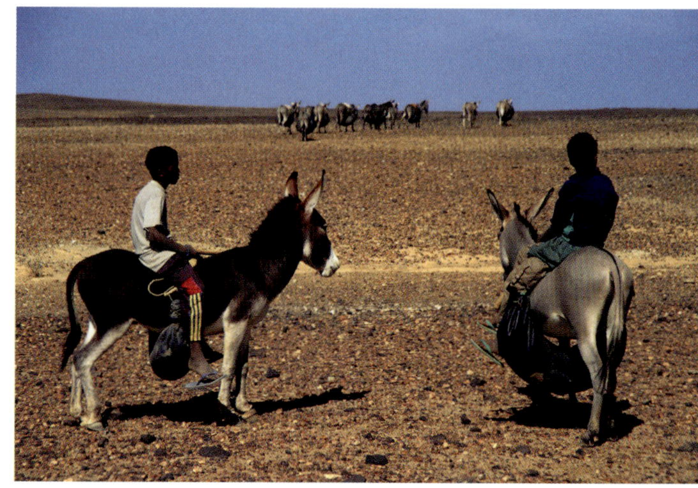

14°46'37" N - 0°02'13" E, d = 4 km | 11°58'50" N - 0°01'21" W, d = 2.4 km | 19°27'53" N - 0°51'23" E, d = 90 km

A modern version of Ben Hur's chariot race! Timbasaso Tambao, Burkina Faso · Riders near Sattenga, Burkina Faso · Baba, Itouna and their donkeys transporting water in a lorry's inner tubes. Aguelhoc sector, Mali
Ben Hur des temps modernes. Timbasaso Tambao, Burkina Faso · Cavaliers près de Sattenga, Burkina Faso · Baba, Itouna et leurs ânes transportant l'eau dans des chambres à air de camion. Secteur d'Aguelhoc, Mali
De race van een moderne Ben Hur! Timbasaso Tambao, Burkina Faso · Ruiters in de buurt van Sattenga, Burkina Faso · Baba en Itouna vervoeren met hun ezels water in vrachtwagenbinnenbanden. In de streek van Aguelhoc, Mali

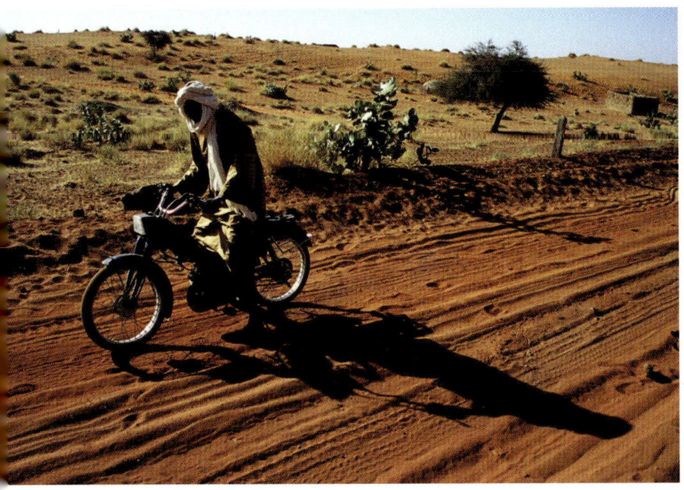

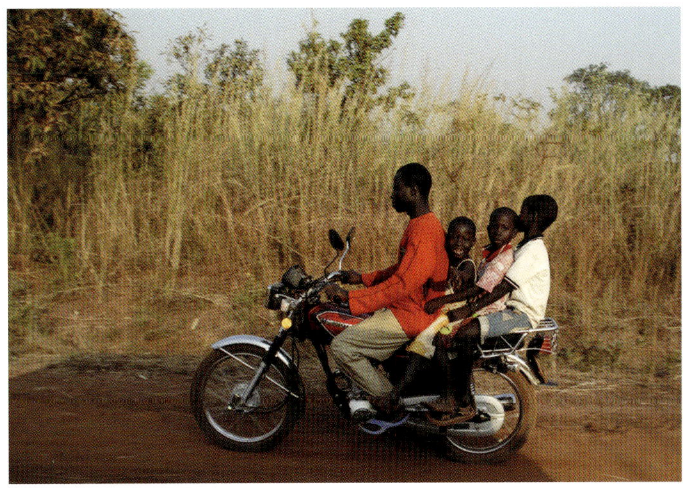

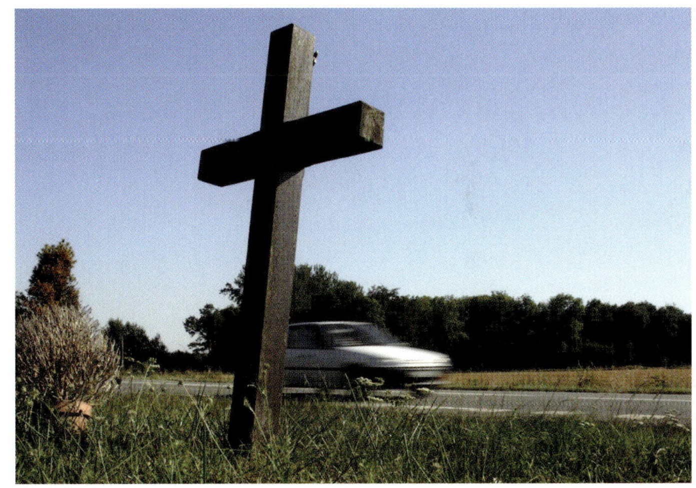

16°09'13" N - 0°04'17" E, d = 7.6 km | 07°53'36" N - 0°17'51" E, d = 33 km | 48°39'46" N - 0°01'27" E, d = 1.8 km

Motorized bicycle on the track near Taharane, Mali · An entire family on one moped, Dormabin, Ghana · In memory of a victim of excessive speed. N158 near Marcei, Orne, France
Cyclomoteur sur la piste près de Taharane, Mali · Une famille entière sur un seul deux-roues à Dormabin, Ghana · En mémoire d'une victime de la vitesse. N 158 près de Marcei, Orne, France
Bromfietser op de piste van Taharane, Mali · Een hele familie op één enkele brommer bij Dormabin, Ghana · 'In memoriam': een snelheidslachtoffer langs de N158 bij Marcei, Orne, Frankrijk

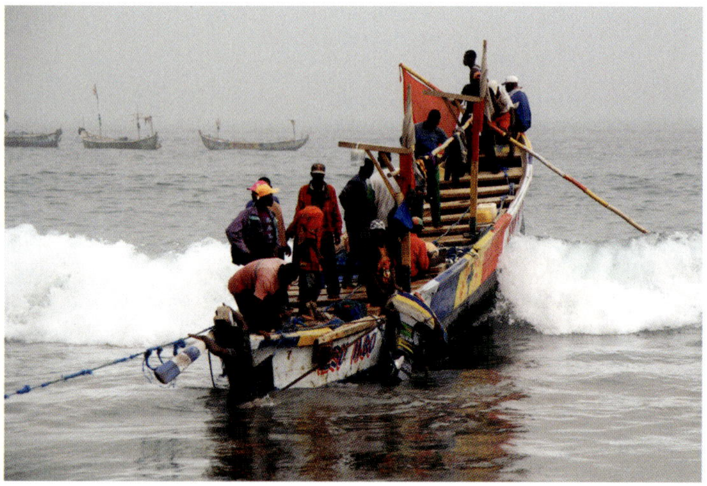

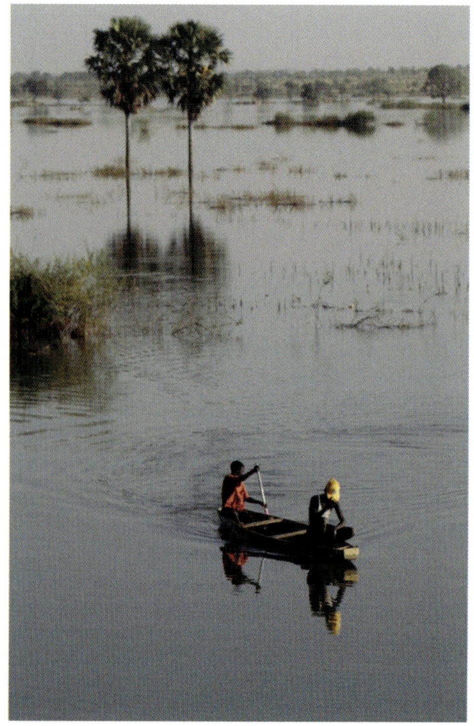

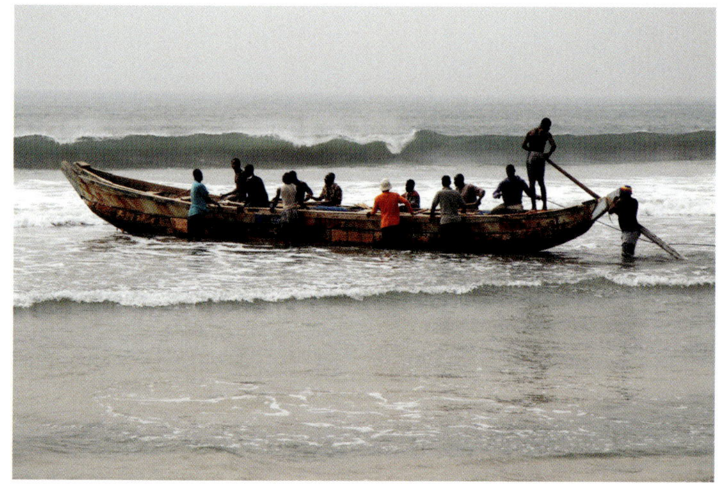

05°20'34" N - 0°37'01" W, d = 68 km | 11°46'39" N - 0°45'11" W, d = 82 km | 05°36'46" N - 0°02'37" W, d = 4.8 km

Fishermen at Winneba, Ghana · On the Nakambé river, White Volta, Burkina Faso · Fishermen setting out to sea near Tema, Ghana
Pêcheurs à Winneba, Ghana · Sur le fleuve Nakambé, Volta Blanche, Burkina Faso · Pêcheurs prenant la mer près de Tema, Ghana
Vissers in Winneba, Ghana · Op de rivier Nakambé, Witte Volta, Burkina Faso · Vissers kiezen het zilte nat bij Tema, Ghana

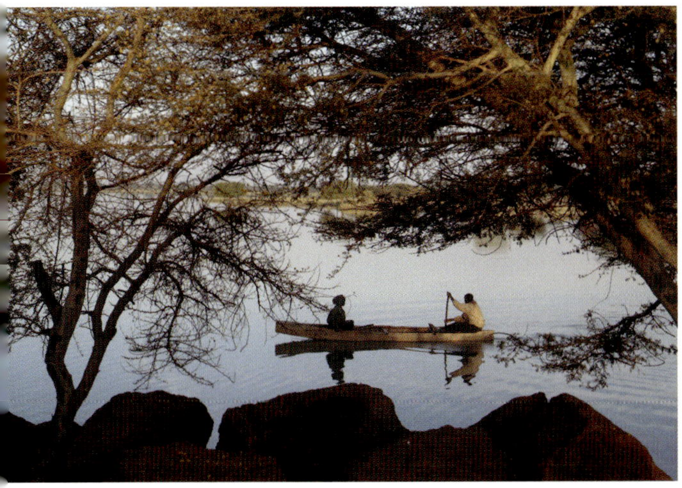

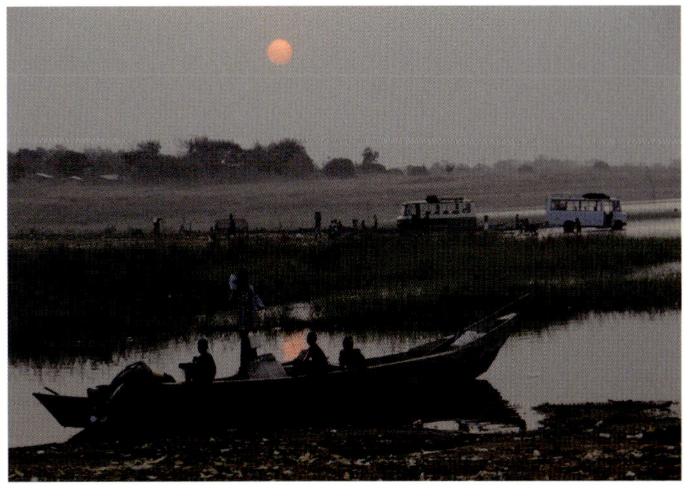

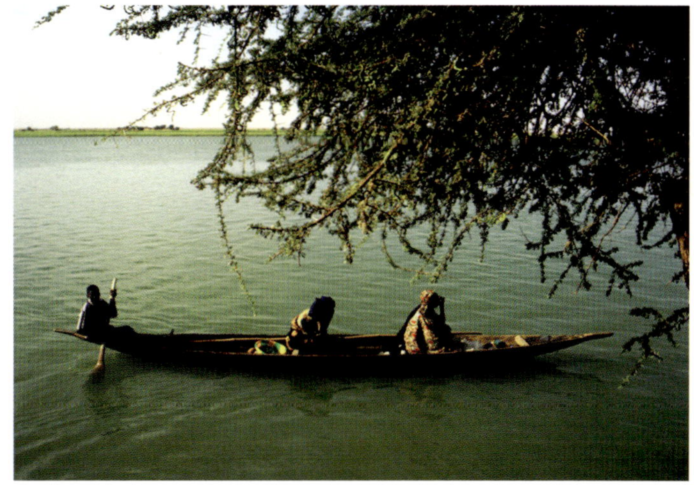

13°19'30" N - 0°30'35" W, d = 55 km | 08°04'36" N - 0°10'35" E, d = 19 km | 16°57'17" N - 0°21'12" W, d = 38 km

Pirogue on the lake of the Tougouri barrage, Burkina Faso · On Lake Volta at Dumbai, Ghana · On the River Niger at Bourem, Mali
Pirogue sur le lac de barrage de Tougouri, Burkina Faso · Sur le lac Volta à Dumbai, Ghana · Sur le fleuve Niger à Bourem, Mali
Prauw op het stuwmeer van Tougouri, Burkina Faso · Op het Voltameer bij Dumbai, Ghana · Op de Niger bij Bourem, Mali

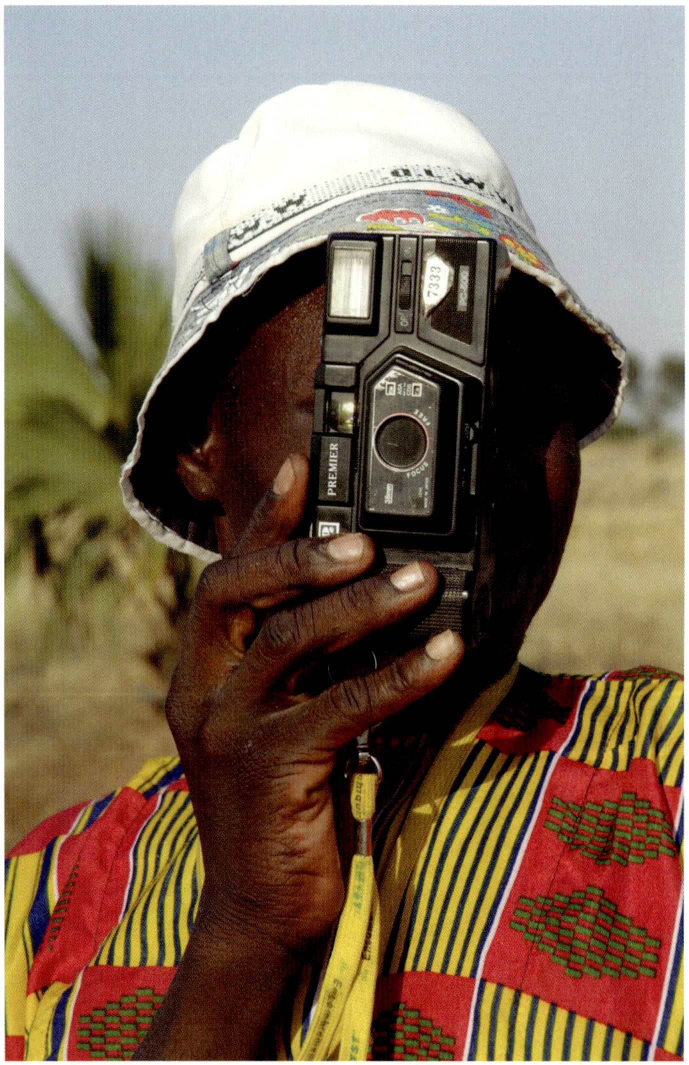

Distractions | Évasions | Ontspanning

Once the work is done, there will be some free time - time for a nap, to relax sitting on a bench or to daydream on the beach. Time to be with your family, to make a phone call to a close friend; time to read a newspaper, play draughts, cards or even football, ... Time to sing, play a musical instrument, or dance; time to paint, sculpt a statuette, or lavish care on an old car. Time to talk, to have a drink together, to dress and make up for a party or to go to the theatre...

Le travail terminé, il nous reste encore du temps. Celui d'une sieste, de se reposer sur un banc ou rêvasser sur la plage. Celui de téléphoner à un proche, de se retrouver en famille, de lire un journal ou un livre. Celui de jouer aux dames, aux cartes, au foot,... Celui de chanter, de sortir son instrument de musique, de danser, de peindre un tableau, de modeler une statuette, de bichonner une vieille mécanique. Celui de se parler, de prendre un pot ensemble, de se faire belle pour la fête ou pour aller au théâtre...

Wanneer het werk gedaan is, houden we nog vrije tijd over. Tijd voor een middagdutje, om uit te rusten op een bank of om op het strand te mijmeren. Tijd voor je familie. Tijd om een krant of een fijn boek te lezen. Tijd voor een spel: dammen, kaarten, voetballen, ... Tijd om te zingen, een instrument te bespelen, te dansen. Tijd om te schilderen, een beeldje te boetseren, een oude auto op te knappen. Tijd voor een gesprek, iets samen te drinken of om je op te tutten om uit te gaan...

10°54'19" N - 0°06'43" E, d = 12 km | 13°42'16" N - 0°11'29" W, d = 21 km

Photographed by Djabiuk, Nanergou, Togo · Ahmadou, a farmer working between Yalgo and Bani, Burkina Faso
Le photographe photographié par Djabiuk à Nanergou, Togo · Ahmadou, fermier entre Yalgo et Bani, Burkina Faso
De fotograaf gefotografeerd door Djabiuk in Nanergou, Togo · Ahmadou, een boer tussen Yalgo en Bani, Burkina Faso

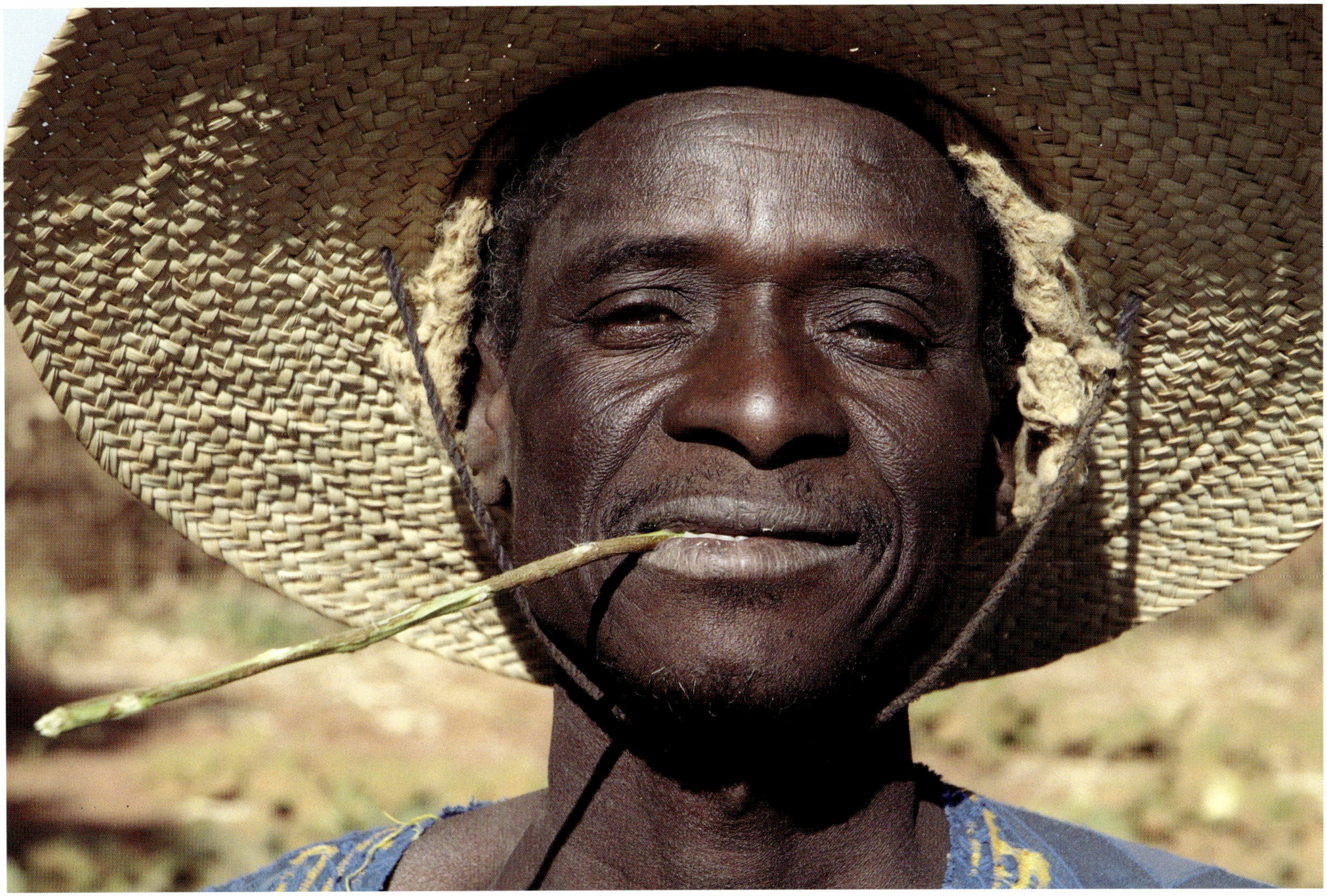

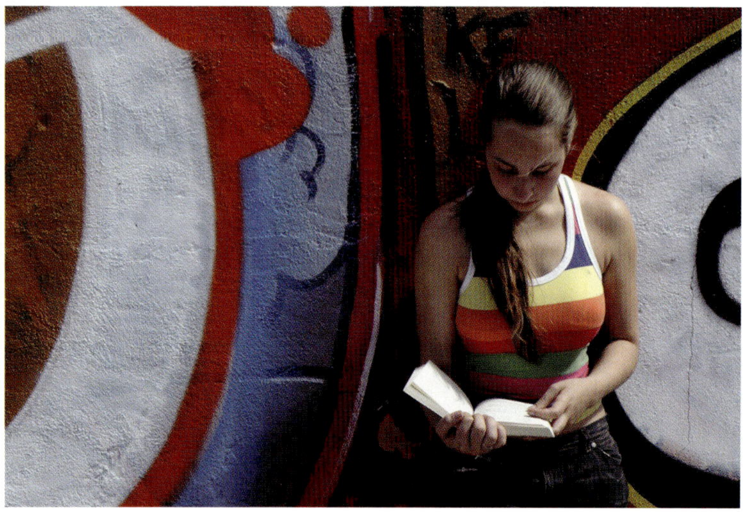

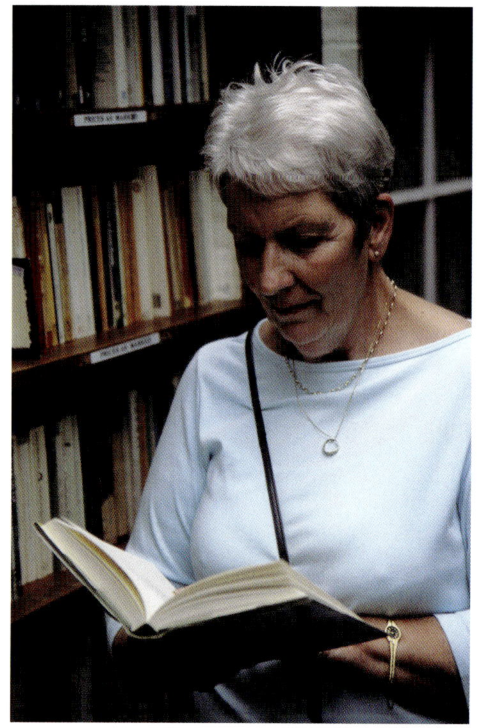

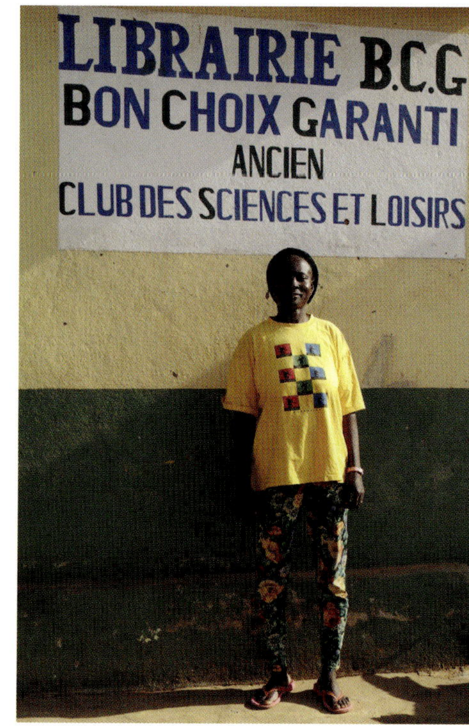

39°28’33” N - 0°22’54” W, d = 23 km | 52°12’20” N - 0°07’04” E, d = 8 km | 10°52’07” N - 0°12’14” E, d = 22 km

Nora is lost in her book in Valencia, Spain · Esther leafs through a book in a second-hand bookshop in Cambridge, England · Kpelli works in a bookshop in Dapaong, Togo
Nora est plongée dans son roman à Valencia, Espagne · Esther feuillette un livre chez un bouquiniste, Cambridge, Angleterre · Kpelli travaille dans une librairie à Dapaong, Togo
Nora is verdiept in haar roman in Valencia, Spanje · Esther bladert door een boek in een antiquariaat in Cambridge, Engeland · Kpelli werkt in een boekwinkeltje in Dapaong, Togo

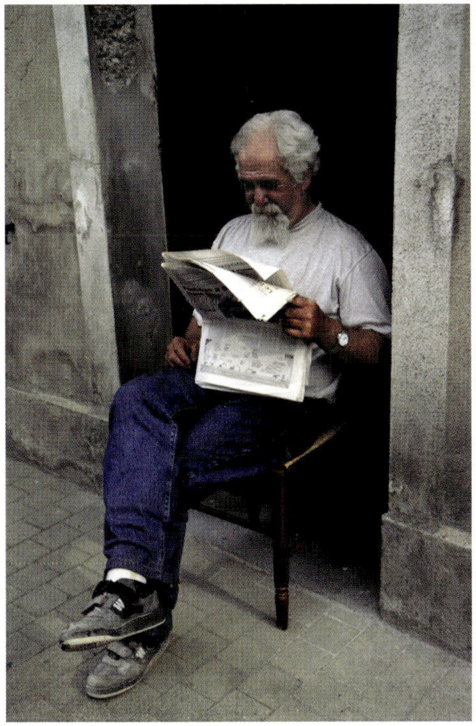

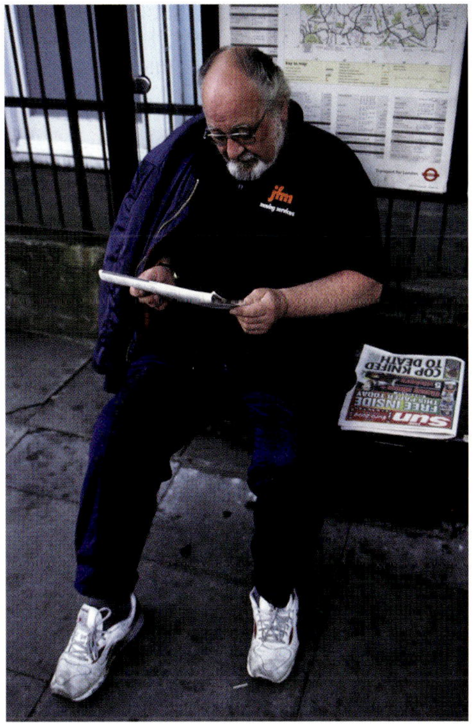

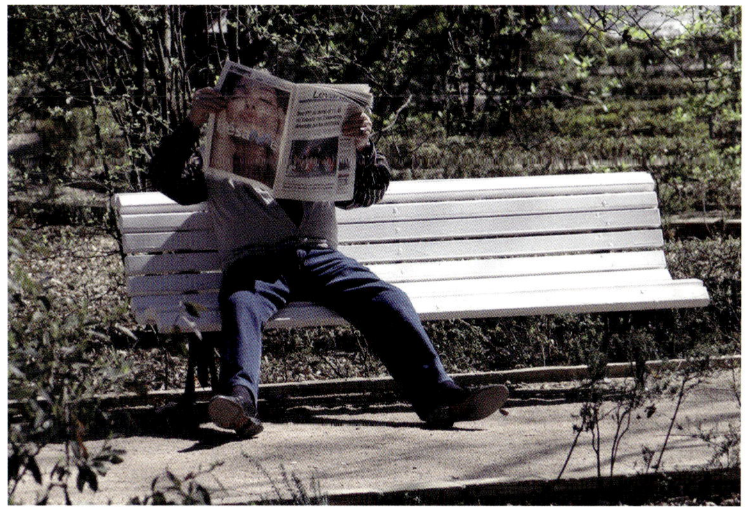

45°12'22" N - 0°02'07" E, d = 2.8 km | 51°27'34" N - 0°00'02" W, d = 0.04 km | 39°28'39" N - 0°23'07" W, d = 33 km

Jacques, on a hot and thundery summer evening, in front of his house at Parcoul, France · Gordon, while waiting for a bus, at Lewisham, England · António on a bench in the botanical gardens, Valencia, Spain
Jacques, un soir d'été chaud et orageux, devant sa maison à Parcoul, France · Gordon, en attendant le bus, à Lewisham, Angleterre · António sur un banc du Jardin botanique de Valencia, Espagne
Jacques tijdens een hete zomeravond op de stoep voor zijn huis in Parcoul, Frankrijk · Gordon bij een bushalte in Lewisham, Engeland · António op een bank in de botanische tuin van Valencia, Spanje

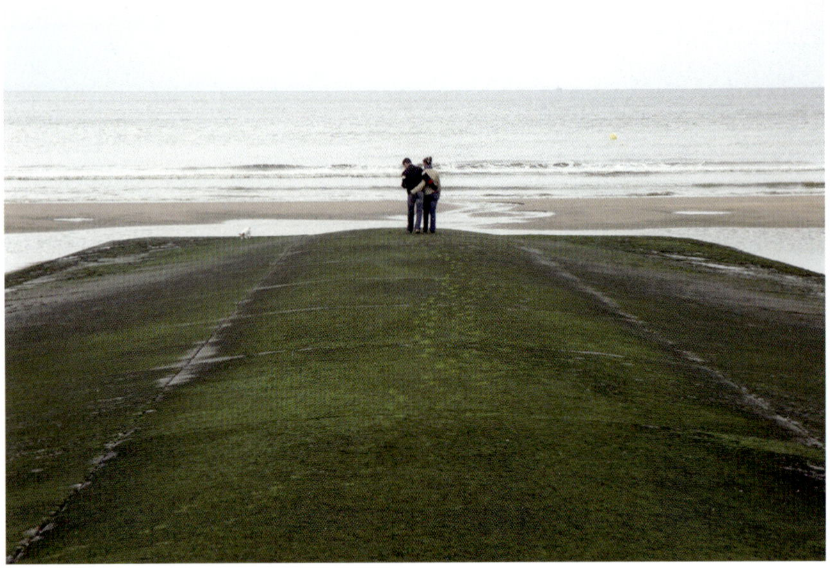

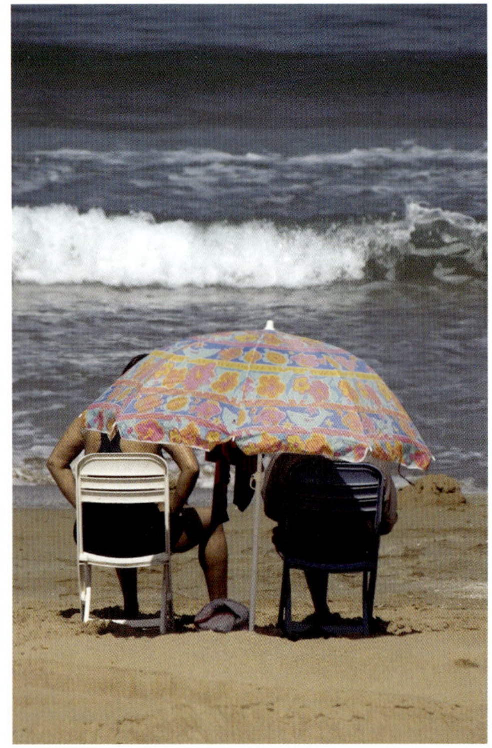

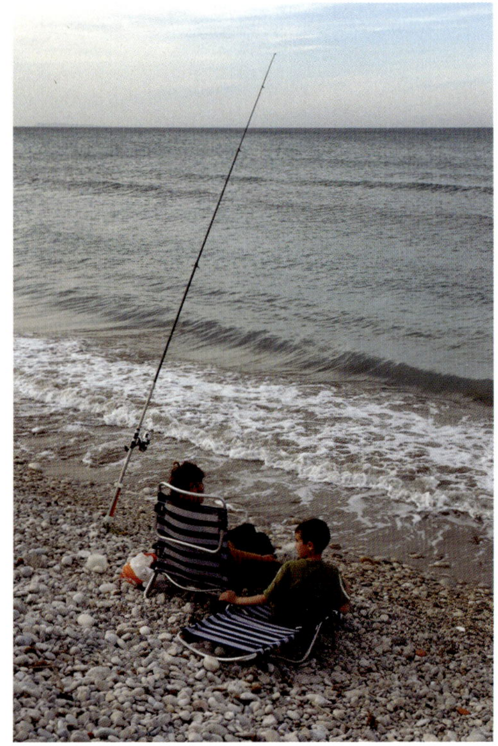

49°19'39" N - 0°00'00" E/W, d = 0 km | 35°52'12" N - 0°02'03" E, d = 3.1 km | 38°52'09" N - 0°00'03" W, d = 0.07 km

Couple with small dog at Villers-sur-Mer, Calvados, France · At Ouréah, Algeria, a lazy life gazing at the sea · At Els Poblets, Spain, a grandmother shares the pleasures of fishing with her grandson
Couple au petit chien à Villers-sur-Mer, Calvados, France · À Ouréah, Algérie, farniente devant la grande bleue · À Els Poblets, Espagne, une grand-mère partage les joies de la pêche avec son petit-fils
Verliefd stelletje met hond in Villers-sur-Mer, Calvados, Frankrijk · Lekker nietsnutten op het strand bij Ouréah, Algerije · Grootmoeder en kleinzoon vissen samen bij Els Poblets, Spanje

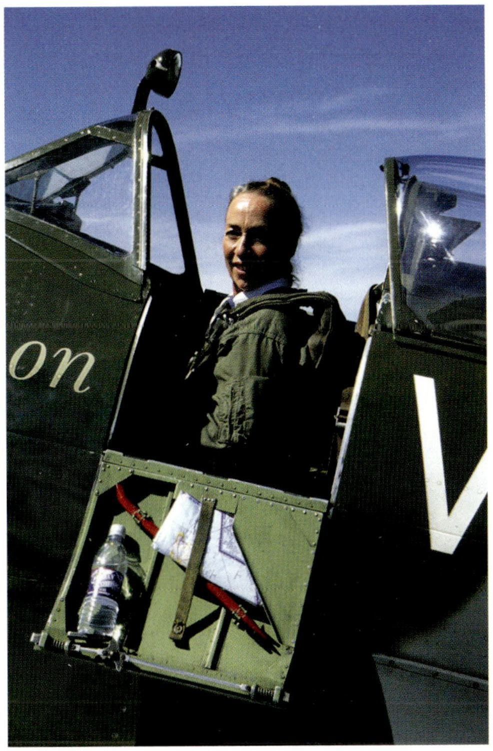

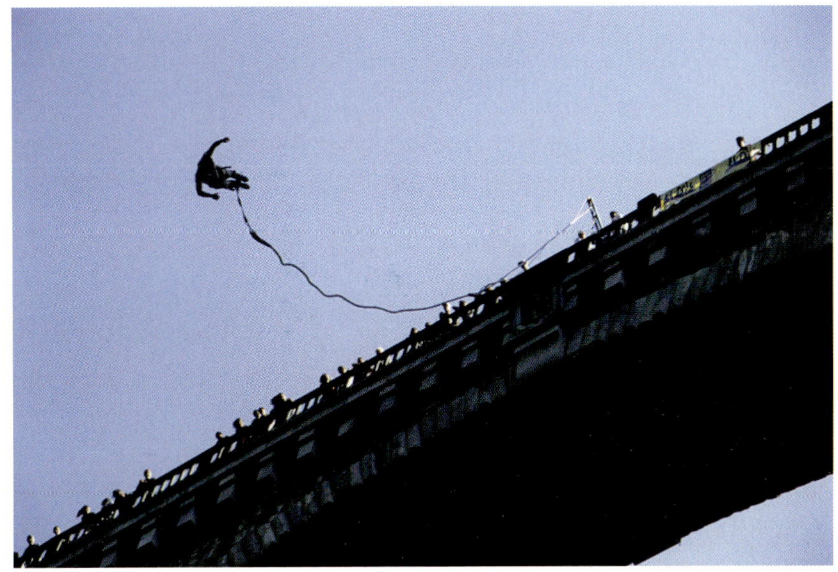

50°57'19" N - 0°03'19" W, d = 3.9 km | 42°51'35" N - 0°00'18" W, d = 0.41 km

At an air show at Chailey, England, Carolyn Grace lands her Spitfire brilliantly on the grassy runway. "This Spit was my husband's dream. When he was killed, I swore that I would finish the restoration and participate in air shows with it as he would have done" · To defy gravity and conquer fear! Bungy jumping from the Napoleon Bridge, near Luz-Saint-Sauveur, Hautes-Pyrénées, France

Dans un meeting aérien à Chailey, Angleterre, Carolyn Grace vient de poser avec maestria son Spitfire sur la piste en herbe. «Ce Spit était le rêve de mon mari. Quand il s'est tué, j'ai juré que j'en terminerais la restauration et ferais les shows aériens comme il l'aurait fait» · Défier la pesanteur et vaincre sa peur! Saut à l'élastique depuis le pont Napoléon, près de Luz-Saint-Sauveur, Hautes-Pyrénées, France

Tijdens een vliegshow in Chailey, Engeland, is Carolyn Grace zojuist met haar Spitfire op de grasbaan geland. 'Deze Spit was de droom van mijn man. Toen hij om het leven kwam heb ik gezworen dat ik de restauratie af zou maken en ermee zou vliegen zoals hij het gedaan zou hebben' · De zwaartekracht uitdagen en je angst overwinnen! Bungy jumping vanaf de 'Pont Napoléon', bij Luz-Saint-Sauveur, Hautes-Pyrénées, Frankrijk

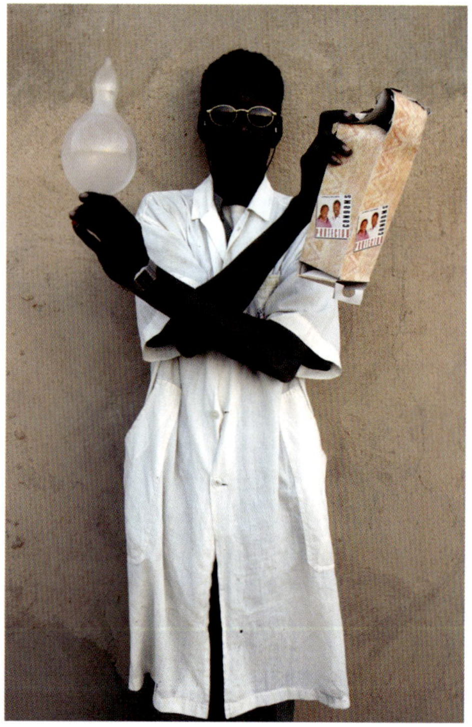

19°27'53" N - 0°51'23" E, d = 90 km

The theatre at Aguelhoc, Mali. An actor is playing a doctor. With his arms crossed and an inflated condom in his hand, he has an important message, "Aids does not get through this!"
The troop forms the letters of the disease. An attempt at educating the population

Théâtre à Aguelhoc, Mali. Un acteur joue au médecin. Son message, les bras croisés et un préservatif gonflé à la main, est d'importance, «Le sida ne passera pas par là !»
La troupe forme les quatre lettres de la maladie. Tentative d'éducation de la population

Toneel in Aguelhoc, Mali. Een acteur speelt voor arts. Zijn gekruiste armen en het opgeblazen condoom brengen de volgende belangrijke boodschap: 'Ik laat AIDS niet door!'
De toneelgroep vormt de vier letters van de ziekte. Een poging om de bevolking bewuster te maken

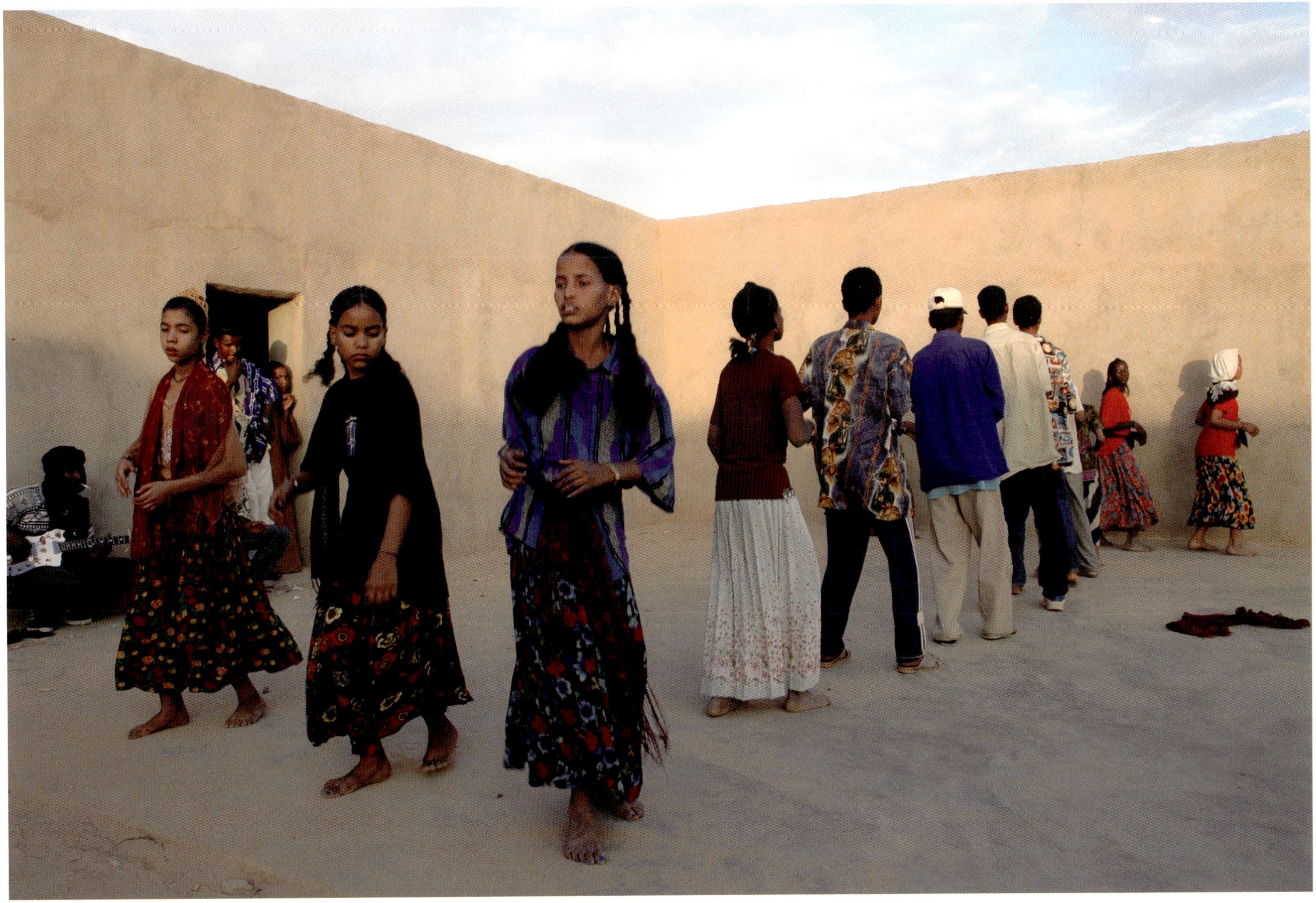

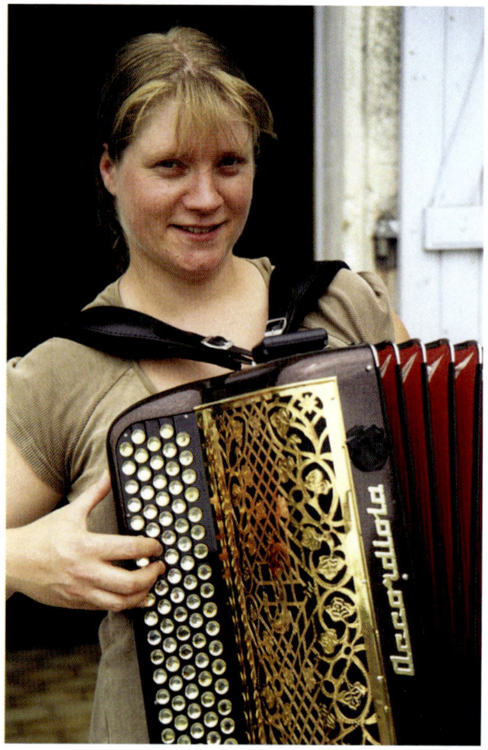

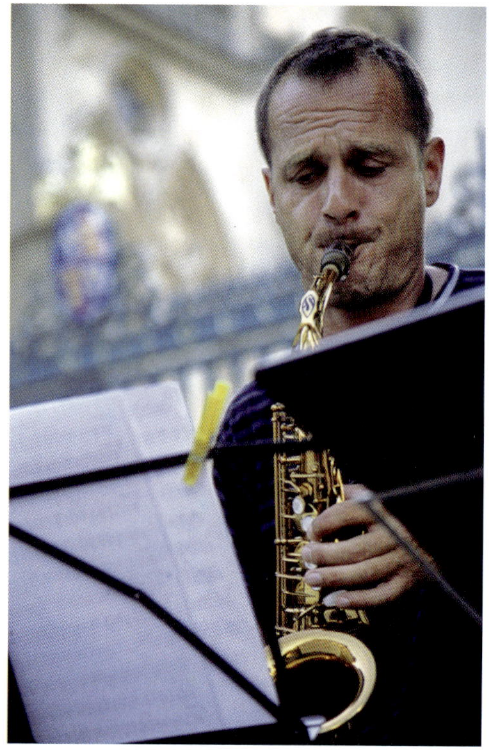

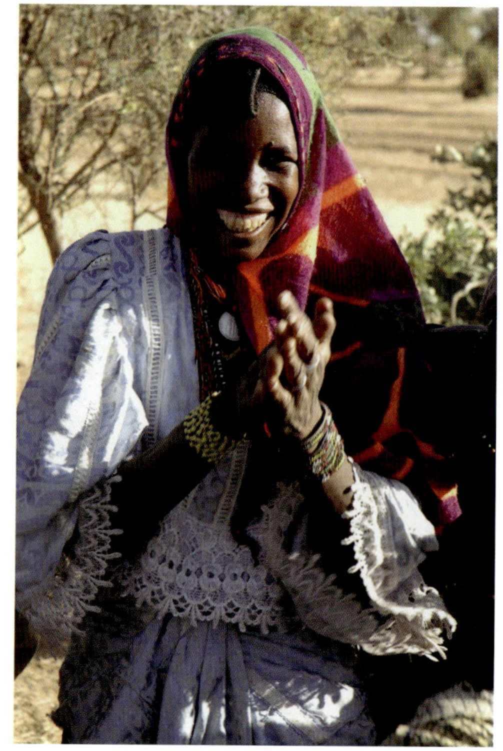

45°43'27" N - 0°00'00" E/W, d = 0 km | 52°12'22" N - 0°07'10" E, d = 8.1 km | 15°42'27" N - 0°27'50" E, d = 50 km

Valérie leads her own musical group. She lives exactly on the Prime Meridian, at Château de Fontguyon in Charente, France · Werner plays in front of Great St. Mary's Church in Cambridge, England
A Songhaï woman left her work and started to sing to greet the stranger. Between Haoussa Foulane and Ansongo, Mali

Valérie anime son propre groupe musical. Elle habite exactement sur le Méridien, au château de Fontguyon en Charente, France · Werner joue devant l'église Great Saint-Mary's à Cambridge, Angleterre
Une femme Songhaï abandonne son travail et se met à chanter pour saluer l'étranger. Entre Haoussa Foulane et Ansongo, Mali

Valérie heeft haar eigen orkestje. Zij woont precies op de Meridiaan, bij het kasteel van Fontguyon, Charente, Frankrijk · Werner speelt saxofoon voor de Great Saint-Mary kerk in Cambridge, Engeland
Een Songhaï-vrouw laat het werk even liggen en begint te zingen om de vreemdeling te begroeten. Tussen Haoussa Foulane en Ansongo, Mali

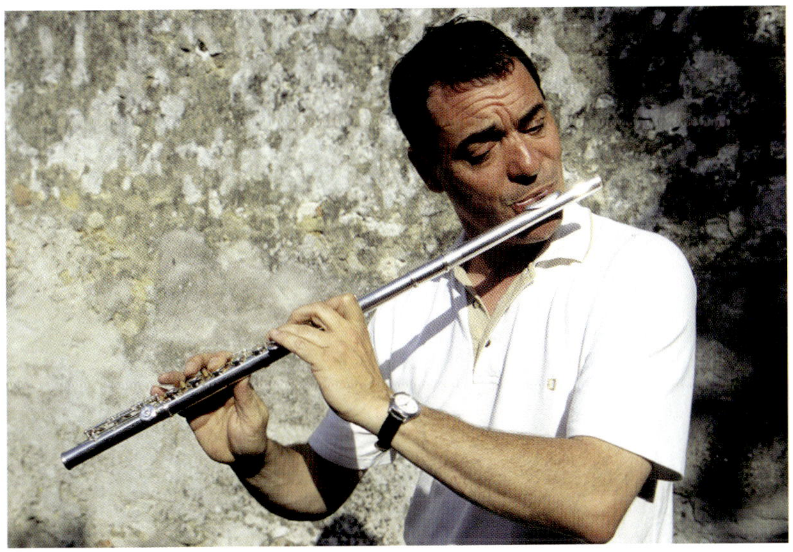

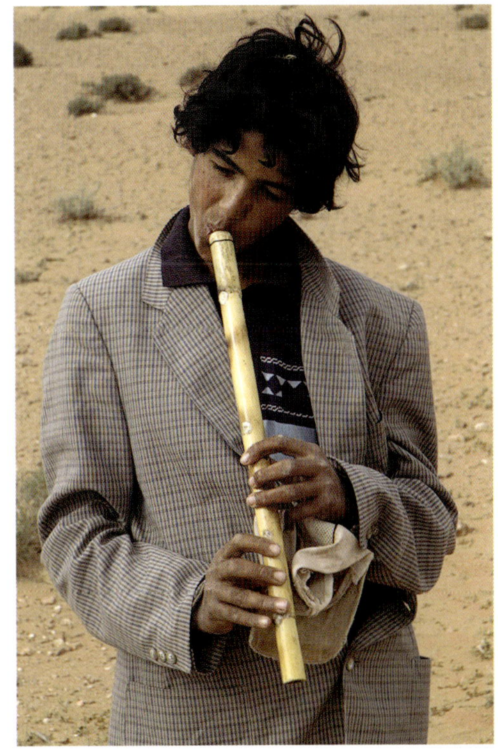

44°32'47" N - 0°00'05" E, d = 0.11 km | 32°56'22" N - 0°08'11" W, d = 13 km

Eric, a musician and regional storyteller, in Hure, Gironde, France · Mohammed, a young shepherd from Aïn Ouarka, Algeria
Éric, musicien et conteur régional, se produit en français et en occitan, à Hure, Gironde, France · Mohammed, un jeune berger des environs d'Aïn Ouarka, Algérie
Eric, muzikant en verhalenverteller, in Hure, Gironde, Frankrijk · Mohammed, een jonge herder in de omgeving van Aïn Ouarka, Algerije

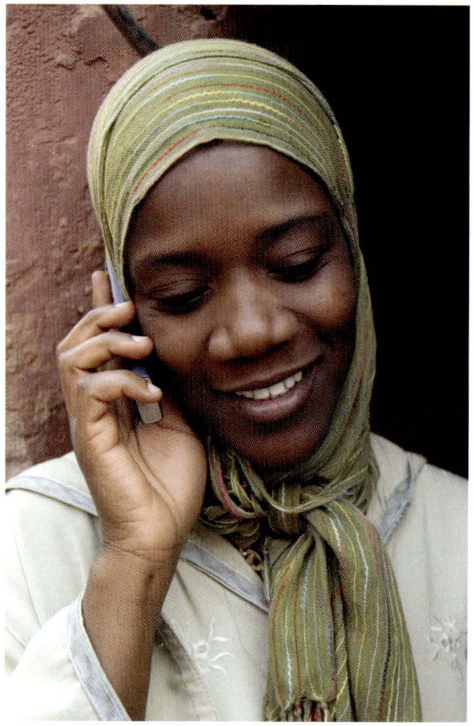

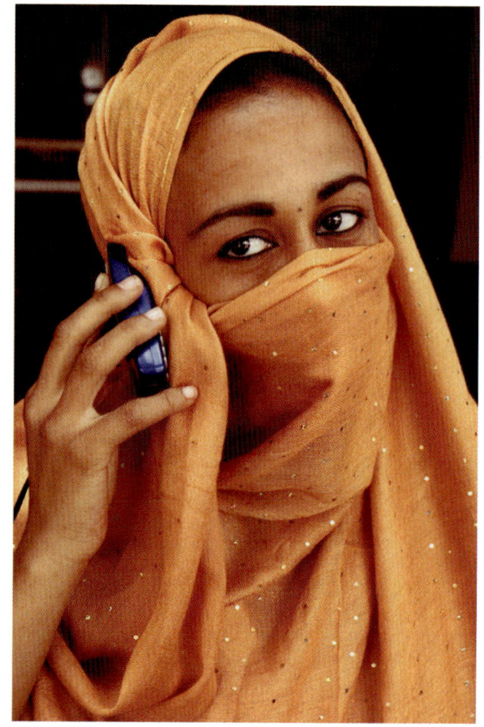

29°15'51" N - 0°13'53" E, d = 22 km | 29°15'52" N - 0°13'40" E, d = 22 km

A universal gesture. Meriama and Faouzia, behind her veil, in Timimoun, Algeria
Le geste est devenu universel. Meriama et Faouzia, derrière son voile, à Timimoun, Algérie
Een universeel gebaar. Meriama en Faouzia, achter haar sluier, in Timimoun, Algerije

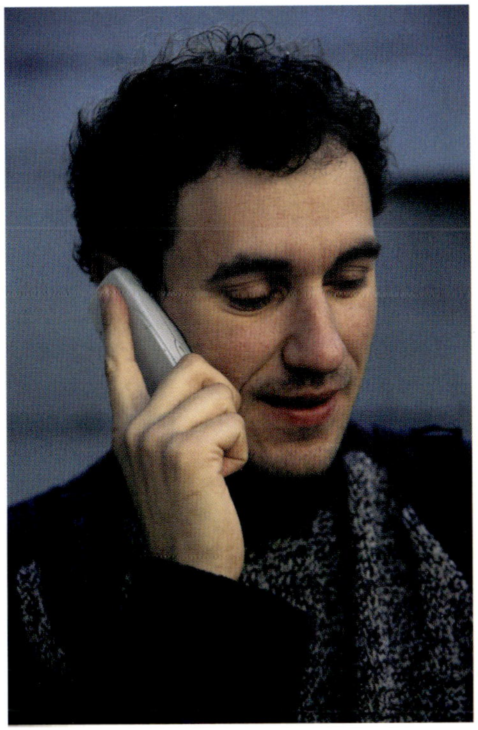

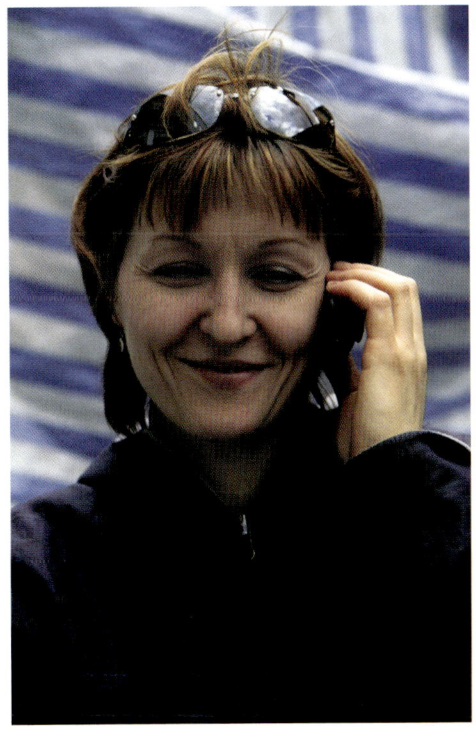

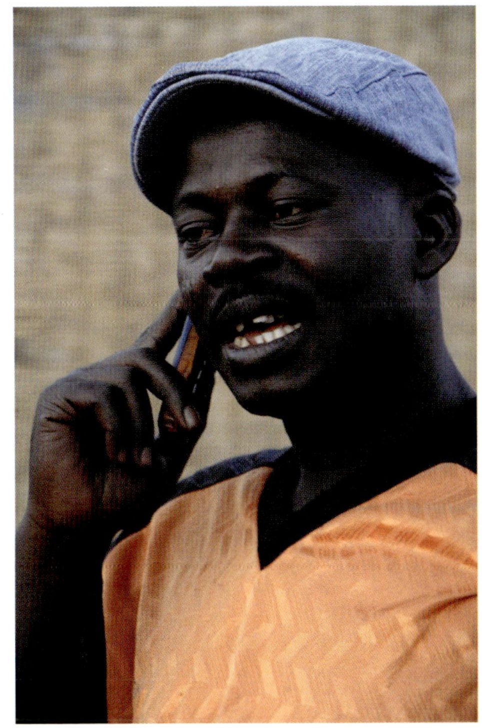

51°27'53" N - 0°00'47" W, d = 0.9 km | 51°34'54" N - 0°01'58" W, d = 2.3 km | 09°25'06" N - 0°50'48" W, d = 93 km

At Lewisham station, a south London suburb, England · At the Walthamstow market, England · At the Tamale market, Ghana
À la gare de Lewisham, dans la banlieue sud de Londres, Angleterre · Au marché de Walthamstow, Angleterre · Au marché de Tamale, Ghana
In het station van Lewisham, een zuidelijke voorstad van Londen, Engeland · Op de markt van Walthamstow, Engeland · Op de markt van Tamale, Ghana

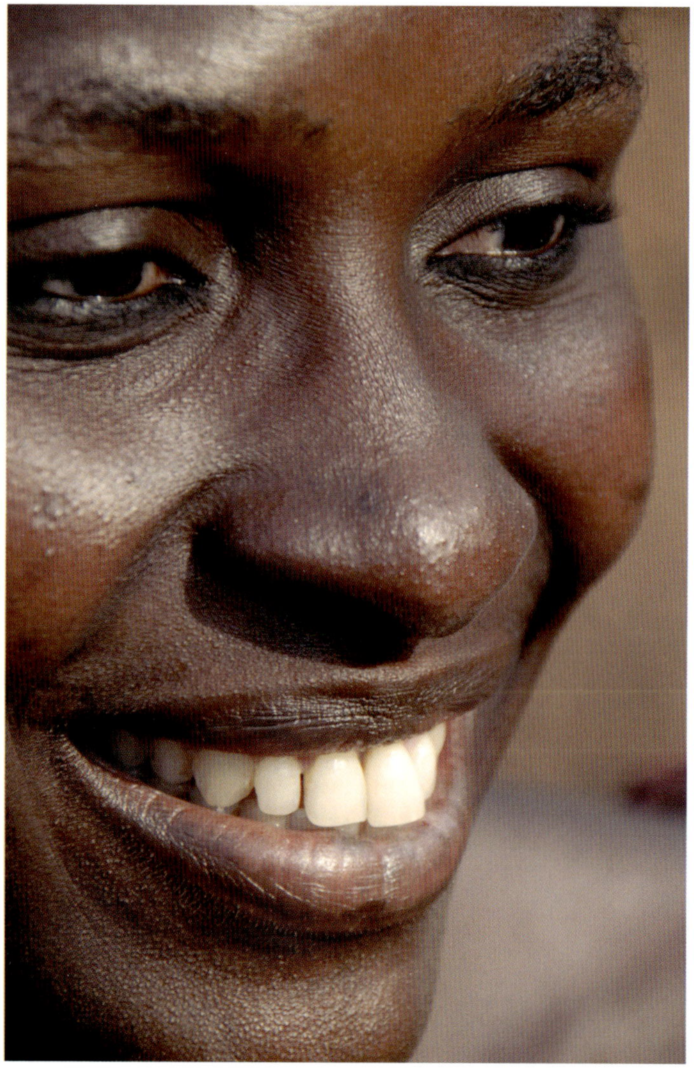

Encounters | Rencontres | Ontmoetingen

From north to south, the Meridian does not only cross landscapes and cultures. Along this imaginary line, the journey is primarily made up of encounters with young and old, men and women, black and white, Christians, Jews, Moslems and agnostics, but above all, human beings. Each one with their own inner beauty that can be read on their face. These portraits show two views. The view of the photographer and the view of the person being photographed: questioning, warm, wary or distant. And then that open smile reappears: a language understood by all.

Du nord au sud, le Méridien ne traverse pas seulement paysages et cultures. Sur cette ligne imaginaire, c'est avant tout la rencontre avec des jeunes et des vieux, des hommes et des femmes, des Noirs et des Blancs, des chrétiens, des juifs, des musulmans, des agnostiques. Mais avant tout des humains. Chacun avec cette beauté intérieure qui se lit sur le visage. Ces portraits offrent un double regard. Le regard du photographe et de celui qui le regarde : interrogateur, chaleureux, méfiant, distant. Et puis le sourire, langage universel.

Van Noord naar Zuid loopt de Nulmeridiaan niet alleen maar door landschappen en culturen. De denkbeeldige lijn is bovenal een ontmoetingsplaats. Met jong en oud. Met mannen en vrouwen, met zwarten en blanken, met christenen, moslims, joden en ongelovigen. Maar bovenal met Mensen. Elk met zijn eigen innerlijke schoonheid die op zijn gelaat af te lezen is. Elk portret in dit hoofdstuk toont twee gezichten. De blik van de fotograaf, maar ook die van zijn model: vragend, warm, achterdochtig of afstandelijk. En dan plots een glimlach, die elke taalbarrière overbrugt.

08°09'10" N - 0°06'55" E, d = 13 km | 13°35'08" N - 0°16'01" W, d = 29 km

Mary's smile in the village of Papaye, Ghana · Fatmata, a young Peule woman, in Yalgo, Burkina Faso
Le sourire de Mary, au village de Papaye, Ghana · Fatmata, une jeune Peule, à Yalgo, Burkina Faso
Mary's glimlach in het gehucht Papaye, Ghana · Fatmata, een jonge Peul-vrouw, in Yalgo, Burkina Faso

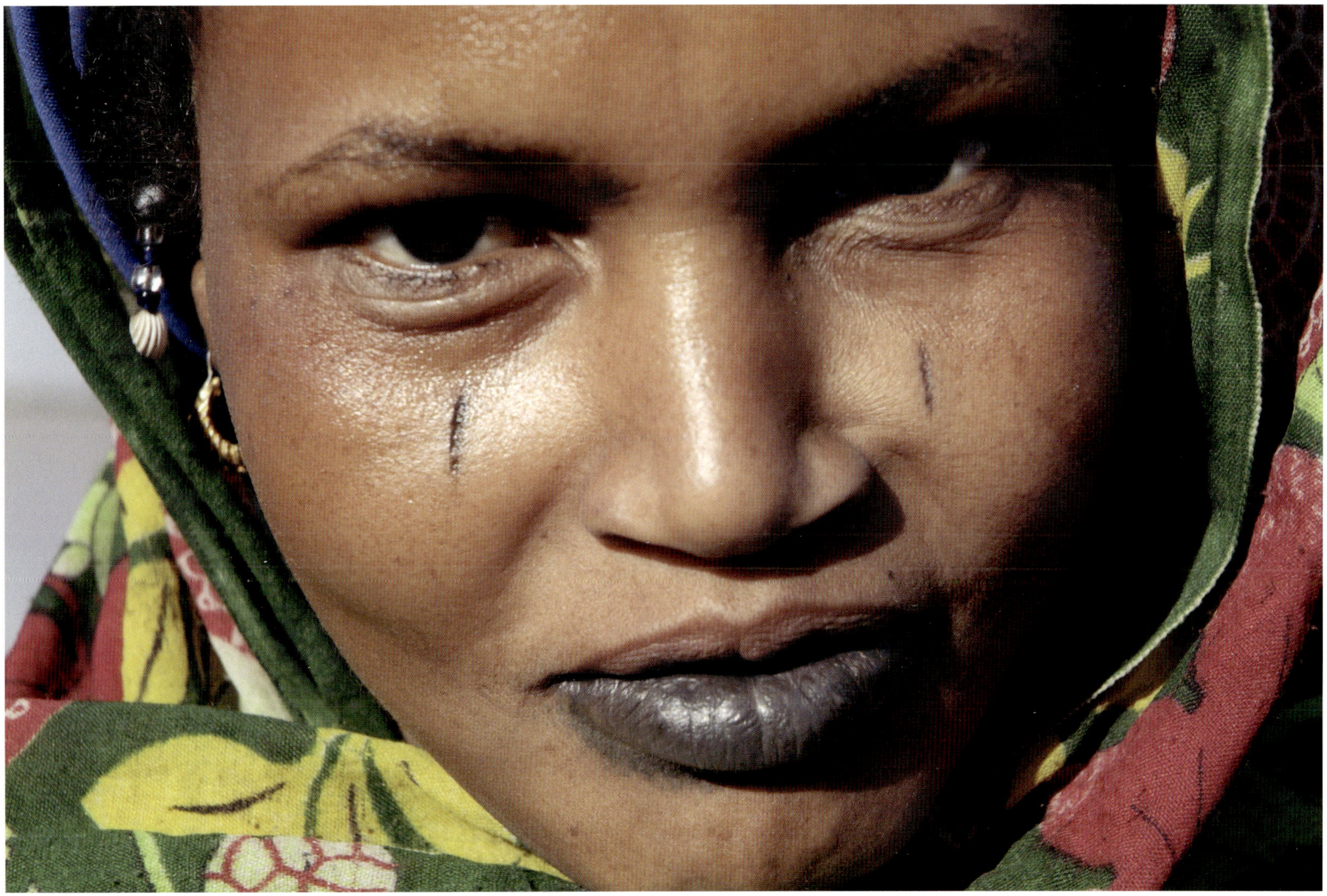

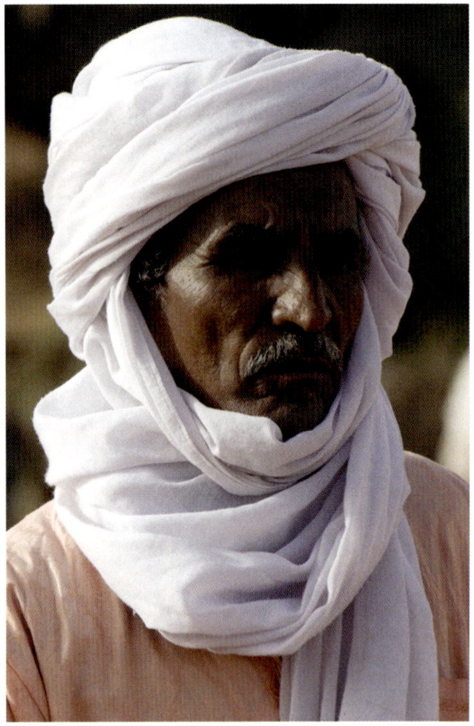
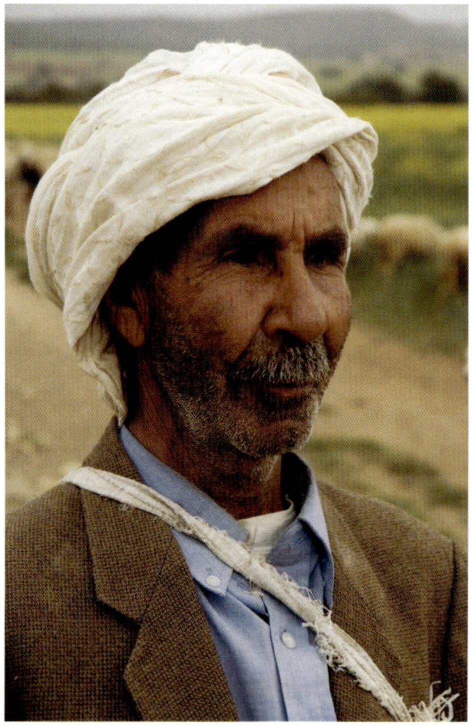
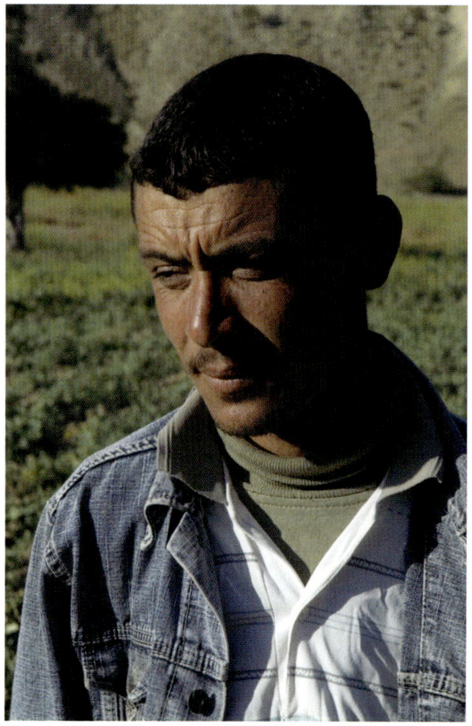
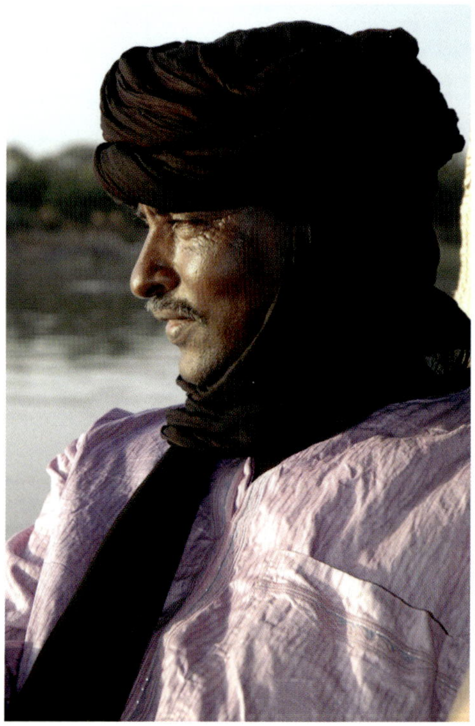

29°14'09" N - 0°12'40" E, d = 20 km | 34°49'12" N - 0°02'10" W, d = 3.3 km | 35°26'45" N - 0°02'11" E, d = 3.3 km | 16°16'49" N - 0°03'02" W, d = 5.4 km

A Touareg at Timimoun, Algeria · A shepherd at Sidi M'Barek, Algeria · A peasant from Hacine, Algeria · A Touareg on the banks of the Niger at Gao, Mali
Touareg à Timimoun, Algérie · Berger à Sidi M'Barek, Algérie · Paysan à Hacine, Algérie · Touareg sur les rives du Niger à Gao, Mali
Toeareg in Timimoun, Algerije · Schaapherder bij Sidi M'Barek, Algerije · Boer in Hacine, Algerije · Toeareg aan de oever van de Niger in Gao, Mali

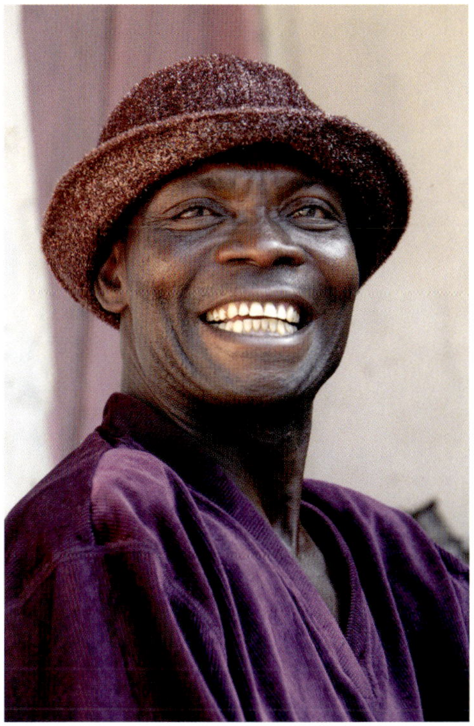 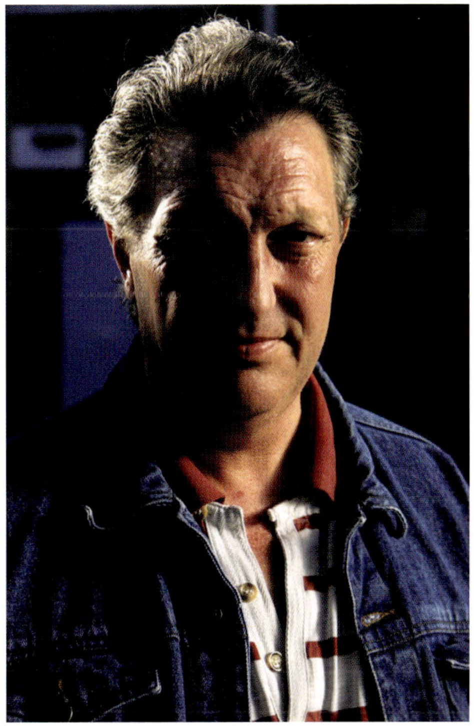 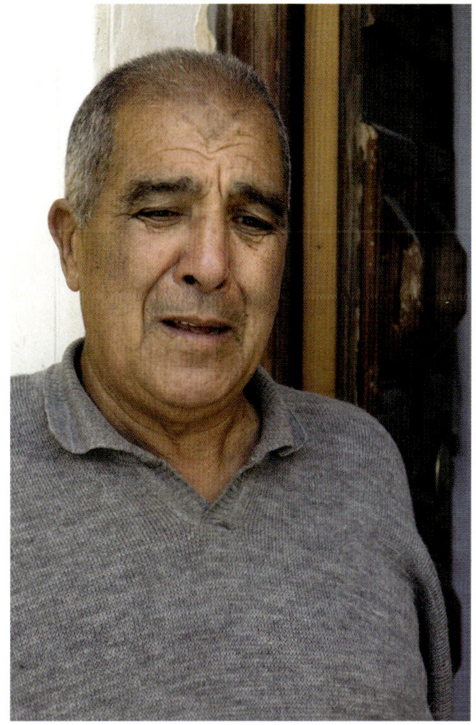 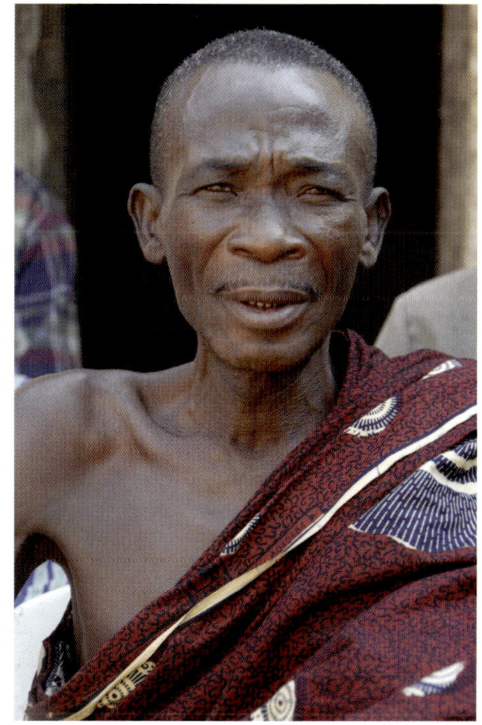

07°33'52" N - 0°24'02" E, d = 44 km | 51°27'53" N - 0°00'47" W, d = 0.9 km | 35°49'54" N - 0°00'12" W, d = 0.3 km | 07°33'52" N - 0°24'02" E, d = 44 km

A radiant smile at Apesokubi, Ghana · The inquisitive look of a worker at Lewisham station, England · A retired gendarme at Stidia, Algeria · Farmer and tribal chief at Apesokubi, Ghana
Sourire très glamour à Apesokubi, Ghana · Regard interrogateur d'un ouvrier en gare de Lewisham, Angleterre · Gendarme retraité à Stidia, Algérie · Paysan et chef de tribu à Apesokubi, Ghana
Een 'glamour-smile' in Apesokubi, Ghana · Vragende blik van een arbeider in het station van Lewisham, Engeland · Gepensioneerde politieagent in Stidia, Algerije · Boer en stamhoofd in Apesokubi, Ghana

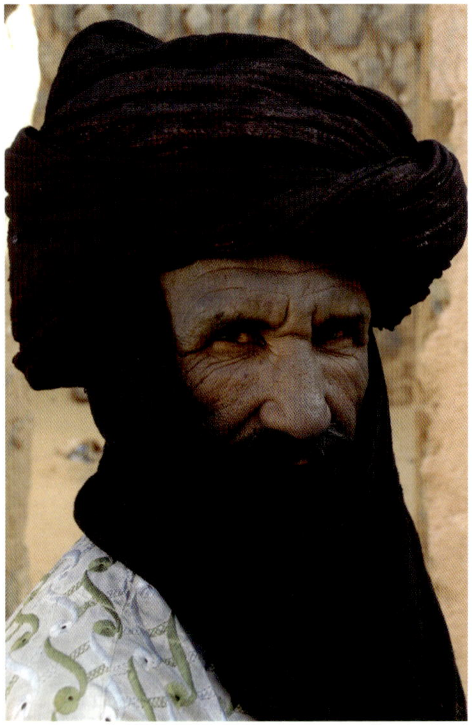

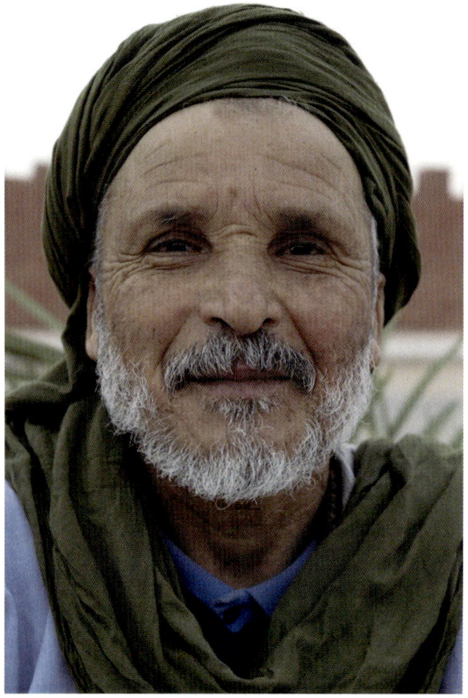

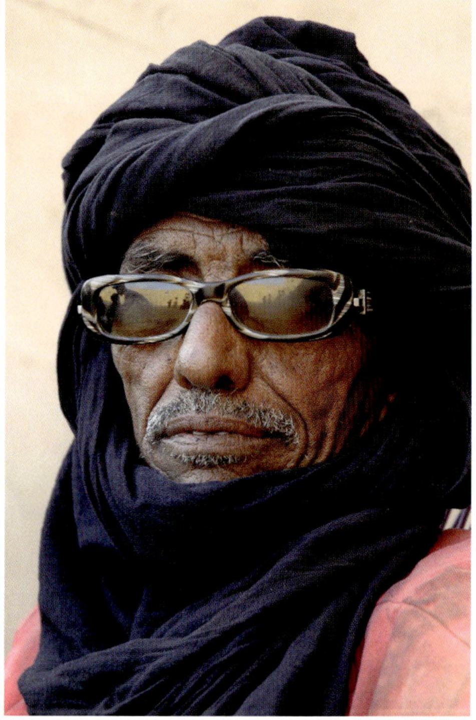

19°28'03" N - 0°51'24" E, d = 90 km | 29°15'57" N - 0°13'58" E, d = 23 km | 19°28'03" N - 0°51'24" E, d = 90 km

Hattaria Ag Hamed is a caravaneer at Aguelhoc, Mali: "One should never resort to violence" · M'kadem Ben Amar, a pilgrim in Timimoun, Algeria
Zibou Ag Astel, a stage manager in Aguelhoc, Mali: "The theatre must play a social and political role"

Hattaria Ag Hamed, caravanier à Aguelhoc, Mali : «Il ne faut jamais recourir à la facilité de la violence» · M'kadem Ben Amar, pèlerin à Timimoun, Algérie
Zibou Ag Astel, régisseur rencontré à Aguelhoc, Mali : «Le théâtre doit jouer un rôle social et politique»

Hattaria Ag Hamed, karavaanleider in Aguelhoc, Mali: 'Maak nooit gebruik van geweld, dat is een te gemakkelijk argument' · M'kadem Ben Amar, pelgrim in Timimoun, Algerije
Zibou Ag Astel, toneelregisseur in Aguelhoc, Mali: 'Het theater moet een sociale en politieke rol spelen'

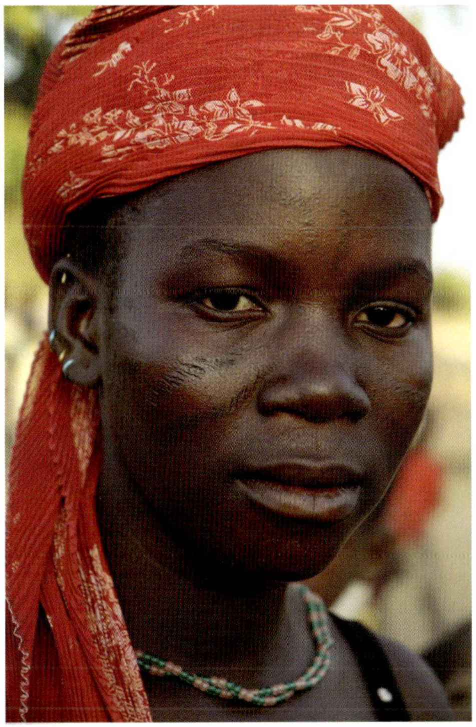

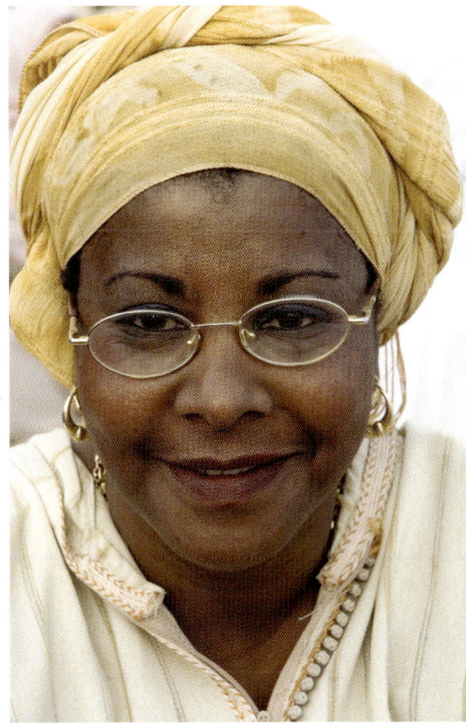

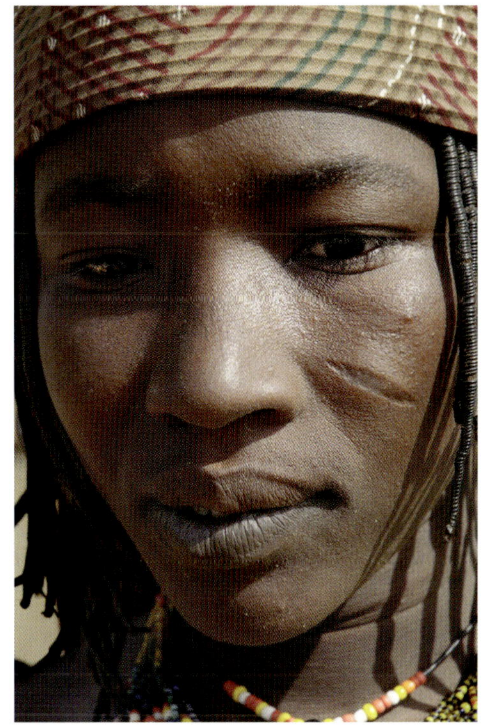

13°16'57" N - 0°38'57" W, d = 70 km | 29°14'09" N - 0°12'40" E, d = 20 km | 14°33'43" N - 0°04'28" W, d = 8 km

In Naré, Burkina Faso · In Timimoun, Algeria · Young woman from the Bella tribe at Salmossi, Burkina Faso
À Naré, Burkina Faso · À Timimoun, Algérie · Jeune femme Bella à Salmossi, Burkina Faso
In Naré, Burkina Faso · In Timimoun, Algerije · Jonge vrouw van de Bella-stam in Salmossi, Burkina Faso

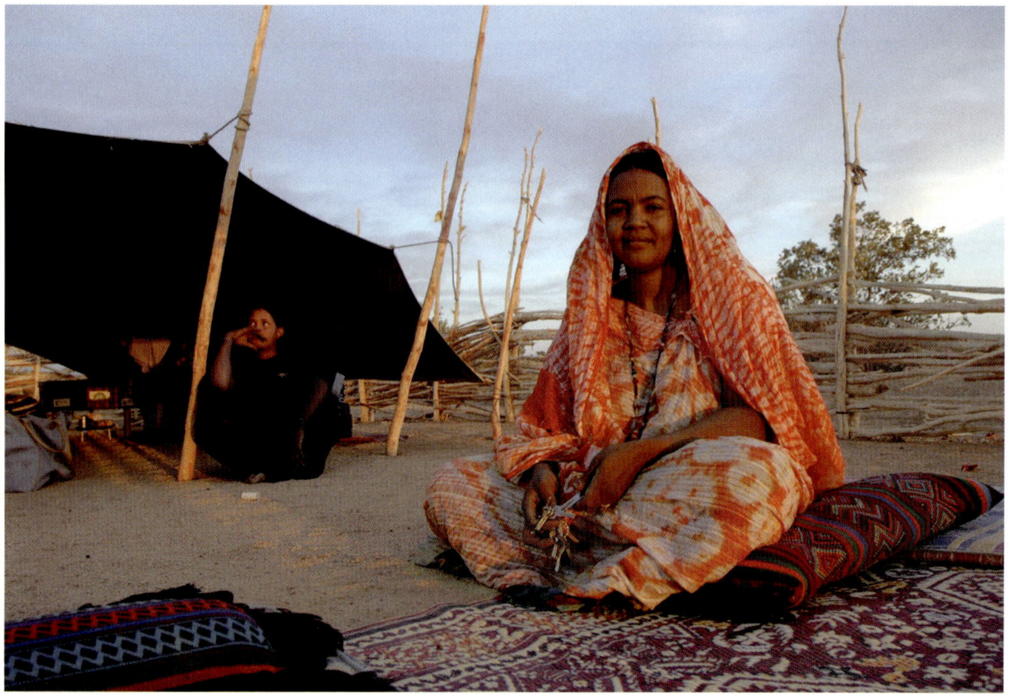

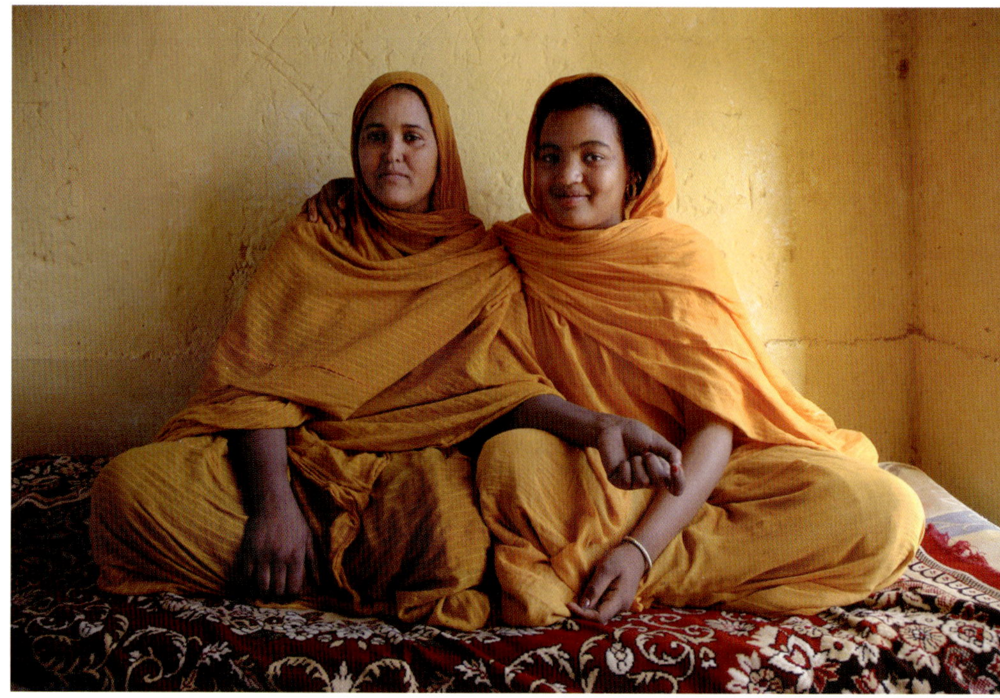

19°34’47” N - 0°55’43” E, d = 97 km | 19°28’03” N - 0°51’24” E, d = 90 km

Mamou in her Touareg encampment, Mali. When there is a marital dispute among the Tamasheq, the woman leaves with the tent, abandoning her husband in the sun · Talat and Nana, two friends from Aguelhoc, Mali
Mamou dans son campement Touareg, Mali. Chez les Tamasheq, en cas de dispute conjugale, la femme part avec la tente, abandonnant son mari au soleil · Talat et Nana, deux amies d’Aguelhoc, Mali
Mamou in haar Toeareg-kamp, Mali. Wanneer er bij de stam van de Tamasheq een echtelijke ruzie ontstaat, neemt de vrouw de tent mee en laat ze haar man in de brandende zon achter · Talat en Nana, twee vriendinnen in Aguelhoc, Mali

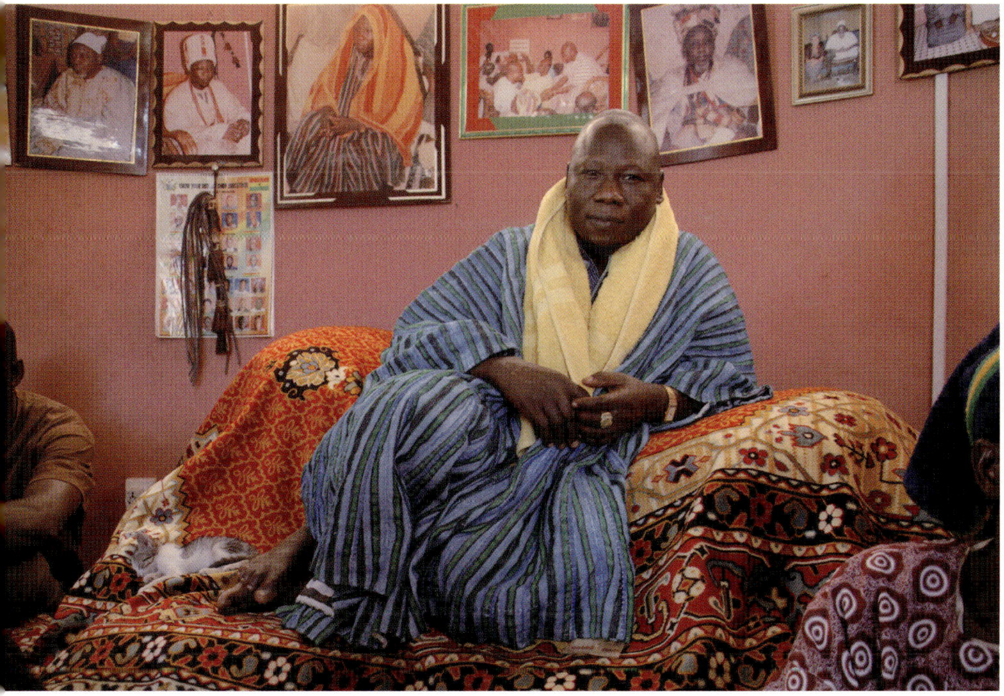

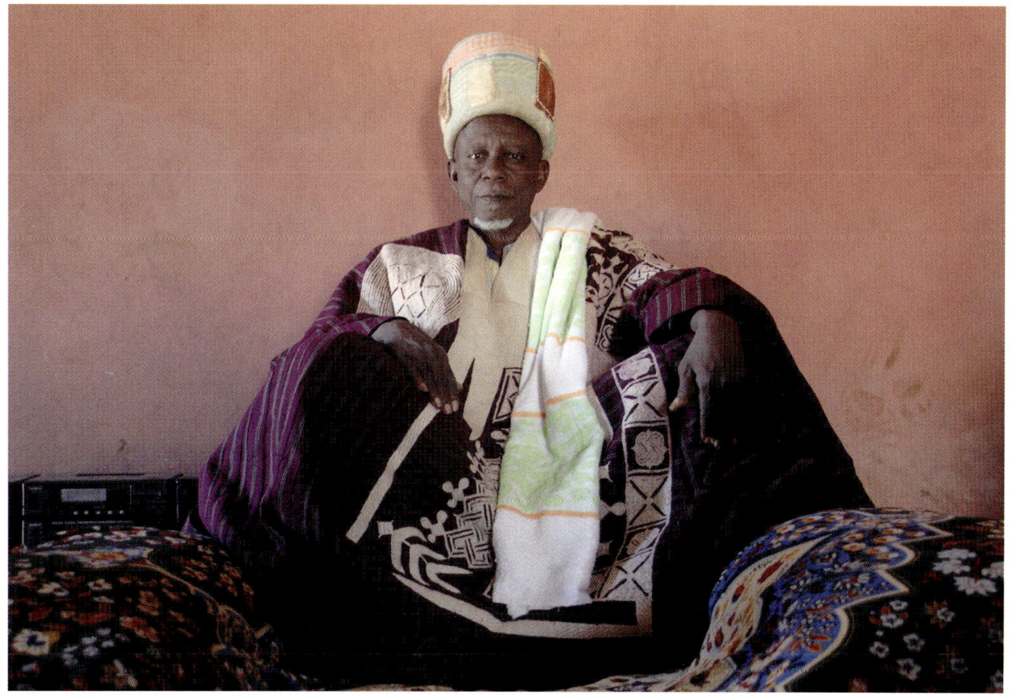

09°26'39" N - 0°00'03" W, d = 0.09 km | 09°26'39" N - 0°00'03" W, d = 0.09 km

At the royal palace of Yendi, Ghana, the regent Abdoullaye Yakubu Andani presides over the ceremonial which requires that one offers the "colour" (traditionally, fabric dyes, replaced nowadays by the sum of 40,000 Cedi, approximately 3 euro). In return, the visitor receives one kola nut. The court applauds. One may shake hands with the regent, a teacher aged 42. The same scene is repeated before Zakaria Haruna, the senior regent

Chez le régent Abdoullaye Yakubu Andani, au palais royal à Yendi, Ghana. Le cérémonial demande que l'on offre la «couleur» (traditionnellement, des pigments pour tissus, remplacés aujourd'hui par la somme de 40 000 Cedi, environ 3 euros). En retour, le visiteur reçoit une noix de kola. La cour applaudit. On peut serrer la main du régent, un instituteur de 42 ans. La même scène se répète chez Zakaria Haruna, le régent senior

Bij de regent Abdoullaye Yakubu Andani in het koninklijk paleis in Yendi, Ghana. De traditie wil dat men 'de kleur' cadeau doet, vroeger letterlijk kleurstoffen, tegenwoordig vervangen door een geldsom van 40.000 Cedi, ongeveer 3 euro. Als tegenprestatie krijgt de gast een kolanoot. Applaus van het gehele hof. Dan mag men eindelijk de hand van de regent, een 42 jaar oude onderwijzer schudden. Waarna de hele poespas nogmaals herhaald wordt bij Zakaria Haruna, de opperregent

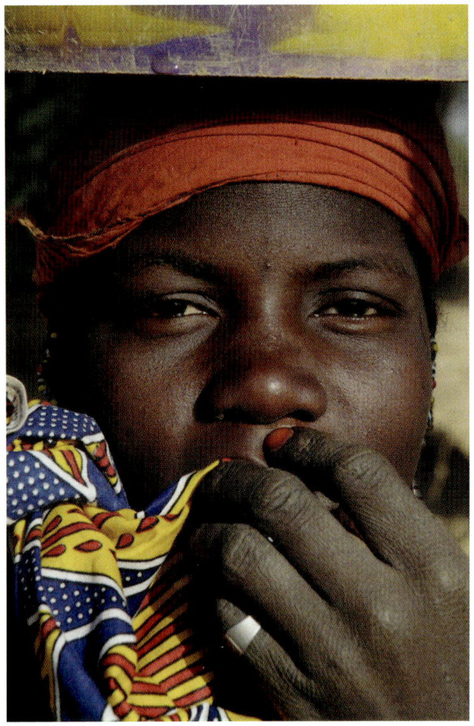

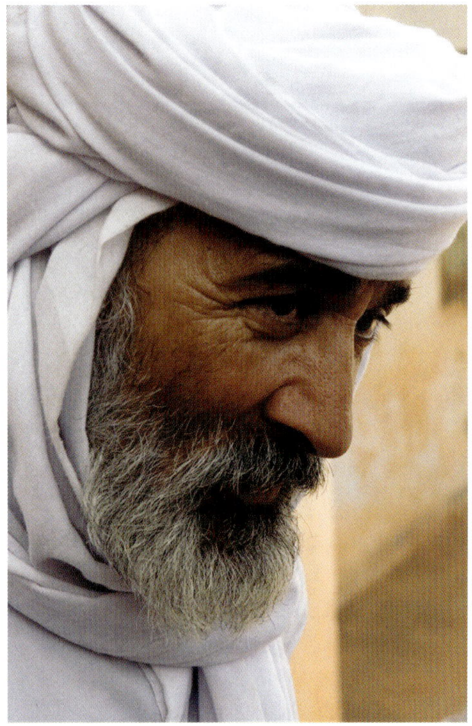

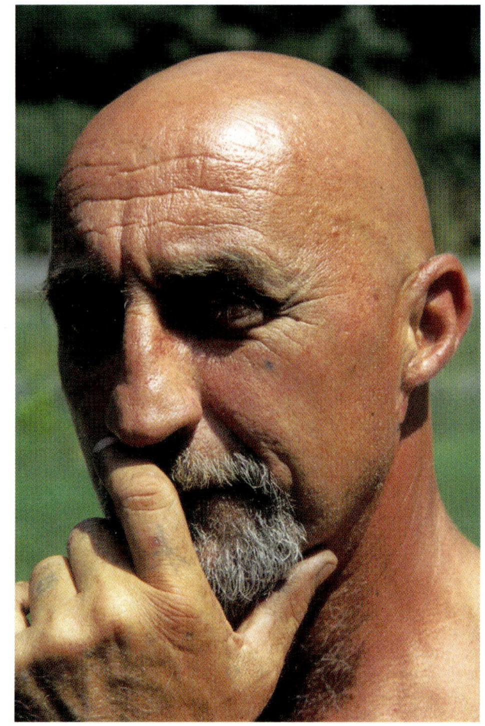

14°12’50” N - 0°03’56” W, d = 7 km | 29°14’09” N - 0°12’40” E, d = 20 km | 44°22’43” N - 0°02’27” W, d = 3.2 km

Fatmata, at a water delivery point north of Gori, Burkina Faso · A faithful Muslim at the religious ceremony of S’bou, at Timimoun, Algeria, in deep thought and the spirit instilled with suras
A building worker from Grignols, France, covered in tattoos, riding a heavy motorcycle

Fatmata, à un point d’eau au nord de Gori, Burkina Faso · Un fidèle à la fête religieuse du S’bou, à Timimoun, Algérie, tout en profondeur et l’esprit habité de sourates
Travailleur en bâtiment de Grignols, France, couvert de tatouages, adepte de grosses motos

Fatmata bij een waterplaats ten Noorden van Gori, Burkina Faso · Een gelovige tijdens de viering van de S’bou in Timimoun, Algerije, is één en al diepgang en zijn geest vol met verzen uit de Koran
Een bouwvakker uit Grignols, Frankrijk, een volgetatoeëerde motorfietsfanaat

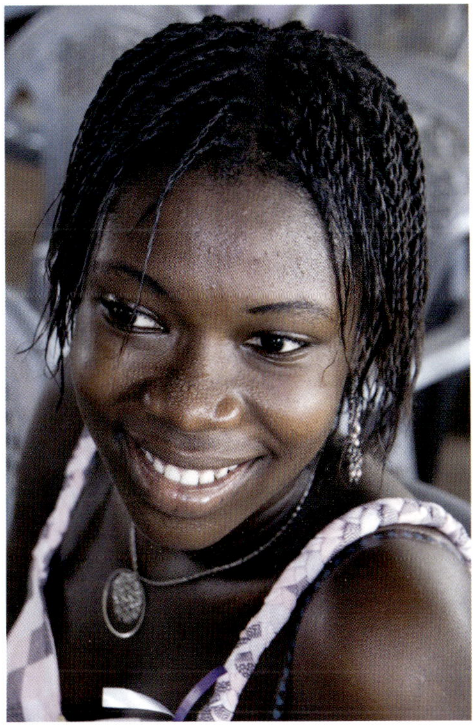 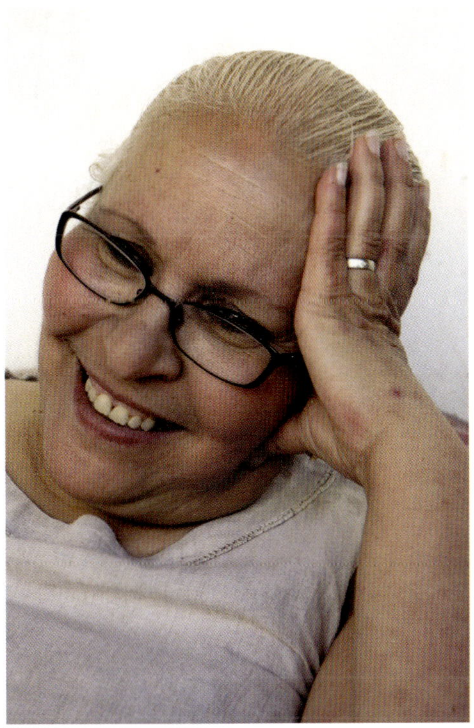 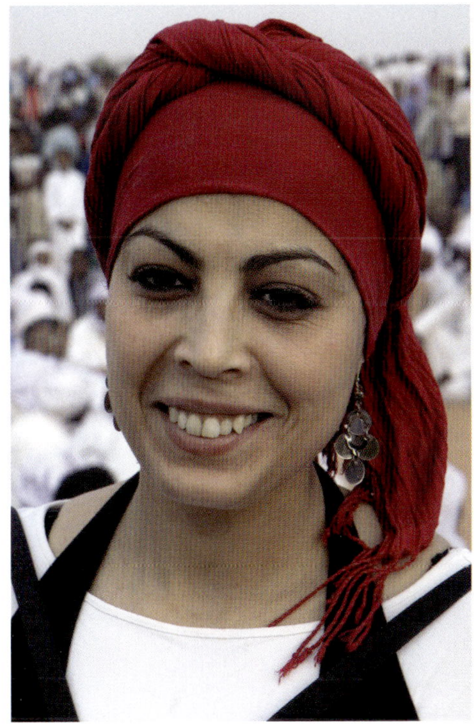 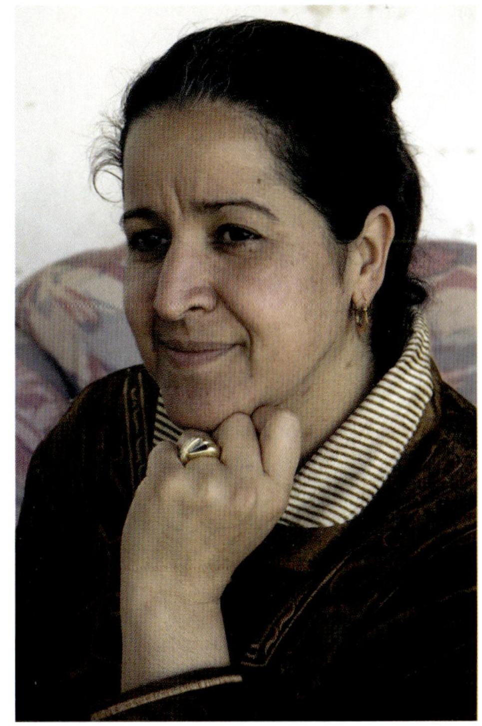

05°40'49" N - 0°10'47" W, d = 20 km | 35°49'54" N - 0°00'12" W, d = 0.3 km | 29°14'09" N - 0°12'40" E, d = 20 km | 35°49'54" N - 0°00'12" W, d = 0.3 km

The warmth of a smile. In Accra, Ghana · Yamna, from Stidia, Algeria · In Timimoun, Algeria · Zina, in Stidia, Algeria, a lawyer and a liberated woman in a country where men make the law
Sourires bénéfiques d'un instant. À Accra, Ghana · Yamna, à Stidia, Algérie · À Timimoun, Algérie · Zina, à Stidia, Algérie, avocate, femme libre dans un pays où les hommes font la loi
Een hart verwarmende glimlach. In Accra, Ghana · Yamna, in Stidia, Algerije · In Timimoun, Algerije · Zina, in Stidia, Algerije, is advocaat, een vrije vrouw in een land waar de mannen de dienst uitmaken

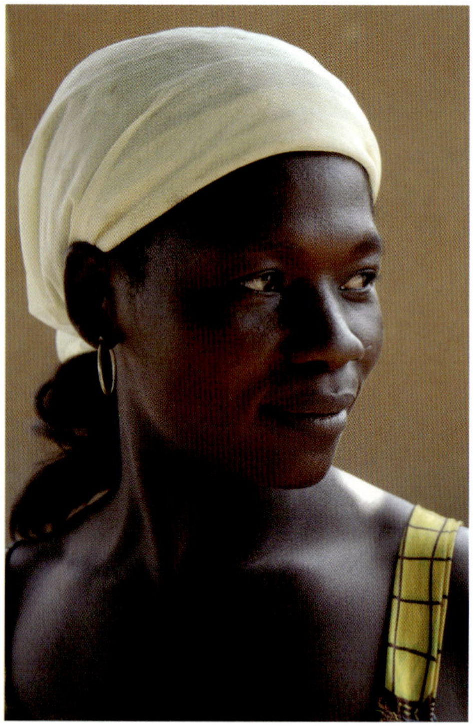 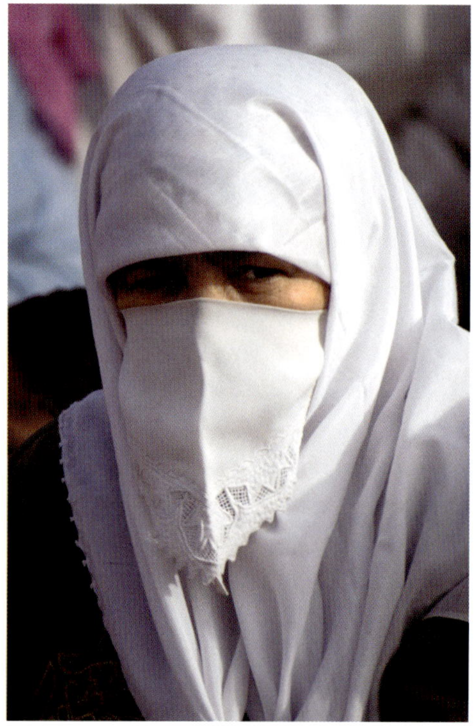 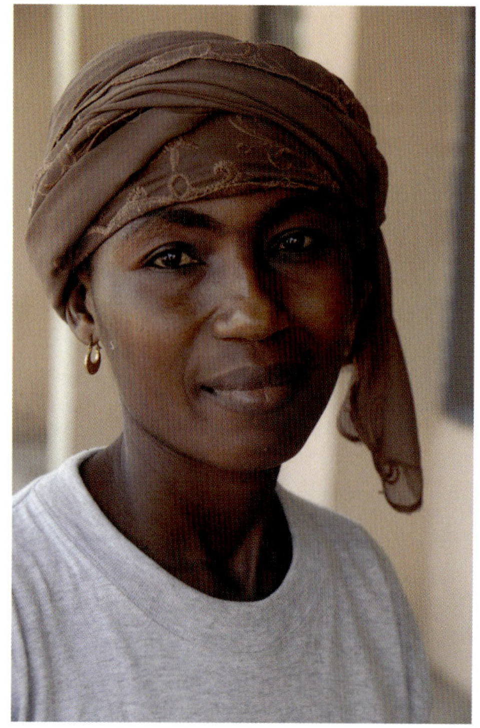 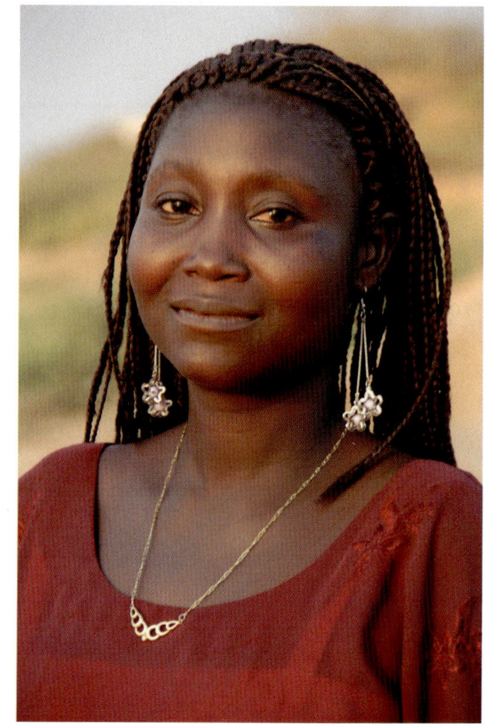

10°50'11" N - 0°28'30" W, d = 52 km | 29°14'09" N - 0°12'40" E, d = 20 km | 07°47'45" N - 0°02'55" W, d =5.4 km | 07°47'33" N - 0°03'45" W, d = 6.9 km

Dokas in Buya, Ghana · Veiled woman in Timimoun, Algeria · Salamatu in Kete Krachi, Ghana, working to prevent Aids · Lydia in Kete Krachi, Ghana
Dokas à Buya, Ghana · Femme voilée à Timimoun, Algérie · Salamatu à Kete Krachi, Ghana, fait de la prévention contre le sida · Lydia à Kete Krachi, Ghana
Dokas in Buya, Ghana · Gesluierde vrouw in Timimoun, Algerije · Salamatu in Kete Krachi, Ghana, is actief in de AIDS-voortlichting · Lydia in Kete Krachi, Ghana

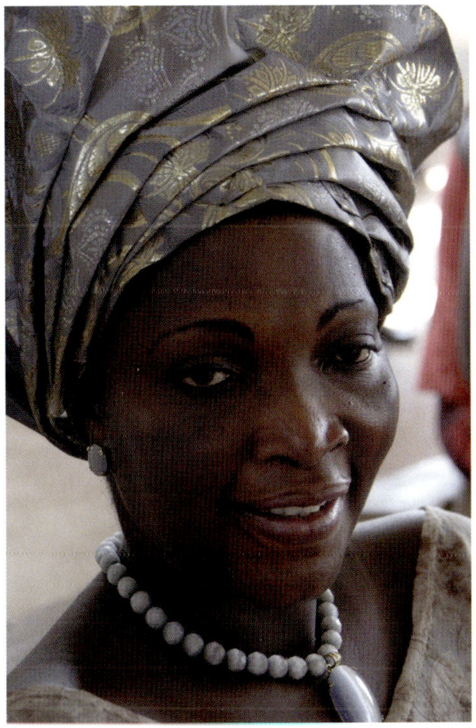
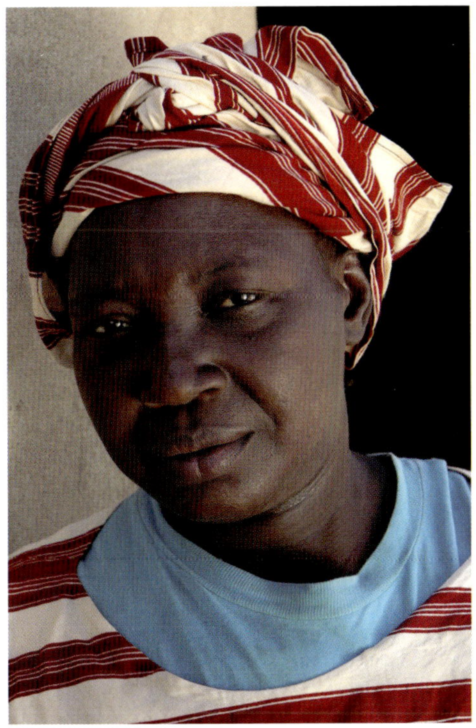
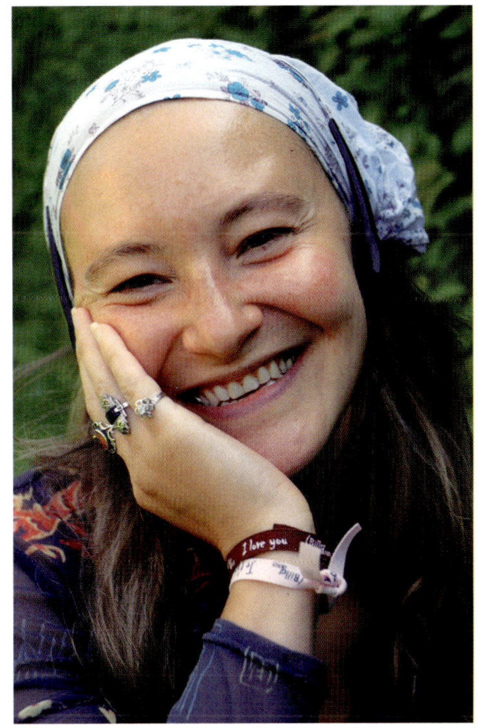
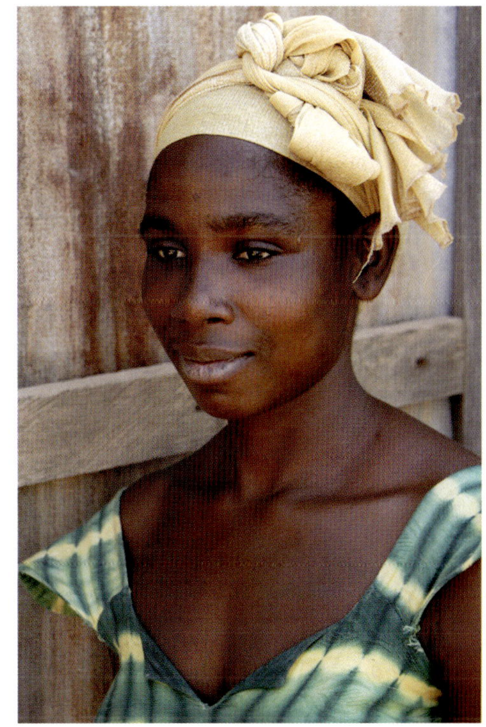

05°40'49" N - 0°10'47" W, d = 20 km | 16°16'30" N - 0°02'02" W, d = 3.6 km | 48°45'40" N - 0°00'59" W, d = 1.2 km | 10°49'54" N - 0°30'40" W, d = 56 km

Ghanean woman at a nuptial mass in Accra · In Gao, Mali, Awa comes to the aid of many single mothers by finding them work · In Argentan, Orne, France, Linda seeks her limits in sport · Mary in Kukure, Ghana
Ghanéenne à une messe de mariage à Accra · À Gao, Mali, Awa procure du travail aux nombreuses mères célibataires · À Argentan, Orne, France, Linda cherche ses limites dans le sport · Mary à Kukure, Ghana
Een Ghanese vrouw tijdens een bruiloft in Accra · Awa helpt de vele ongehuwde moeders in Gao, Mali, door ze werk te verschaffen · In Argentan, Orne, Frankrijk, verkent Linda haar grenzen in de sport · Mary in Kukure, Ghana

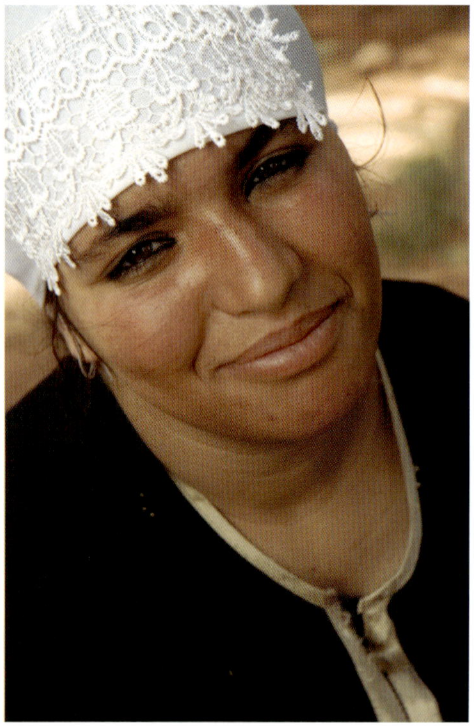
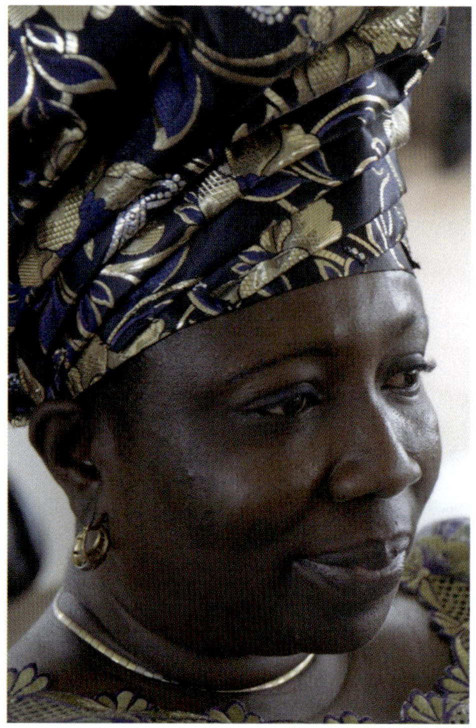
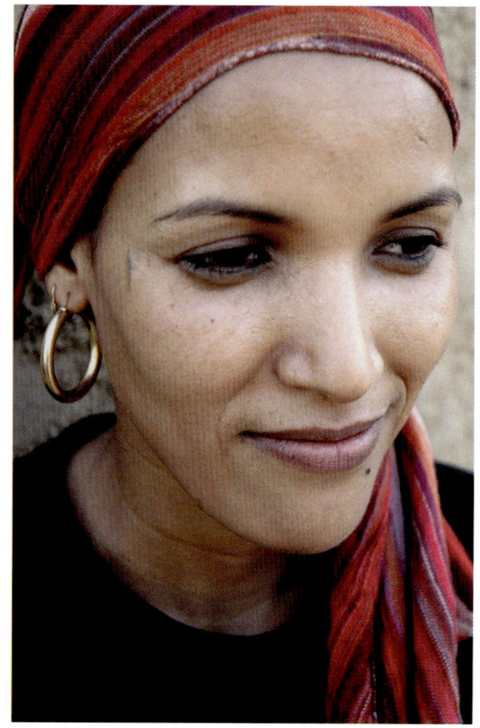
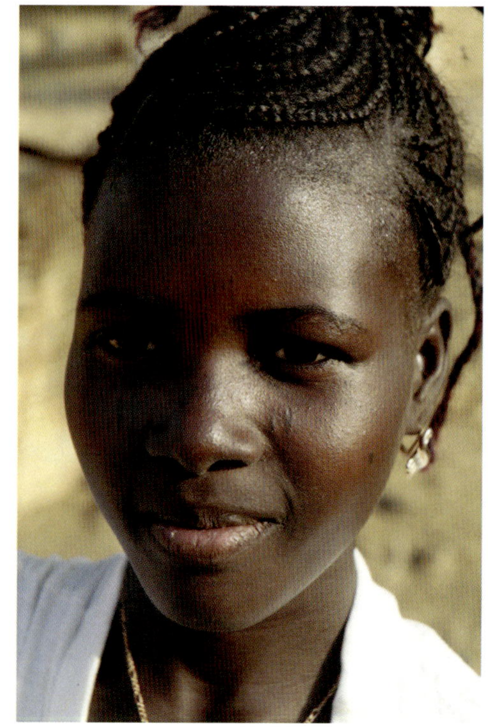

29°14'09" N - 0°12'40" E, d = 20 km | 05°40'49" N - 0°10'47" W, d = 20 km | 16°16'30" N - 0°02'02" W, d = 3.6 km | 12°56'01" N - 0°00'14" E, d = 0.42 km

Linda in Timimoun, Algeria · A Ghanean woman at a nuptial mass in Accra, Ghana · Mina Wallet Oumar, singer in the Tinariwen group in Gao, Mali · Nadjeba in Léoura, Burkina Faso
Linda à Timimoun, Algérie · Ghanéenne assistant à une messe de mariage à Accra, Ghana · Mina Wallet Oumar, chanteuse du groupe Tinariwen à Gao, Mali · Nadjeba à Léoura, Burkina Faso
Linda in Timimoun, Algerije · Ghanese vrouw tijdens een huwelijksmis in Accra · Mina Wallet Oumar, zangeres van de groep 'Tinariwen' in Gao, Mali · Nadjeba in Léoura, Burkina Faso

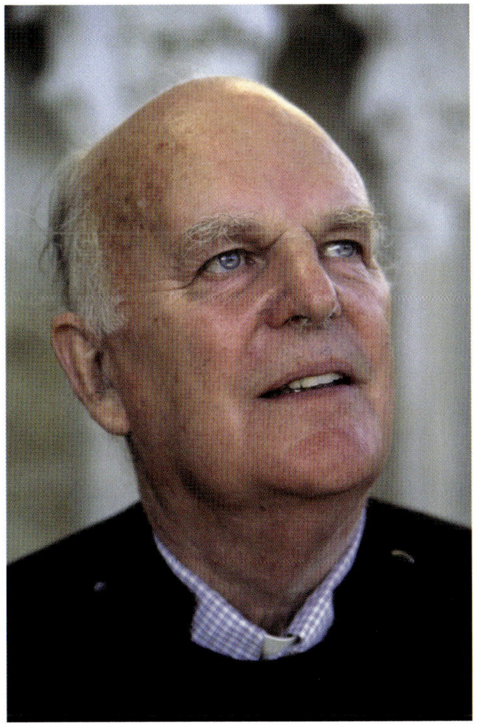

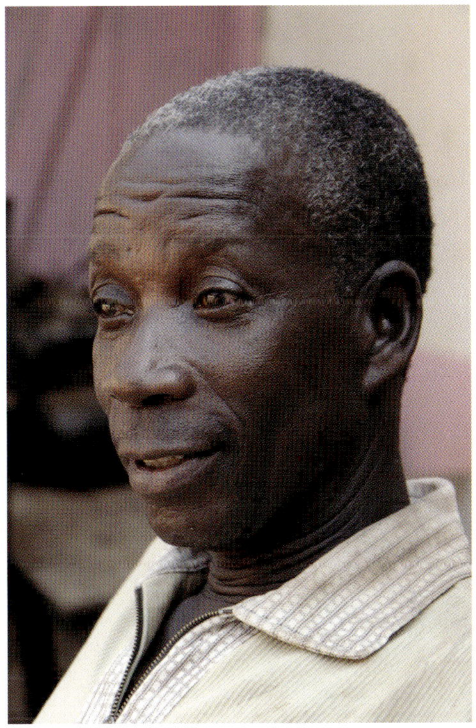

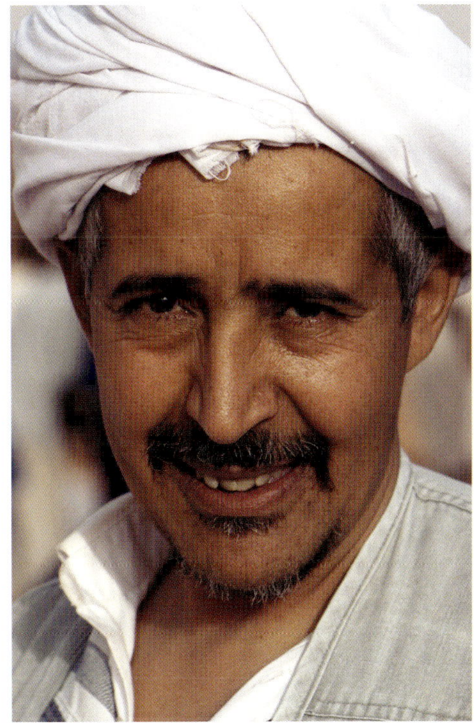

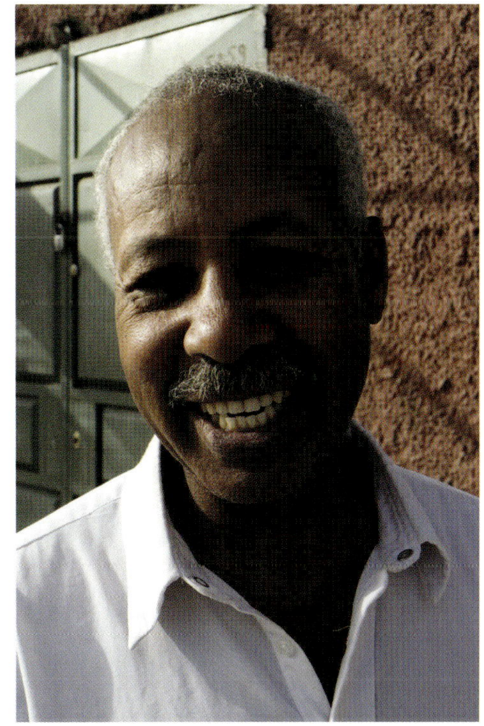

52°23'57" N - 0°15'50" E, d = 18 km | 07°33'52" N - 0°24'02" E, d = 44 km | 29°14'09" N - 0°12'40" E, d = 20 km | 26°43'12" N - 0°10'27" E, d = 17 km

Bill Marshall, chaplain at Ely Cathedral, England · Francis in Apesokubi, Ghana, during a ceremony celebrating a demand in marriage · A pilgrim in Timimoun, Algeria
Ahmed in Reggane, Algeria, summarises Franco-Algerian relations thus: "France is a beloved evil!"

Bill Marshall, aumônier à la cathédrale d'Ely, Angleterre · Francis à Apesokubi, Ghana, lors d'une cérémonie de demande en mariage · Un pèlerin à Timimoun, Algérie
Ahmed à Reggane, Algérie, résume ainsi les rapports franco-algériens : «La France est un mal bien-aimé !»

Bill Marshall, aalmoezenier in de kathedraal van Ely, Engeland · Francis in Apesokubi, Ghana, tijdens een ceremonie ter ere van een huwelijksaanzoek · Pelgrim in Timimoun, Algerije
In Reggane vat Ahmed aldus de verhoudingen tussen Algerije en Frankrijk samen: 'Frankrijk is een beminde kwaal!'

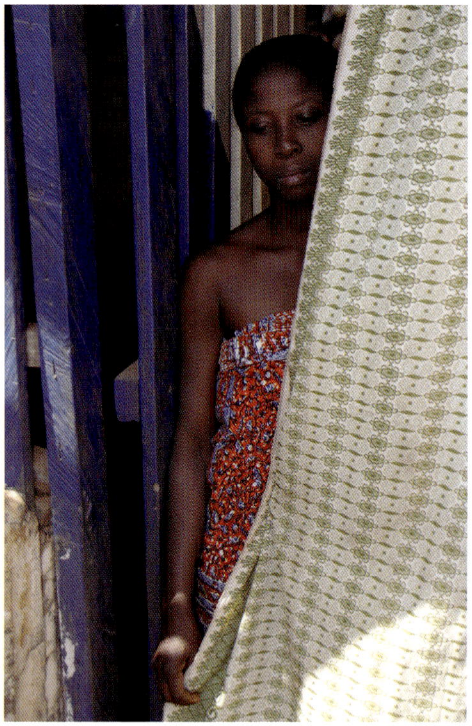

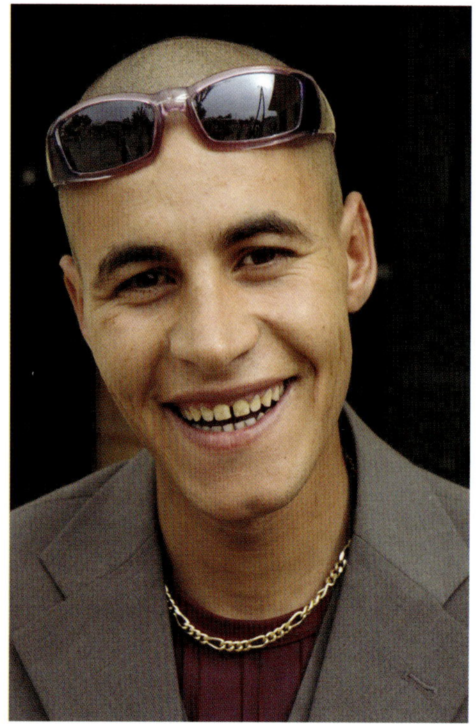

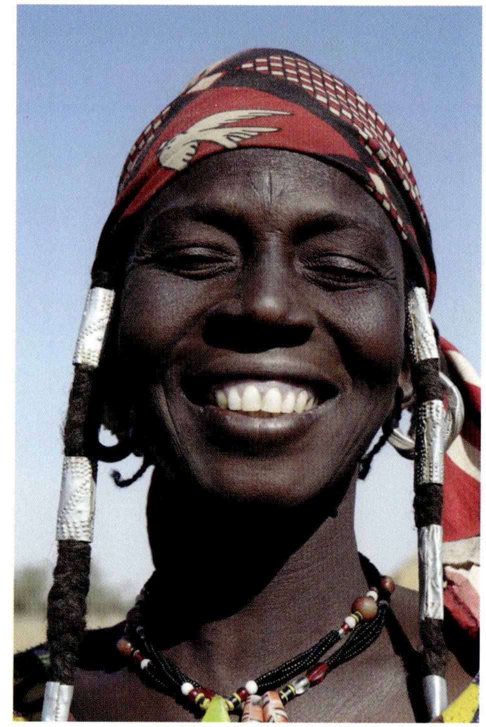

08°28'07" N - 0°00'36" W, d = 1.1 km | 35°13'35" N - 0°00'04" W, d = 0.1 km | 14°27'25" N - 0°14'44" W, d = 26 km

Charlotte at Kpandae, Ghana · Hamed at Aïn Fekan, Algeria · In Aliako, Burkina Faso, Pendo comments: "You are going to take my portrait and show me to all your friends in your beautiful house... and me, look where I live!"
Charlotte à Kpandae, Ghana · Hamed à Aïn Fekan, Algérie · Pendo, à Aliako, Burkina Faso: «Tu vas me prendre en photo et me montrer à tous tes amis dans ta belle maison... et moi, regarde où j'habite!»
Charlotte in Kpandae, Ghana · Hamed in Aïn Fekan, Algerije · In Aliako, Burkina Faso, zegt Pendo: 'Jij maakt een foto van me en die gaat je aan al je vrienden in jouw mooie huis die tonen... en kijk nou eens hoe ík woon!'

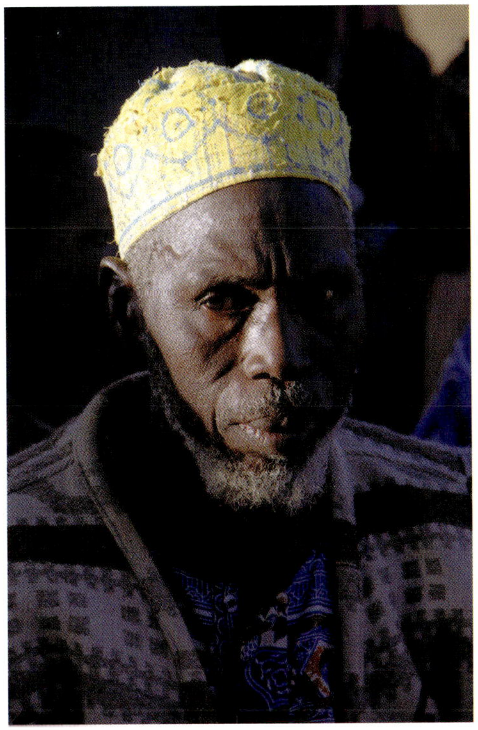

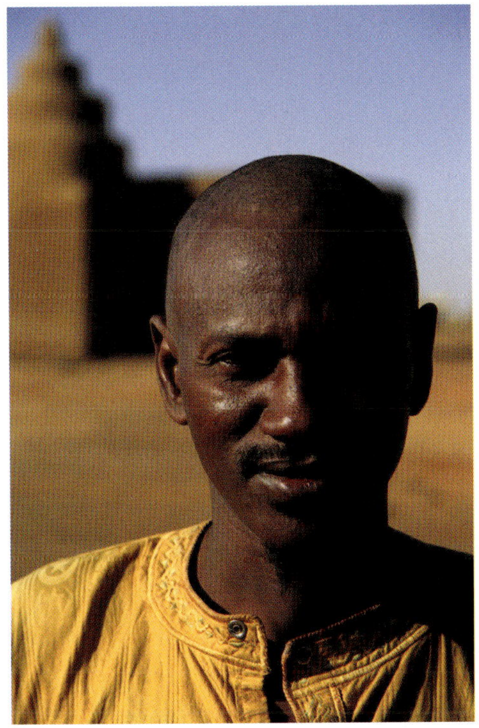

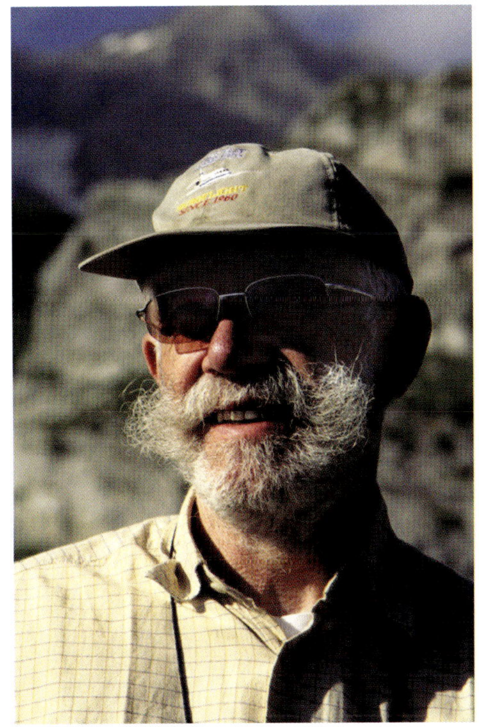

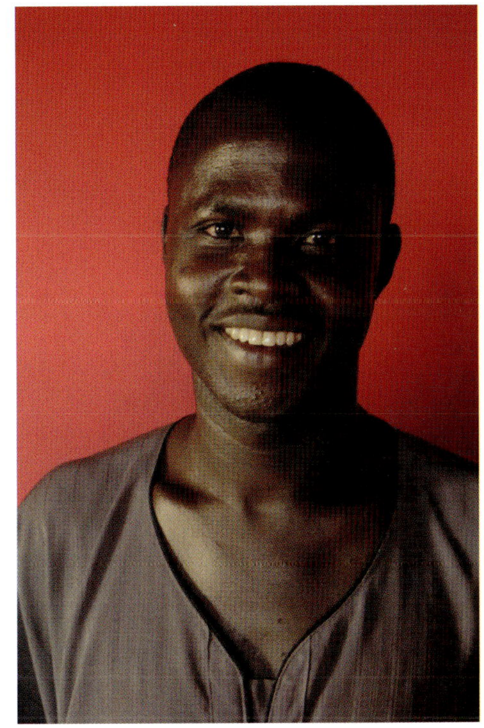

10°53’37” N - 0°04’04” W, d = 7.4 km | 16°03’31” N - 0°07’15” E, d = 13 km | 42°43’21” N - 0°02’53” W, d = 3.9 km | 09°26’39” N - 0°00’37” W, d = 1.1 km

An elder in Warinyaga, Ghana · Abdellaye in Haoussa Foulane Kobé, Mali · Jean Soubirous, great-grandson of St. Bernadette’s brother, on the St. André Plateau, Pyrenees, France
Mohammed, a primary school teacher in Yendi, Ghana, also a political activist

Un sage à Warinyaga, Ghana · Abdellaye à Haoussa Foulane Kobé, Mali · Jean Soubirous, arrière-petit-fils du frère de sainte Bernadette, au plateau Saint-André, Pyrénées, France
Mohammed, instituteur à Yendi, Ghana, militant en politique

Wijze man, Warinyaga, Ghana · Abdellaye in Haoussa Foulane Kobé, Mali · Jean Soubirous, achterkleinzoon van de broer van de Heilige Bernadette, op het Plateau Saint-André in de Pyreneeën, Frankrijk
Mohammed, onderwijzer in Yendi, Ghana, en actief in een politieke partij

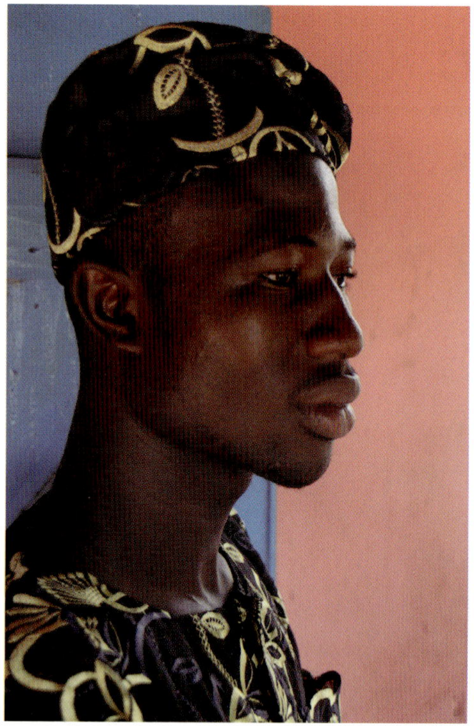 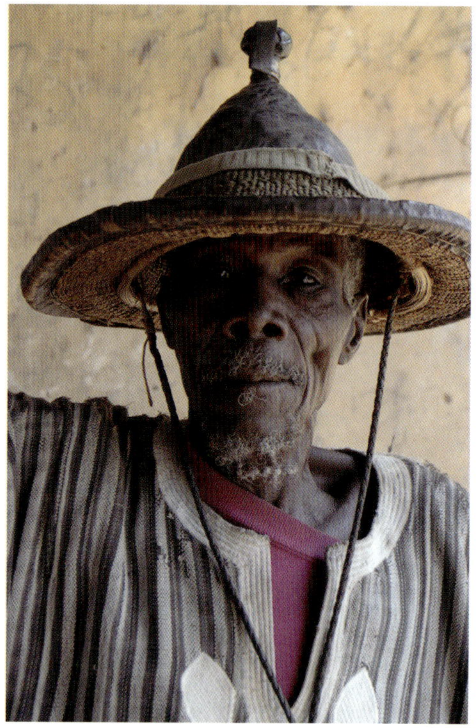 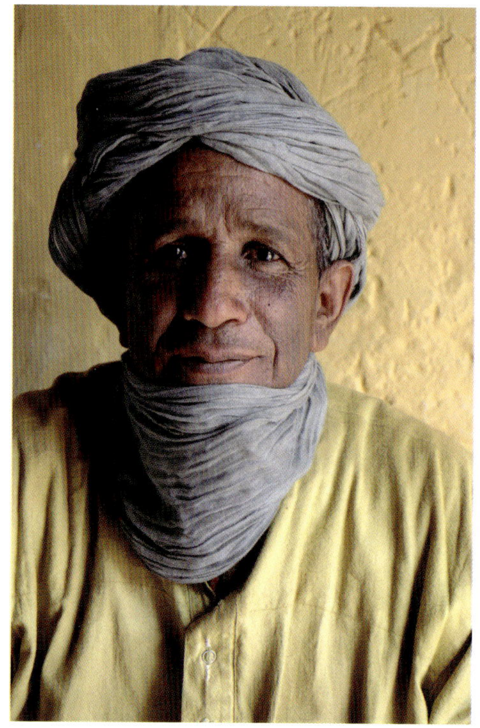 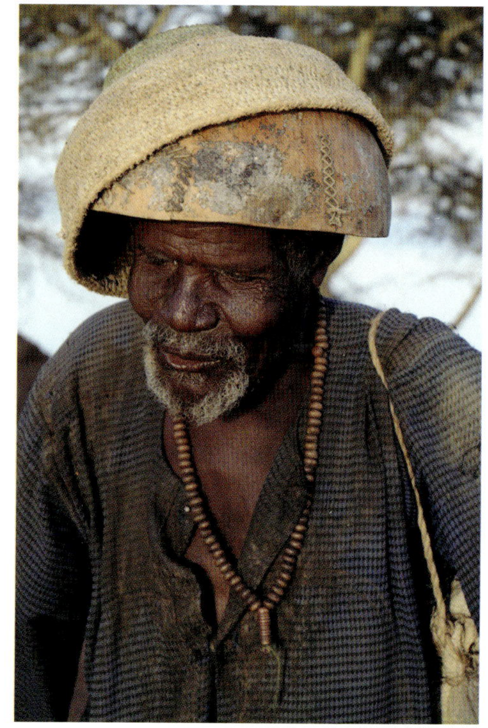

07°48'14" N - 0°02'42" W, d = 5 km | 08°21'16" N - 0°03'43" W, d = 6.8 km | 19°28'02" N - 0°51'22" E, d = 90 km | 13°19'30" N - 0°30'35" W, d = 5.5 km

Robert, in Kete Krachi, Ghana · Namba, in Buya, Ghana · Ibrahim, a petrol station attendant, dreams of finishing his well and opening a restaurant, Aguelhoc, Mali · A somewhat disturbed Peul griot, Tougouri, Burkina Faso
Robert, à Kete Krachi, Ghana · Namba, à Buya, Ghana · Ibrahim, pompiste, rêve de finir son puits et d'ouvrir un restaurant, Aguelhoc, Mali · Un griot peul légèrement dérangé, Tougouri, Burkina Faso
Robert, in Kete Krachi, Ghana · Namba, in Buya, Ghana · Ibrahim, pompbediende in Aguelhoc, Mali, droomt ervan zijn put af te maken en een restaurant te beginnen · Een licht getikte straatzanger van het Peul-volk in Tougouri, Burkina Faso

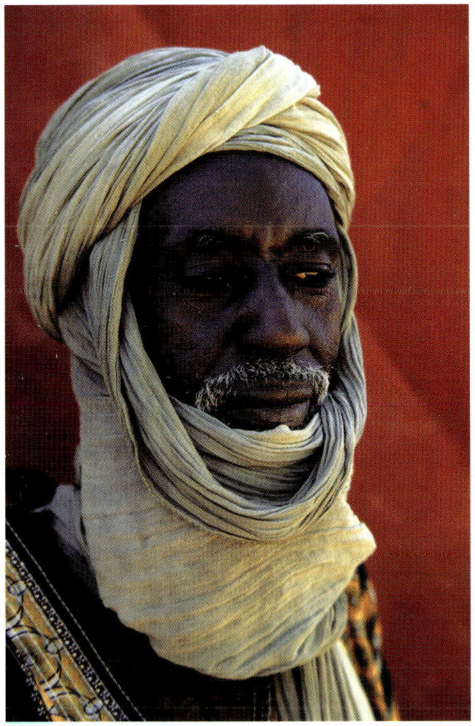
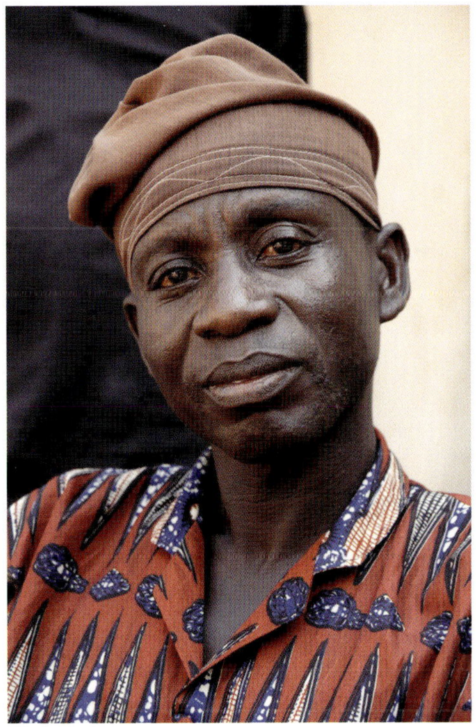
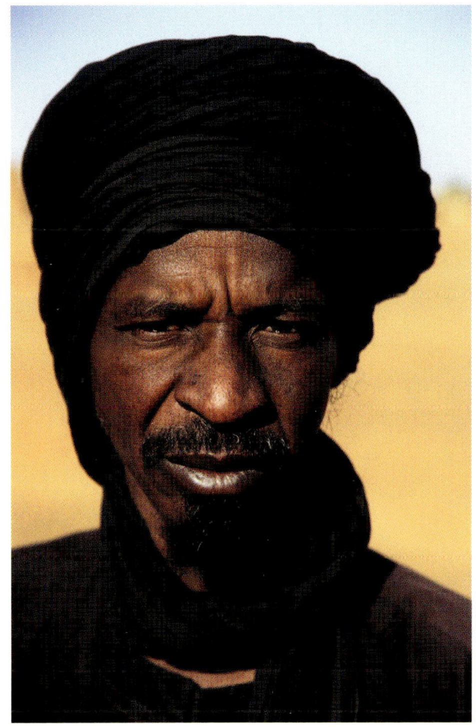
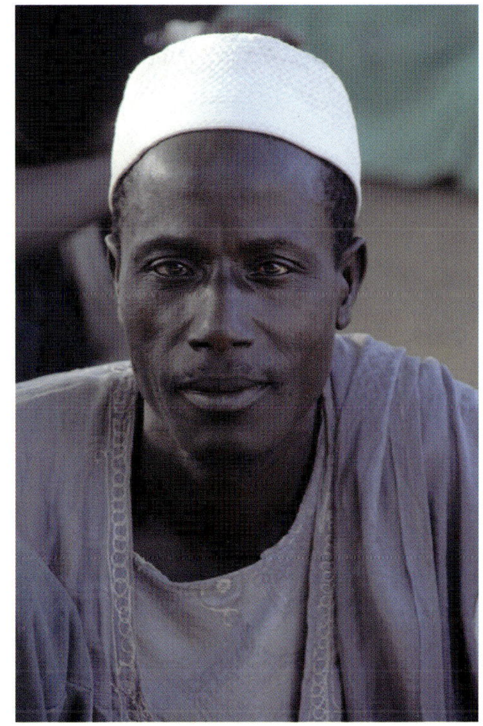

16°16'30" N - 0°02'02" W, d = 3.6 km | 07°33'52" N - 0°24'02" E, d = 44 km | 16°03'31" N - 0°07'15" E, d = 13 km | 10°53'37" N - 0°04'04" W, d = 7.4 km

Isman, a scarf trader in Gao, Mali · Obiosomfo, an Animist holy man in Apesokubi, Ghana · Issa, a Peul animal breeder at Haoussa Foulane Kobé, Mali · A worshipper at the mosque in Warinyaga, Ghana
Isman, marchand de chèches à Gao, Mali · Obiosomfo, prêtre animiste à Apesokubi, Ghana · Issa, éleveur peul à Haoussa Foulane Kobé, Mali · Un fidèle à la mosquée de Warinyaga, Ghana
Isman, hoofddoekverkoper in Gao, Mali · Obiosomfo, animistische priester in Apesokubi, Ghana · Issa, een Peul-veevokker in Haoussa Foulane Kobé, Mali · Een gelovige bij de moskee van Warinyaga, Ghana

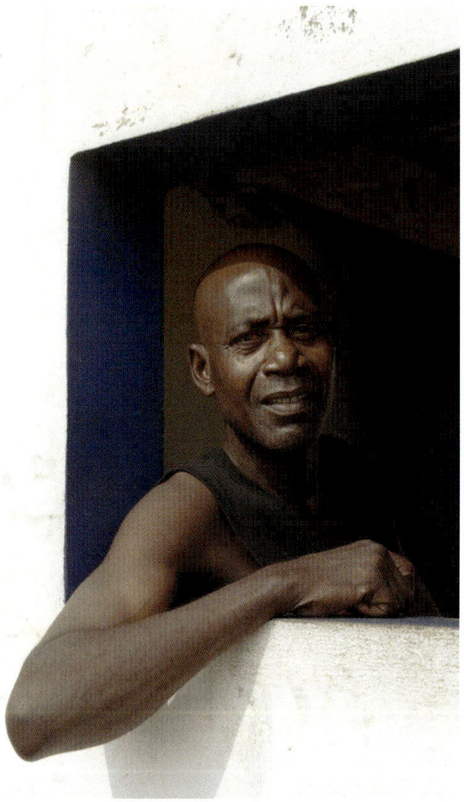

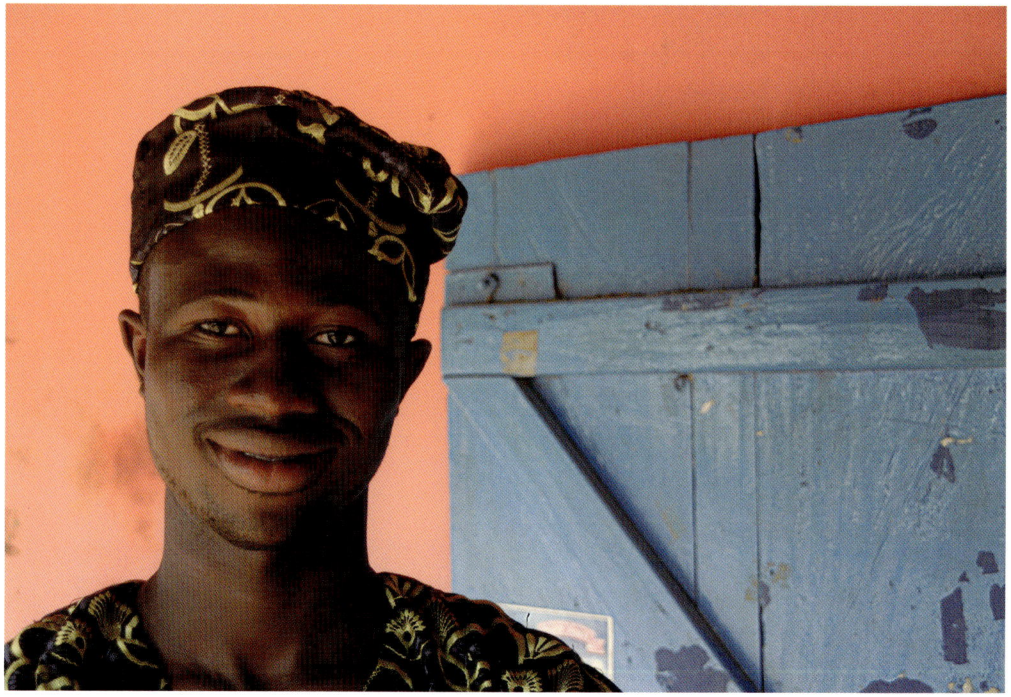

05°37'41" N - 0°00'01" W, d = 0.03 km | 07°48'14" N - 0°02'42" W, d = 5 km

Francis, a guard at the port of Tema, Ghana · Robert says that he is a Muslim but he wishes us "Happy Christmas" anyway, Kete Krachi, Ghana
Francis, gardien dans le port de Tema, Ghana · Robert se dit musulman, mais nous souhaite un «Joyeux Noël», Kete Krachi, Ghana
Francis, bewaker in de haven van Tema, Ghana · Robert is Moslim maar wenst ons een 'Vrolijk Kerstfeest', Kete Krachi, Ghana

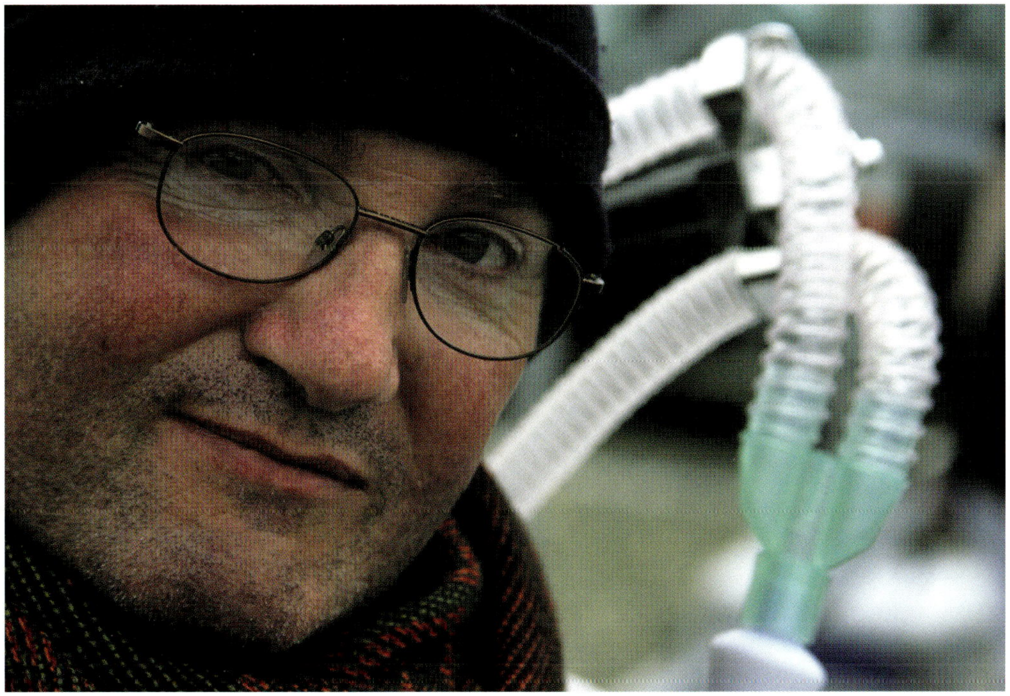

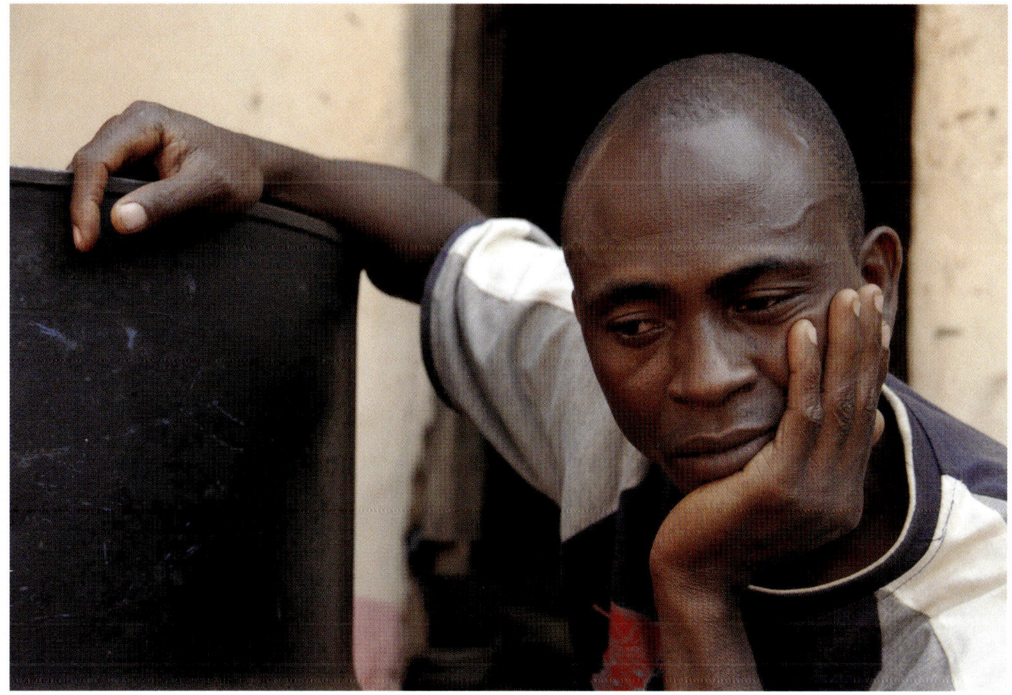

47°57'00" N - 0°12'33" E, d = 15 km | 07°33'52" N - 0°24'02" E, d = 44 km

Alain suffers from muscular dystrophy and has to use a wheelchair and have assistance with breathing. A speed fanatic, he goes every year to the 24 hours of Le Mans, Sarthe, France · A thoughtful Andreas, in Apesokubi, Ghana
Alain est myopathe et condamné à une chaise roulante avec assistance respiratoire. Fanatique de vitesse, il assiste chaque année aux 24 heures du Mans, Sarthe, France · Andreas, pensif, à Apesokubi, Ghana
Alain is verlamd en aan een rolstoel met ademhalingsapparaat gekluisterd. Toch is hij een snelheidsfanaat en is elk jaar bij de 24-uurs race van Le Mans, Sarthe, Frankrijk, te vinden · Een peinzende Andreas, in Apesokubi, Ghana

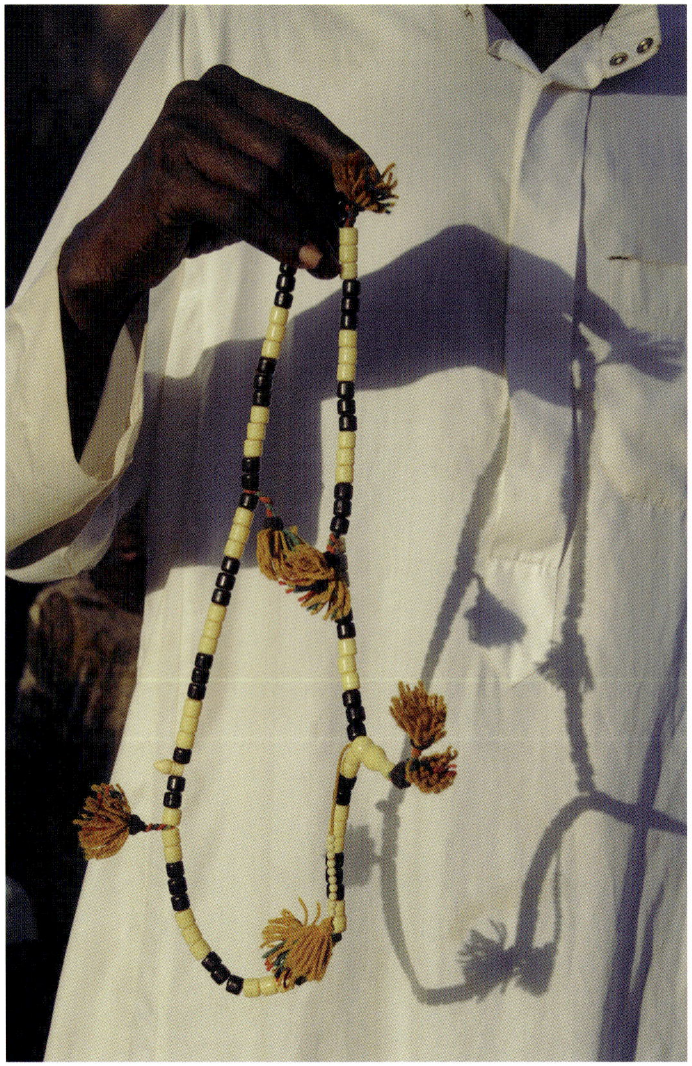

Spirituality | Ferveurs | Geloof

Who made this world? Why are we here? What happens to us after we die? Beneath the immensity of the Saharan sky or in the terrifying tempests of the Atlantic Ocean, man has always been aware of how small he is and has asked these existential questions. The answer seems to reside in the sky, where the minarets and cathedral spires are pointing. The priest and the imam are the intermediaries between the common man and that which is holy. People practise their religion together in a group, comforted by the feeling of belonging.

Qui a fait ce monde ? Pourquoi sommes-nous là ? Où irons-nous après la mort ? Sous l'immensité du ciel saharien ou dans les terribles tempêtes de l'Atlantique, l'homme a toujours eu conscience de sa petitesse et s'est posé ces questions existentielles. La réponse semble être dans le ciel, vers lequel pointent les minarets et les flèches des cathédrales. Le prêtre et l'imam sont les intermédiaires entre l'homme ordinaire et le sacré. Ensemble, on pratique sa religion dans le réconfort de l'appartenance.

Wie heeft de wereld geschapen? Waarom zijn wij hier? Waarheen gaat het na onze dood? Onder de onmetelijke hemelkoepel van de Sahara of tijdens angstaanjagende Atlantische stormen is de Mens zich altijd bewust geweest van zijn nietigheid en heeft hij zich deze existentiële vragen gesteld. Het antwoord schijnt zich in de hemel te bevinden, waar minaretten en kathedralen naar toe wijzen. Priesters zijn de tussenpersonen tussen de gewone mens en het Heilige. Het is vaak gezamenlijk dat men zijn geloof belijdt, daarbij tevens de steun ondervindend ergens bij te horen.

10°53'37" N - 0°04'04" W, d = 7.4 km | 40°56'25" N - 0°13'49" W, d = 19 km

Beads at the mosque of Warinyaga, Ghana · The Good Friday Procession, Calanda, Spain
Chapelet à la mosquée de Warinyaga, Ghana · Procession du Vendredi saint, Calanda, Espagne
Een gebedssnoer bij de moskee van Warinyaga, Ghana · Processie op Goede Vrijdag, Calanda, Spanje

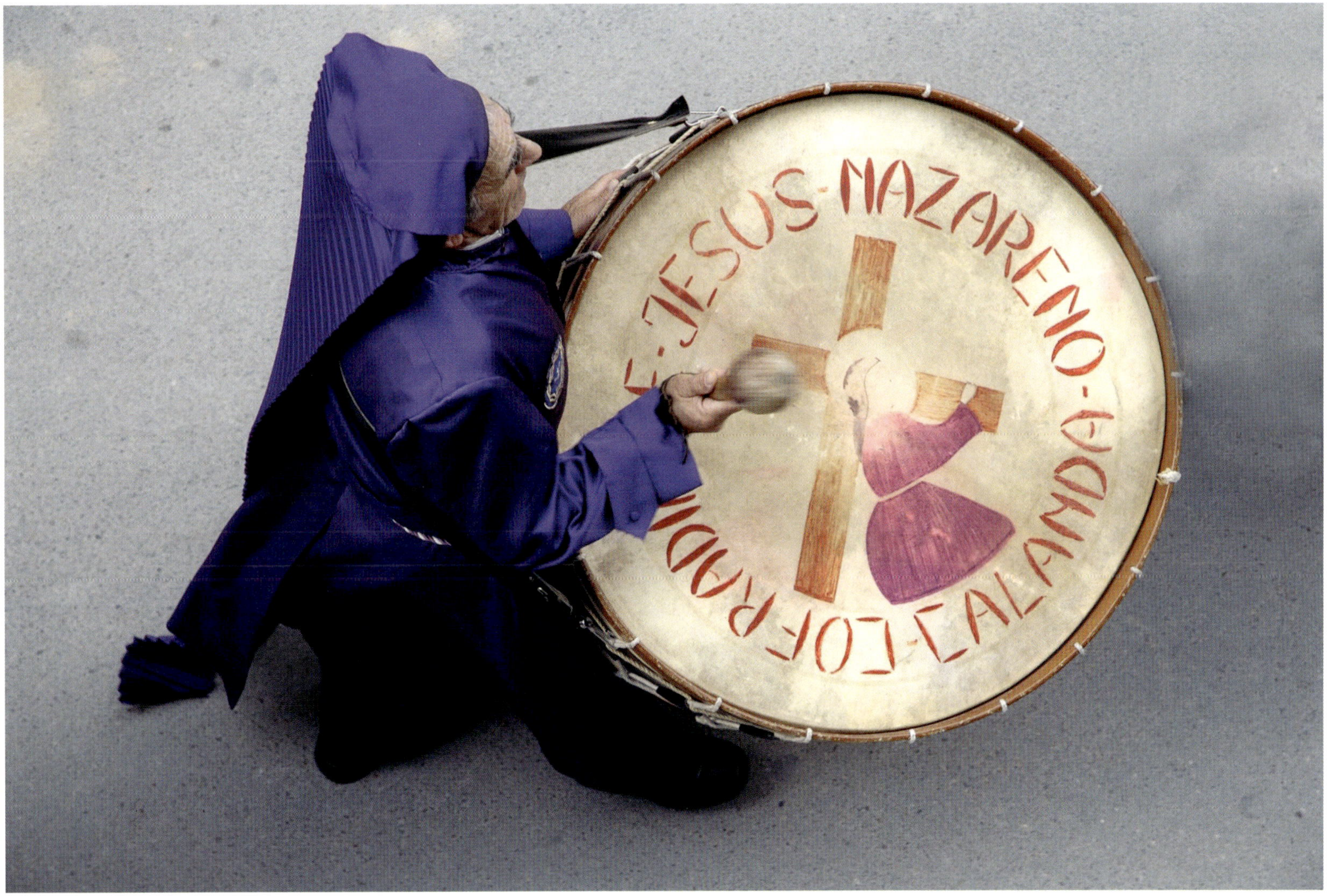
JESUS-NAZARENO
CALANDA
COFRADI

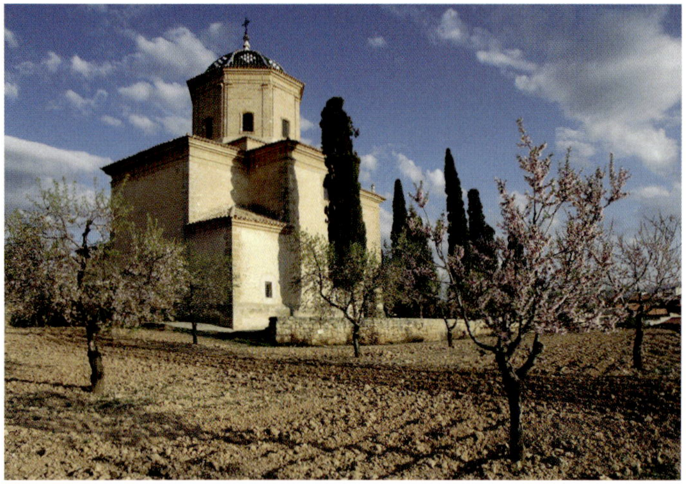
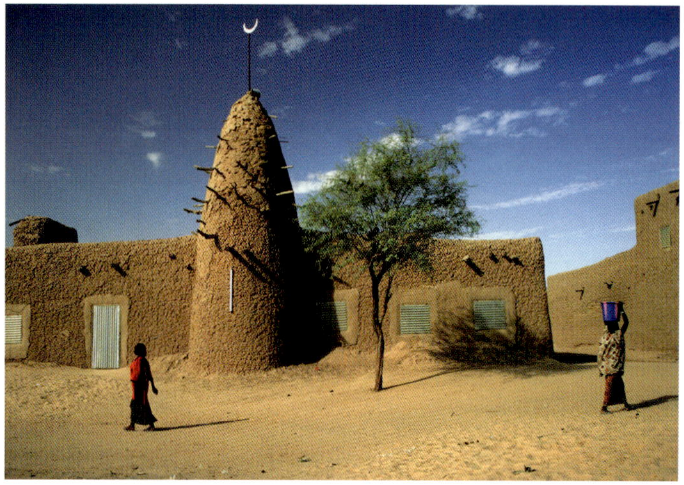
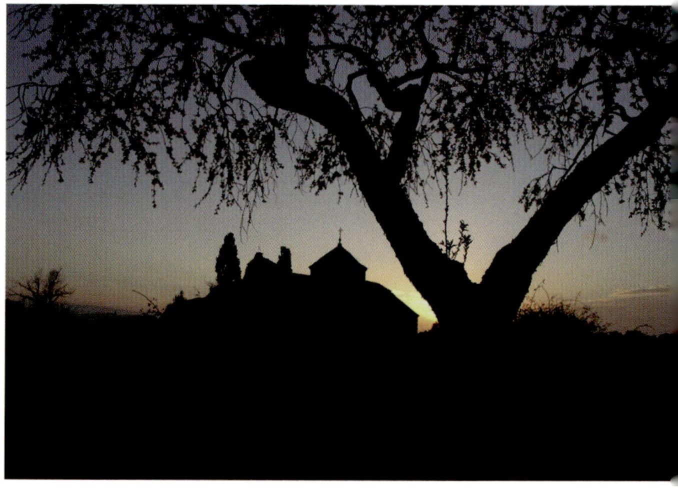

40°56'13" N - 0°04'59" W, d = 7 km | 16°57'17" N - 0°21'12" W, d = 38 km | 40°48'14" N - 0°02'24" W, d = 3.4 km

The chapel of the Virgin of Loreto, La Cordoñera, Spain · A small mosque, in Bourem, Mali · Chapel at sunset, at Olmo de Consolación, Spain
La chapelle Virgen de Loreto, La Cordoñera, Espagne · Petite mosquée, à Bourem, Mali · Chapelle au soleil couchant, à Olmo de Consolación, Espagne
De 'Virgen de Loreto'-kapel, La Cordoñera, Spanje · Een kleine moskee in Bourem, Mali · Kapel bij zonsondergang, bij Olmo de Consolación, Spanje

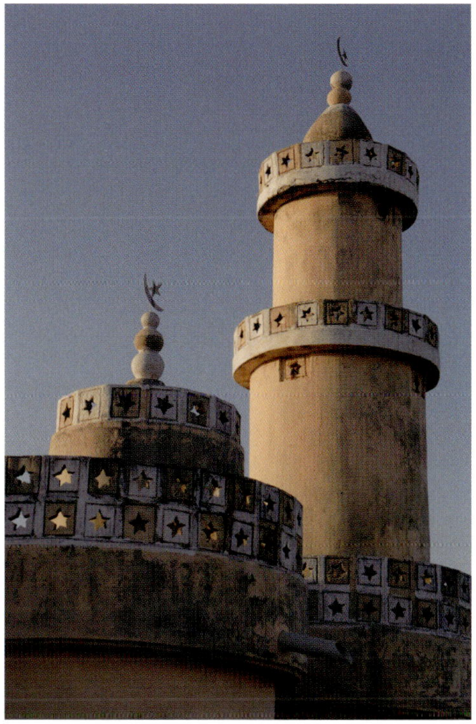
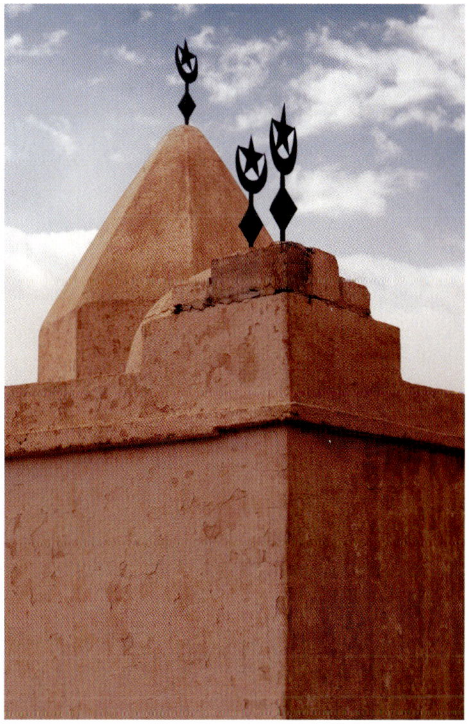
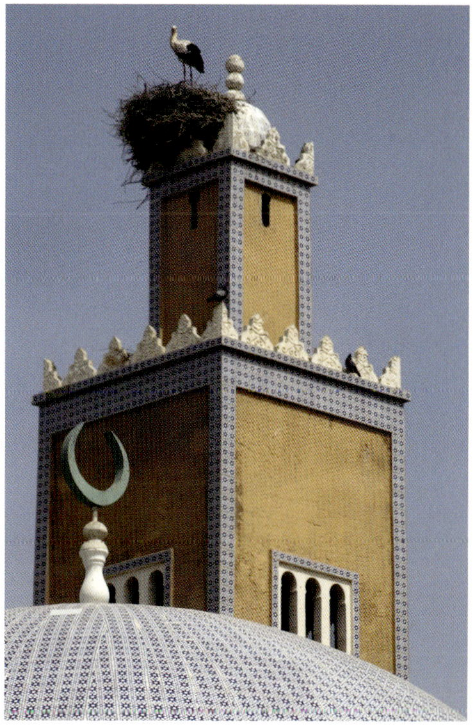

10°53'37" N - 0°04'02" W, d = 7.3 km | 32°29'37" N - 0°27'53" W, d = 44 km | 35°49'44" N - 0°00'01" W, d = 0.025 km

The crescent moons and five-pointed stars, typical symbols of Islam. Mosque at Warinyaga, Ghana · The Zaouiet Sheik Bouamama of the small town of Moghrar Tahtani, Algeria · The mosque of Stidia, Algeria
Les croissants et étoiles à cinq branches, symboles de l'Islam. Mosquée de Warinyaga, Ghana · Le Zaouiet Cheikh Bouamama de la petite ville de Moghrar Tahtani, Algérie · Mosquée de Stidia, Algérie
De symbolische maansikkels en vijfpuntige sterren van de Islam. Moskee in Warinyaga, Ghana · De 'Zaouiet Cheikh Bouamama' in het stadje Moghrar Tahtani, Algerije · Moskee van Stidia, Algerije

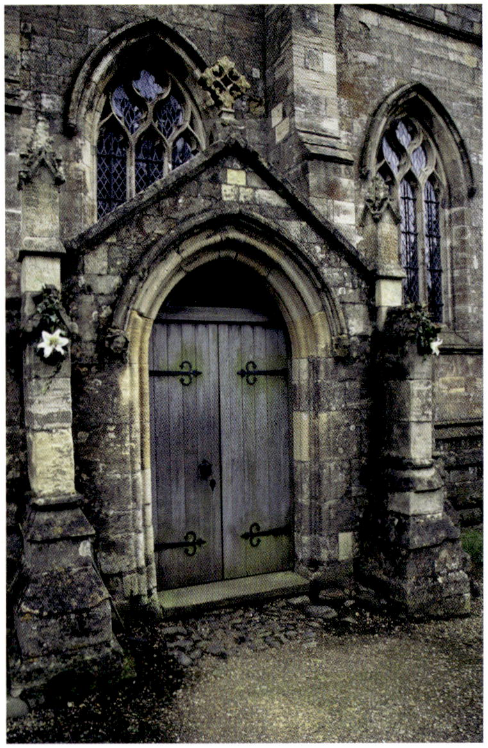

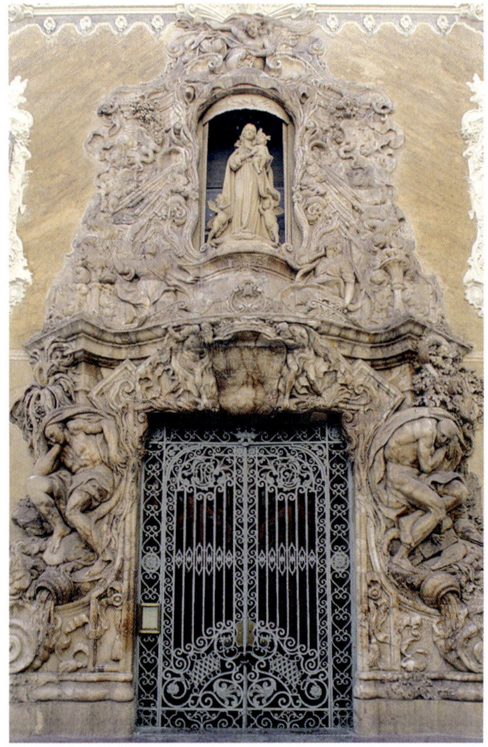

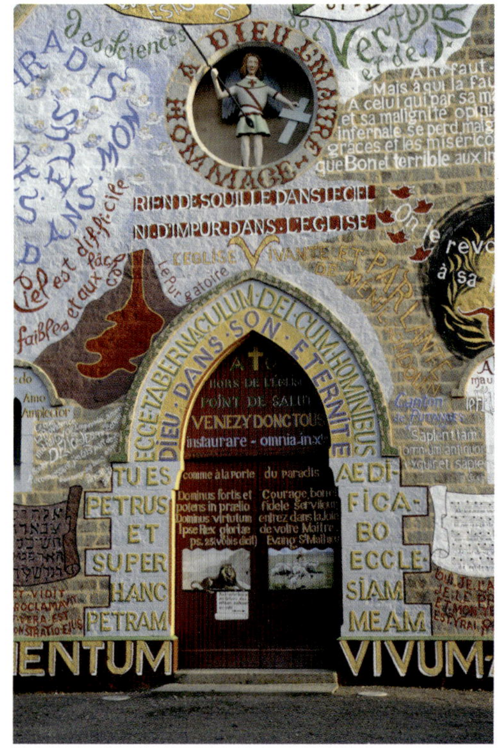

53°41'02" N - 0°26'56" W, d = 30 km | 39°28'27" N - 0°22'25" W, d = 32 km | 48°45'20" N - 0°17'30" W, d = 21 km

The old stones of the church of St. Patrick in Patrington, England · Madonna, in the National Museum of Ceramics, Valencia, Spain · The small "Living and talking church" of Menil-Gondouin, Orne, France
Les vieilles pierres de l'église Saint-Patrick à Patrington, Angleterre · Madone, au musée national de la Céramique, Valencia, Espagne · La petite «Église vivante et parlante» de Menil-Gondouin, Orne, France
De verweerde oude stenen muren van de Saint-Patrick kerk in Patrington, Engeland · Madonna, bij het Nationaal Aardewerk Museum, Valencia, Spanje · De kleine 'Levende en pratende kerk' in Menil-Gondouin, Orne, Frankrijk

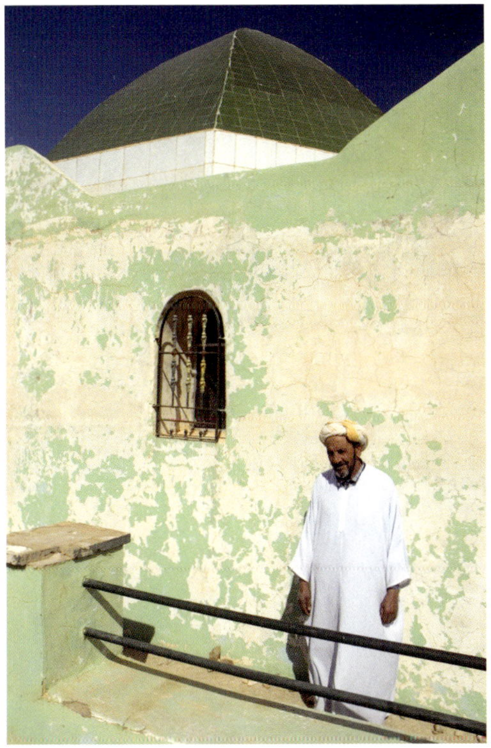

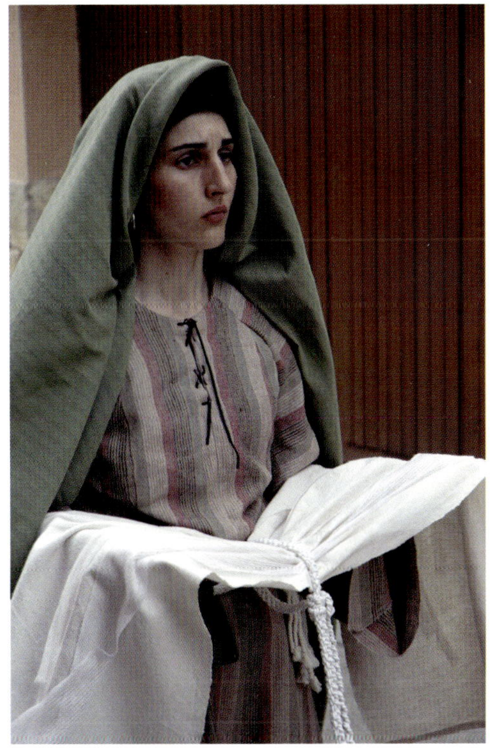

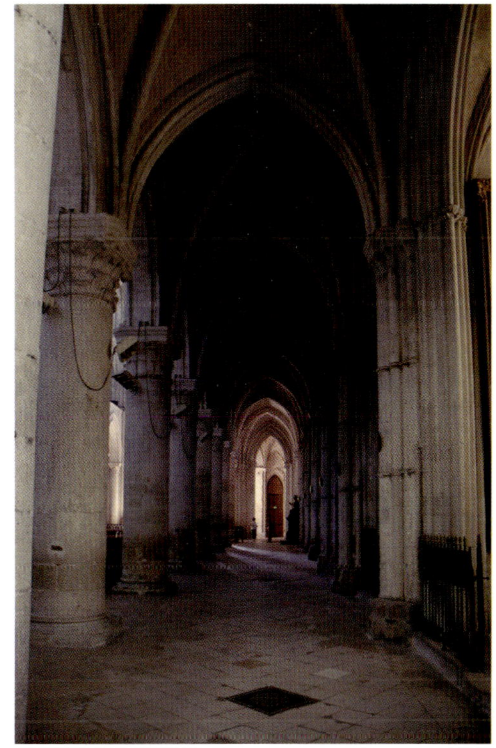

34°48'59" N - 0°06'24" E, d = 9.4 km | 40°56'25" N - 0°13'49" W, d = 19 km | 49°08'49" N - 0°13'36" E, d = 16 km

Kada Khorsi is the imam of this marabout near Saïda, Algeria · The reincarnation of Mary Magdalene, carrying the Holy Shroud in her hands and her face showing all the suffering of Christ, during a procession on Good Friday in Calanda, Spain · The Cathedral of St. Peter at Lisieux, Calvados, France

Kada Khorsi est l'imam de ce marabout près de Saïda, Algérie · La réincarnation de Marie-Madeleine, portant le Saint-Suaire dans les mains et toute la souffrance du Christ sur le visage lors de la procession du Vendredi saint à Calanda, Espagne · Cathédrale Saint-Pierre à Lisieux, Calvados, France

Kada Khorsi is de imam van een kleine moskee bij Saïda, Algerije · De reïncarnatie van Maria Magdalena, die de Zweetdoek in haar handen en het lijden van Christus op haar gezicht draagt, tijdens de Goede Vrijdagprocessie in Calanda, Spanje · De Sint Pieterskathedraal in Lisieux, Calvados, Frankrijk

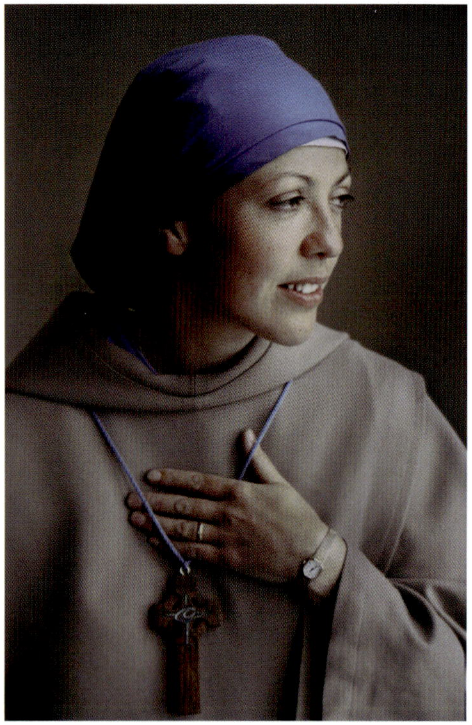

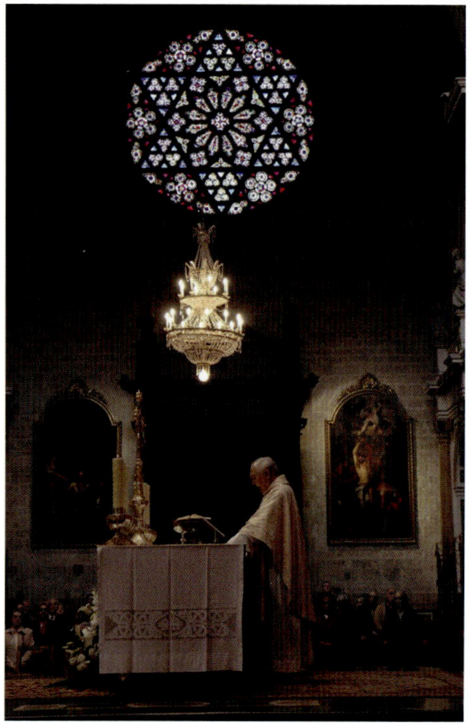

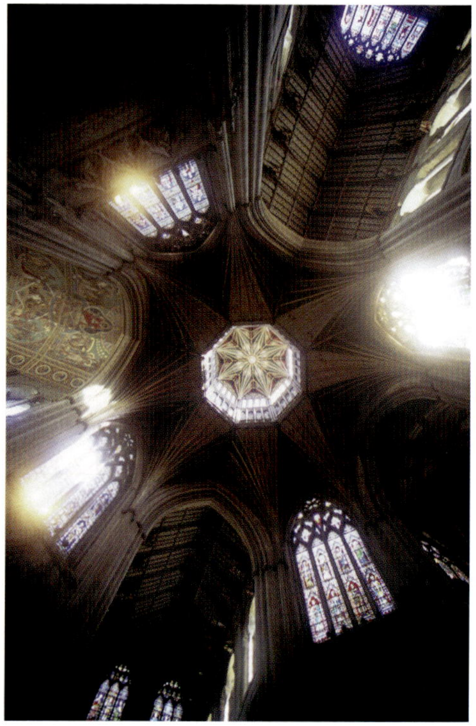

60°35'11" N - 0°50'48" W, d = 46 km | 39°28'35" N - 0°22'28" W, d = 32 km | 52°23'57" N - 0°15'50" E, d = 18 km

Sister Mary Cuthbert has withdrawn to the small monastery of Our Lady of the Isles, in Fetlar, in the Shetland Isles, Scotland. "God is everywhere, in all things. It's like breathing, completely natural, it's there" · Easter mass celebrated in the Cathedral of Valencia, Spain · Ely Cathedral, England, built at the request of William the Conqueror

Sœur Mary Cuthbert s'est retirée dans le petit monastère de Our Lady of the Isles, à Fetlar, dans les Îles Shetland, Écosse. «Dieu est partout, en chaque chose. C'est comme la respiration, c'est tout naturel, c'est là» · Messe de Pâques célébrée dans la cathédrale de Valencia, Espagne · Cathédrale d'Ely, Angleterre, construite à la demande de Guillaume le Conquérant

Zuster Mary Cuthbert heeft zich teruggetrokken in het kleine klooster Our Lady of the Isles, in Fetlar, Shetland eilanden, Schotland: 'God is overal, in elk object. Hij is even vanzelfsprekend als onze ademhaling' · Paasmis in de kathedraal van Valencia, Spanje · De kathedraal van Ely, Engeland werd gebouwd in opdracht van Willem de Veroveraar

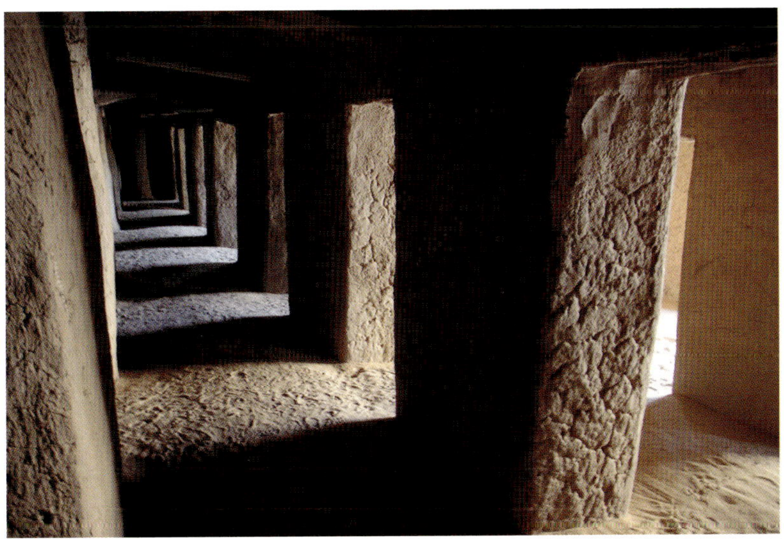

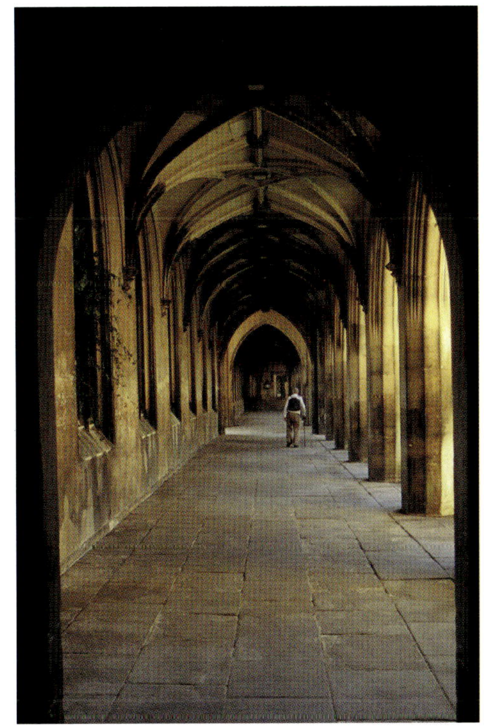

16°17'26" N - 0°02'38" W, d = 4.7 km | 52°12'18" N - 0°07'02" E, d = 8 km

An archway surrounding the mosque of the tomb of the Askia, Gao, Mali · Arcades of the cloister at King's College, Cambridge University, England
Allée entourant la mosquée du tombeau des Askia, Gao, Mali · Arcades du cloître de King's College, université de Cambridge, Angleterre
Een wandelgang rond de moskee van de graftombe van de Askia's in Gao, Mali · Bogen in het klooster van King's College, Universiteit van Cambridge, Engeland

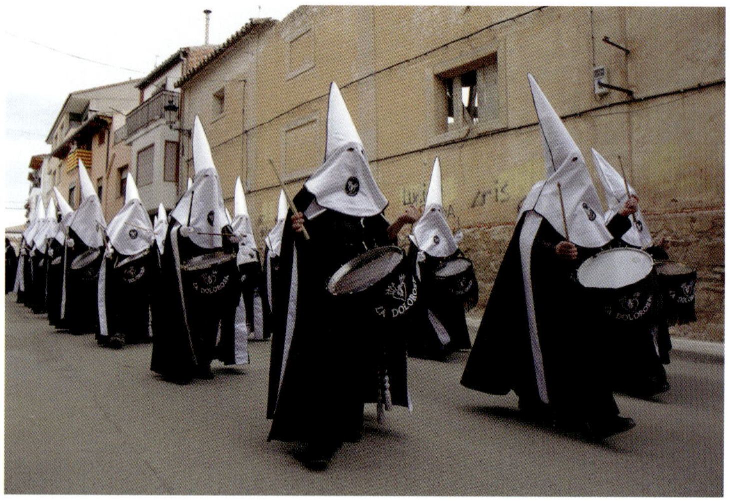

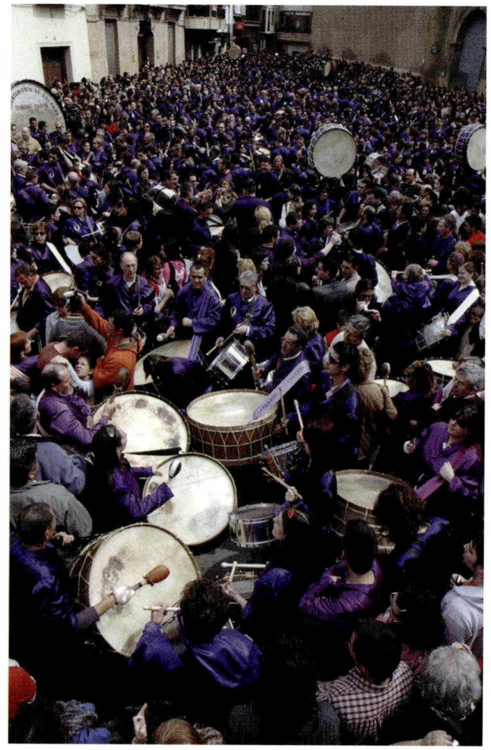

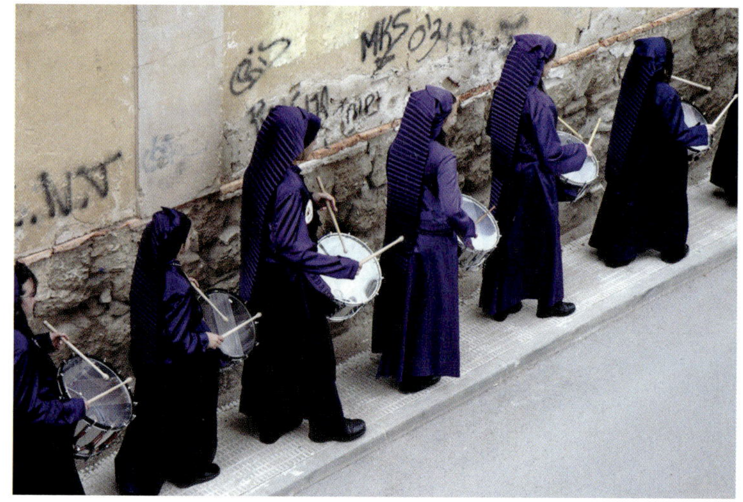

40°56'25" N - 0°13'49" W, d = 19 km

The drum is supposed to chase away evil spirits. This pagan custom is also emulated in certain Christian celebrations. Good Friday, Calanda, Spain
Le tambour est censé chasser les mauvais esprits. Cette coutume païenne a trouvé son application dans certaines célébrations chrétiennes. Vendredi saint à Calanda, Espagne
De trommel moet de boze geesten verdrijven. Dit heidens gebruik is soms in Christelijke vieringen terug te vinden. Goede Vrijdag, Calanda, Spanje

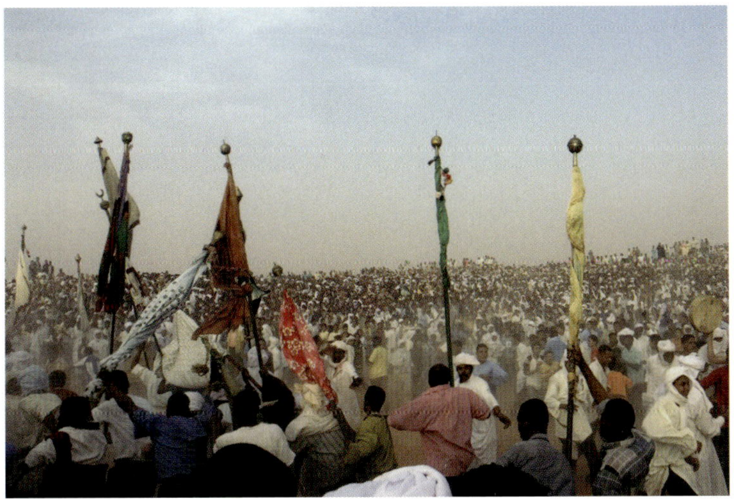

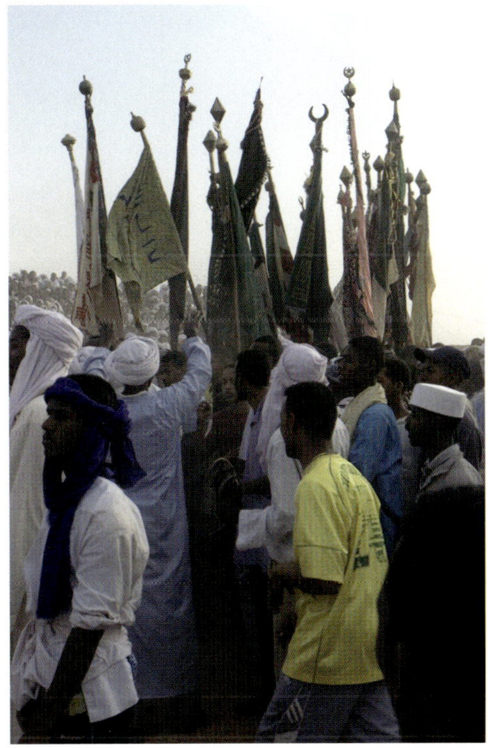

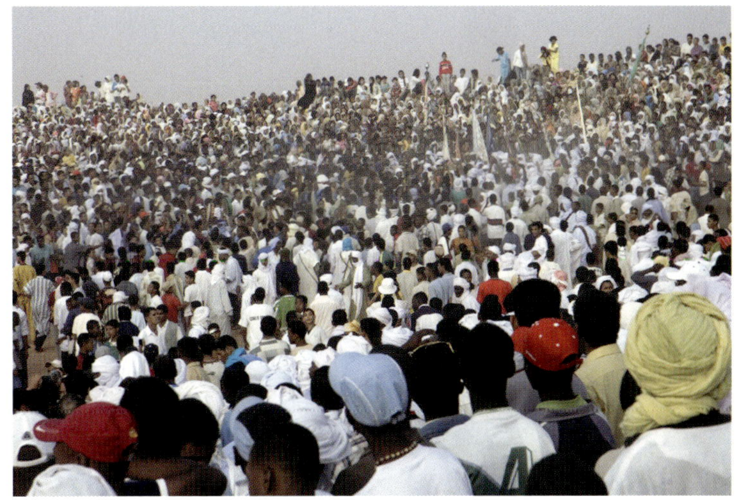

29°14'09" N - 0°12'40" E, d = 20 km

Muslim pilgrims at the religious ceremony of S'bou, celebrating the seventh day following the Mouloud, the date of birth of the Prophet, at the sanctuary of Sidi Hadj Belkacem, near Timimoun, Algeria
Pèlerins musulmans à la fête religieuse du S'bou, célébrant le septième jour après le Mouloud, date de naissance du Prophète, au sanctuaire de Sidi Hadj Belkacem, près de Timimoun, Algérie
Moslimpelgrims tijdens het feest van de 'S'bou', de zevende dag na de 'Moeloed', de verjaardag van de Profeet, het heiligdom van Sidi Hadj Belkacem, bij Timimoun, Algerije

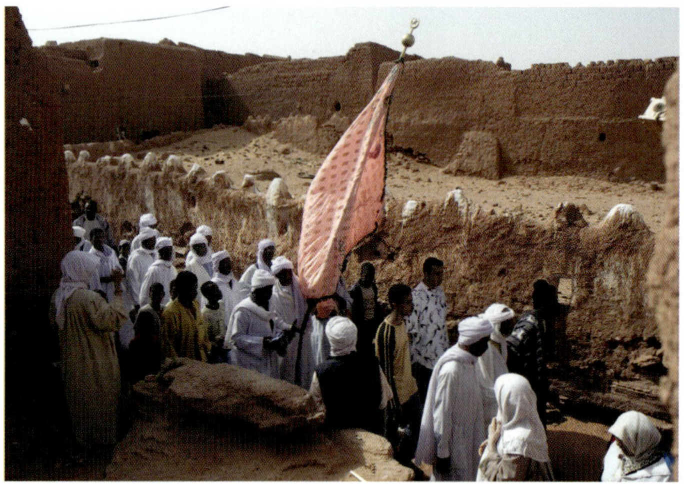 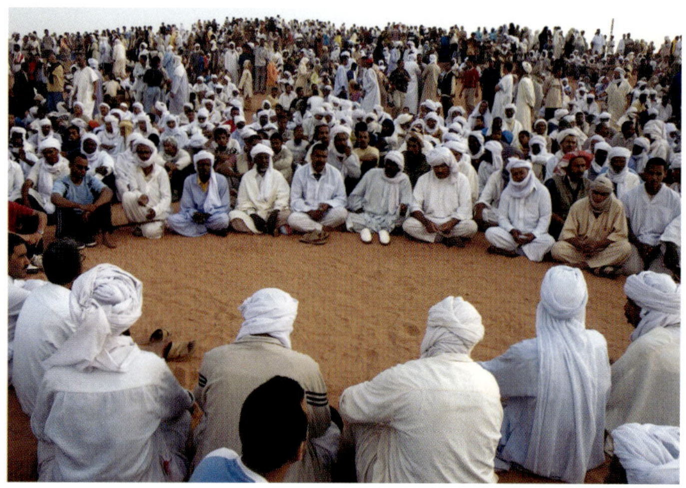 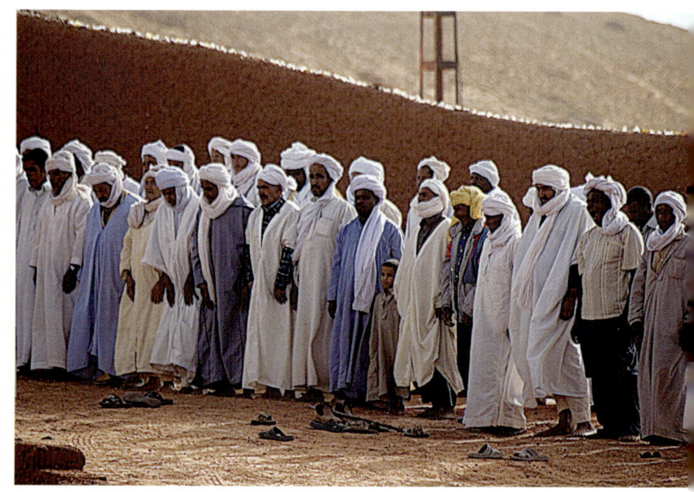

29°14'09" N - 0°12'40" E, d = 20 km

The "flag ceremony" at the sanctuary of Sidi Hadj Belkacem, Algeria, during which the different Zaouïates (brotherhoods) of the region meet
Religious chanting during the ceremony of S'bou, Algeria · Prayers at the sanctuary of Sidi Hadj Belkacem, Algeria

Au sanctuaire de Sidi Hadj Belkacem près de Timimoun, Algérie, la «rencontre des drapeaux» rassemble les différentes zaouïates (confréries) de la région
Chants religieux lors de la fête du S'bou, Algérie · Prière au sanctuaire de Sidi Hadj Belkacem, Algérie

Bij het heiligdom van Sidi Hadj Belkacem, Algerije, de 'ontmoeting van de vlaggen', het treffen van de verschillende 'zaouïates' (broederschappen) uit de streek
Gezang tijdens het feest van de 'S'bou', Algerije · Gebed bij het heiligdom van Sidi Hadj Belkacem, Algerije

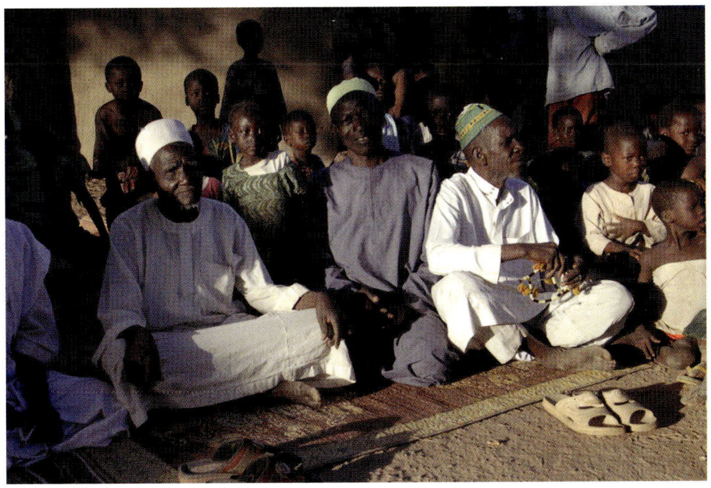

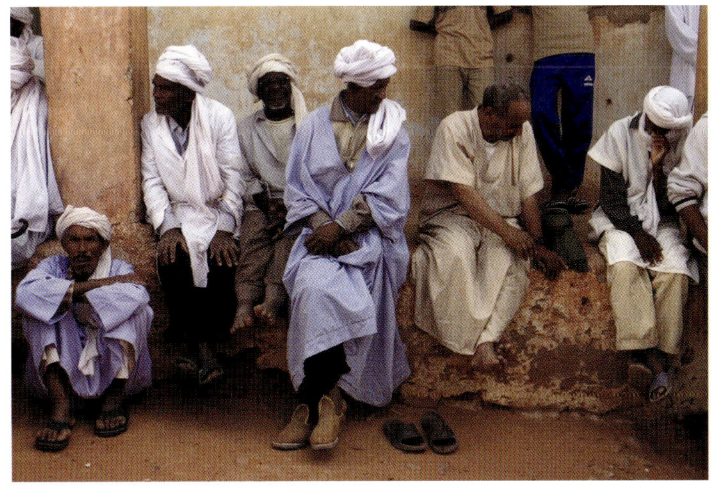

10°53'37" N - 0°04'02" W, d = 7.3 km | 29°14'09" N - 0°12'40" E, d = 20 km

The elders meeting at the mosque of Warinyaga, Ghana · In front of the mosque of Sidi Hadj Belkacem, Algeria
Les anciens se réunissent à la mosquée de Warinyaga, Ghana · Devant la mosquée de Sidi Hadj Belkacem, Algérie
De ouderlingen vergaderen bij de moskee van Warinyaga, Ghana · Voor de moskee van Sidi Hadj Belkacem, Algerije

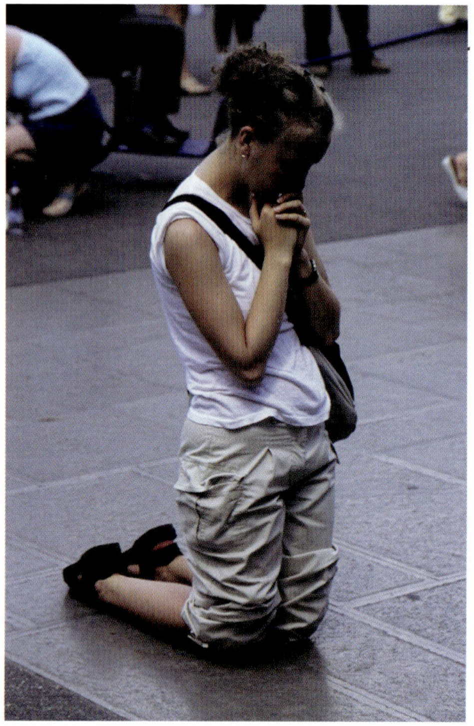

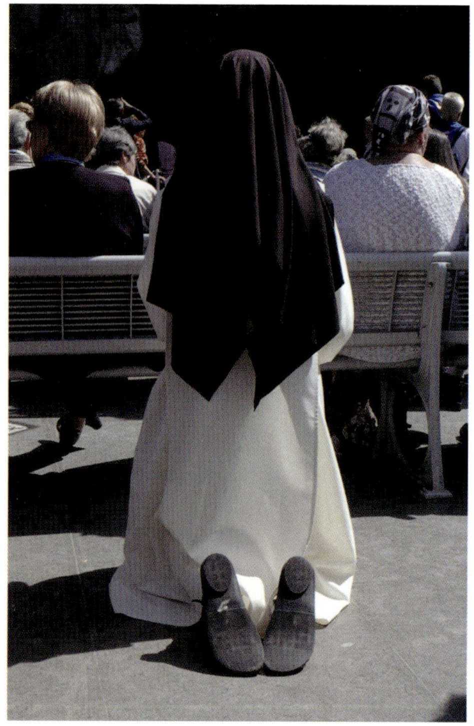

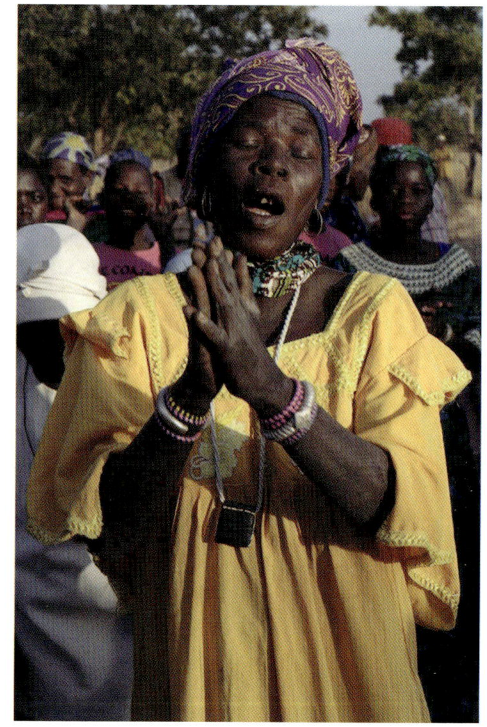

43°05'55" N - 0°03'27" W, d = 4.7 km | 43°05'55" N - 0°03'27" W, d = 4.7 km | 13°16'57" N 0°38'57" W, d = 70 km

The devout present themselves on their knees before the Mystery. Prayers at Lourdes, Hautes-Pyrénées, France · Animistic fervour at Naré, Burkina Faso
C'est à genoux que l'on se présente devant le Mystère. Prières à Lourdes, Hautes-Pyrénées, France · Ferveur animiste à Naré, Burkina Faso
Men knielt voor het Mysterie. Bidden in Lourdes, Hautes-Pyrénées, Frankrijk · Dansen voor de goden in Naré, Burkina Faso

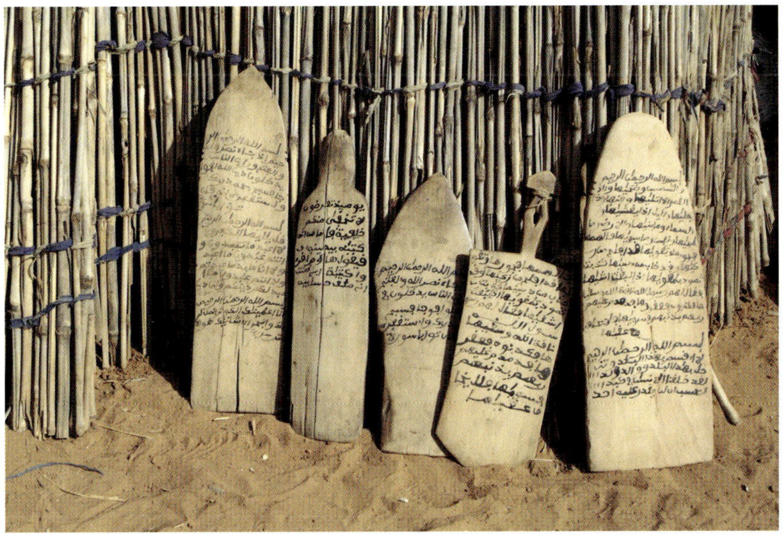

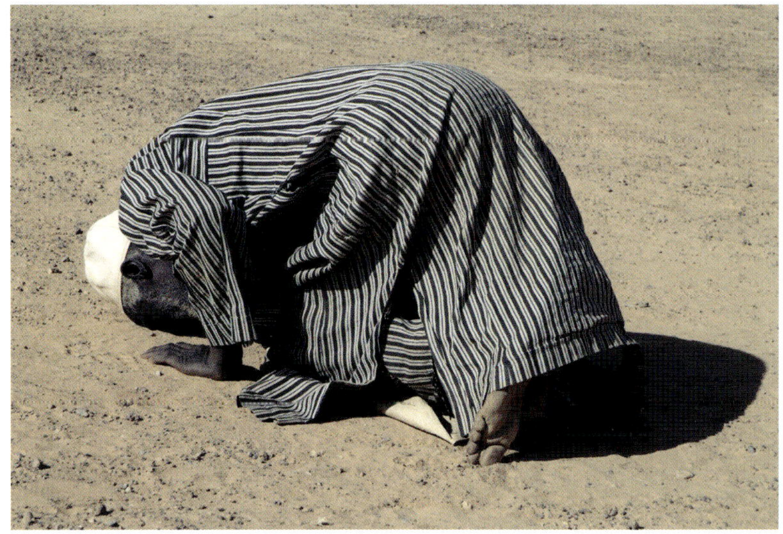

14°18'47" N - 0°06'49" W, d = 12 km | 13°43'33" N - 0°10'02" W, d = 18 km

Wooden tablets covered with suras of the Koran in a Peul encampment in Baliéta, Burkina Faso · Gesture of humility before the Eternal One, in Bani, Burkina Faso
Tablettes de bois couvertes de sourates du Coran dans un campement peul à Baliéta, Burkina Faso · Geste d'humilité devant l'Éternel, à Bani, Burkina Faso
Houten gebedsplankjes met verzen uit de Koran in een Peul-kamp, Baliéta, Burkina Faso · Houding van nederigheid tegenover de Almachtige, in Bani, Burkina Faso

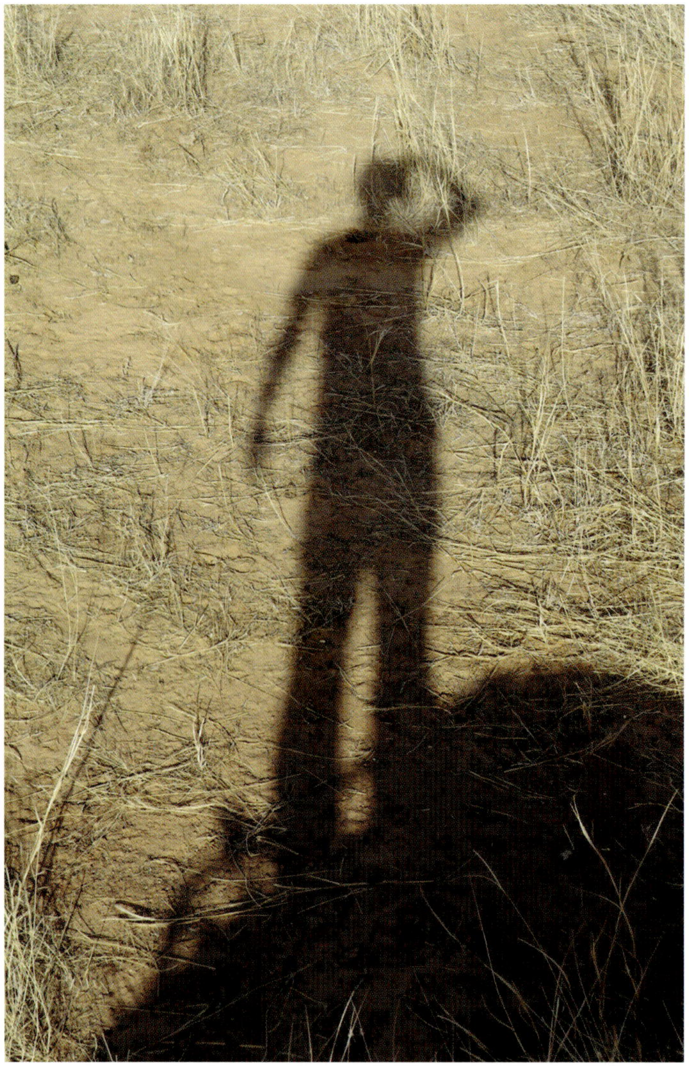

Twilight | Crépuscule | Avondschemering

Like the meridians and the parallels, a network of lines marks the face of man. They express the experience and wisdom of an entire lifetime, yet also the acceptance of the transient nature of life. However, man's gentle gaze attenuates the cruelty of this certainty. We see our friends gradually disappearing around us, friends from our childhood. We accompany them on their last journey, in the knowledge that our turn will come.

Comme les méridiens et les parallèles, un réseau de lignes marque les visages. C'est derrière ces rides que se cachent l'expérience et la sagesse d'une vie. Mais aussi l'acceptation de l'éphémère. La douceur du regard atténue la cruauté de cette certitude. Autour de soi, les amis disparaissent, des camarades d'enfance parfois. On les accompagne à leur dernière demeure. Avant d'être, à son tour, conduit vers l'au-delà.

Als meridianen en parallellen tekent een netwerk van lijnen het gelaat van diegenen die een lang leven achter de rug hebben. Achter die rimpels gaan levenservaring en wijsheid schuil. Maar ook de aanvaarding van vergankelijkheid, iets dat een milde blik verzacht. Vrienden verdwijnen één voor één, soms speelkameraden van weleer. Je begeleidt ze naar hun laatste rustplaats in de wetenschap binnenkort zelf aan de beurt te zijn.

14°43'22" N - 0°00'00" E/W, d = 0 km | 15°43'14" N - 0°28'33" E, d = 51 km

Between Zigberi and Tambao, Burkina Faso · A pirogue on the Niger river, north of Ansongo, Mali
Entre Zigberi et Tambao, Burkina Faso · Pirogue sur le Niger au nord d'Ansongo, Mali
Tussen Zigberi en Tambao, Burkina Faso · Prauw op de Niger ten Noorden van Ansongo, Mali

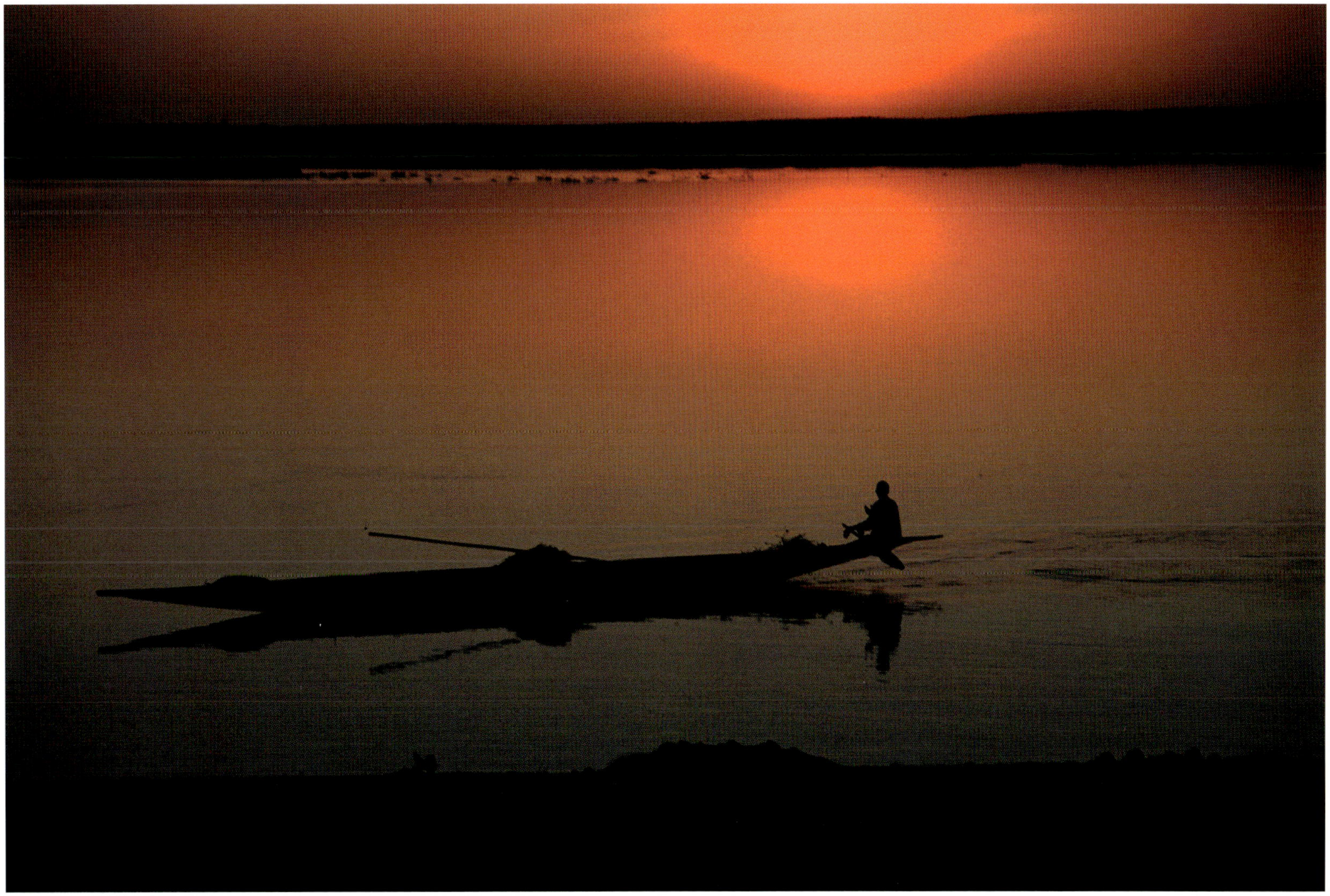

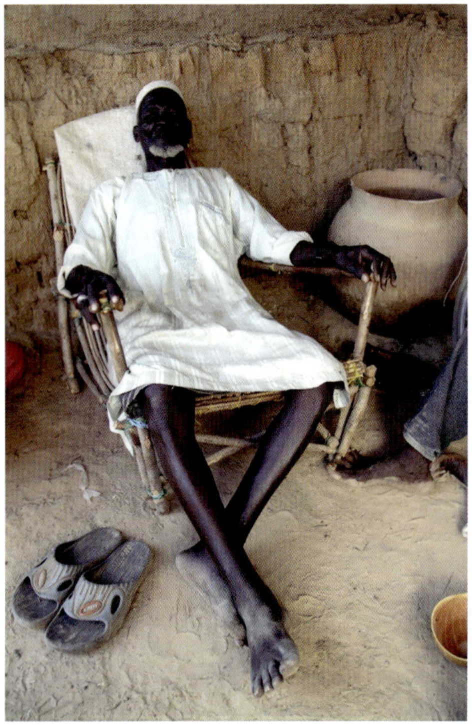

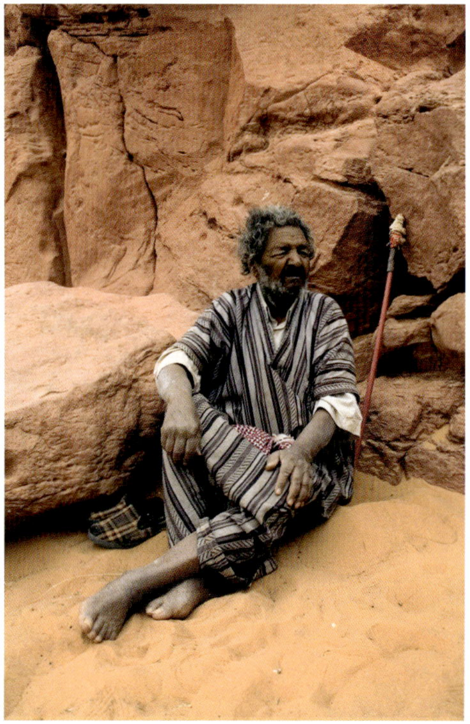

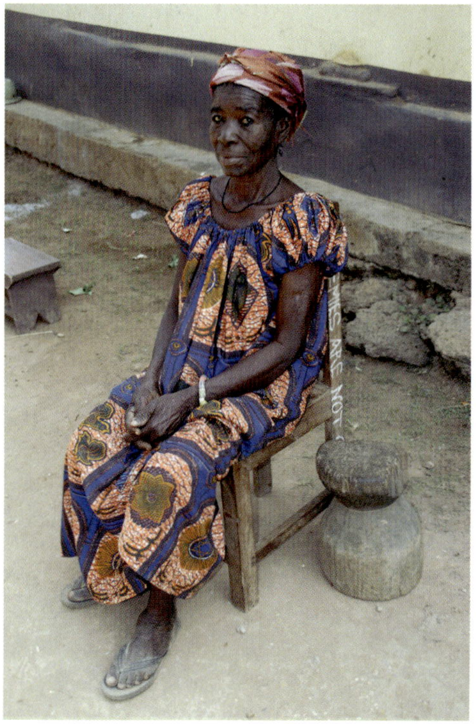

12°04'46" N - 0°00'13" E, d = 0.39 km | 29°22'43" N - 0°19'40" E, d = 32 km | 07°56'30" N - 0°00'00" E/W, d = 0 km

72-year-old Oumarou, village chief at Tangaye, Burkina Faso: "To avoid the bad things happening again, we have to respect one another, whatever one's religion or one's colour"
Hamida, aged 82, at Ighzer, Algeria, is forced to depend on the generosity of others · The elderly Akusia lost in her thought, in the village of Adomai, Ghana

Oumarou, 72 ans, chef du village de Tangaye, Burkina Faso: «Pour éviter que les mauvaises choses se répètent, il faut respecter l'autre, peu importe sa religion ou sa couleur»
Contraint de vivre de la générosité d'autrui, Hamida, 82 ans, à Ighzer, Algérie · La vieille Akusia, perdue dans ses pensées, au village d'Adomai, Ghana

Oumarou, 72 jaar, dorpshoofd van Tangaye, Burkina Faso: 'Als we willen dat de slechte zaken zich niet herhalen, moeten we de ander respecteren, ongeacht zijn godsdienst of zijn huidskleur'
De 82-jarige Hamida in Ighzer, Algerije, is afhankelijk van wat anderen hem geven · De oude Akusia is in haar gedachten verzonken, in het gehucht Adomai, Ghana

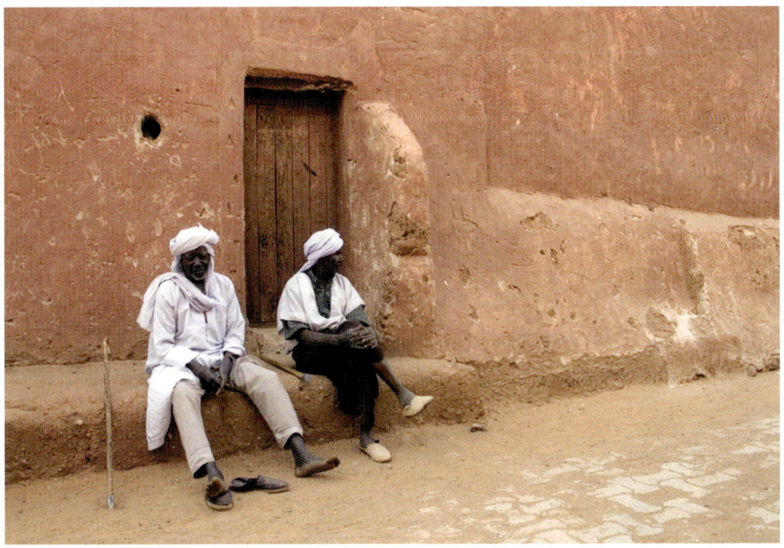

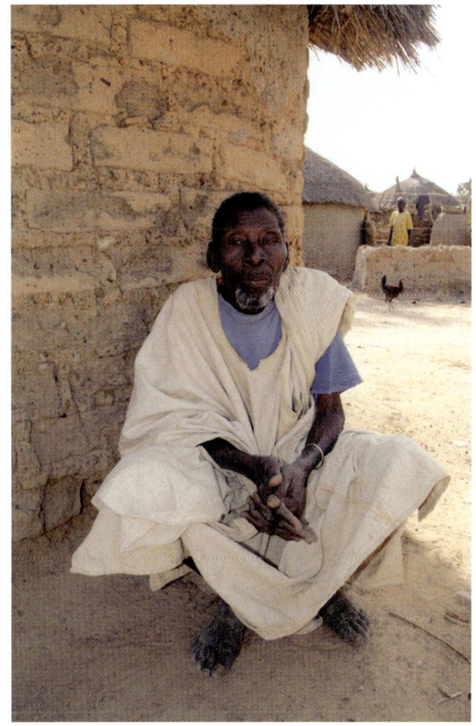

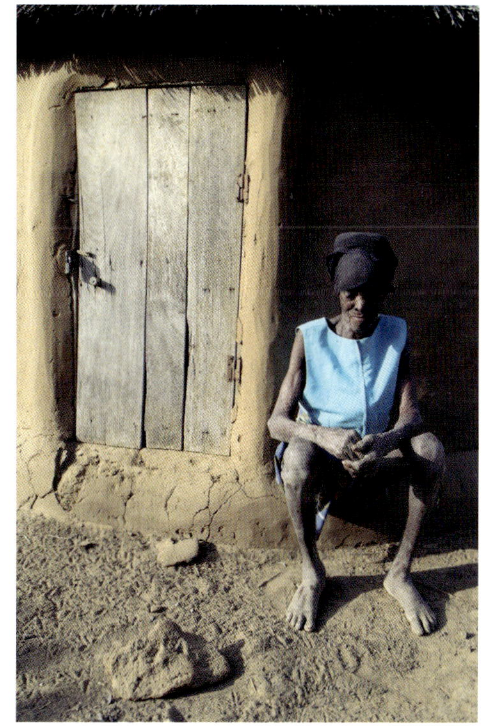

29°15'52" N - 0°13'40" E, d = 22 km | 12°04'46" N - 0°00'13" E, d = 0.39 km | 12°56'01" N - 0°00'14" E, d = 0.42 km

Two friends in Timimoun, Algeria, would like to talk to young people "about the past so that they will appreciate the present better" · Yamba, in Tangaye, Burkina Faso: "What a pity that life is so short, it is so beautiful!" · In the village of Leoura, Burkina Faso, they say that Bala Bourgou was 110 years old

Deux amis à Timimoun, Algérie, aimeraient parler aux jeunes «du temps d'avant, afin qu'ils apprécient le temps présent» · Yamba, à Tangaye, Burkina Faso: «Dommage que la vie soit si courte, car elle est si belle!» · Dans le village de Léoura, Burkina Faso, on dit que Bala Bourgou a 110 ans

Twee vrienden in Timimoun, Algerije, zouden de jongeren willen vertellen 'over vroeger, zodat ze het heden meer waarderen' · Yamba, in Tangaye, Burkina Faso: 'Wat jammer dat het leven zo kort is, want wat is het leven toch mooi!' · In het dorpje Léoura, Burkina Faso, vertelt men dat Bala Bourgou 110 jaar oud is

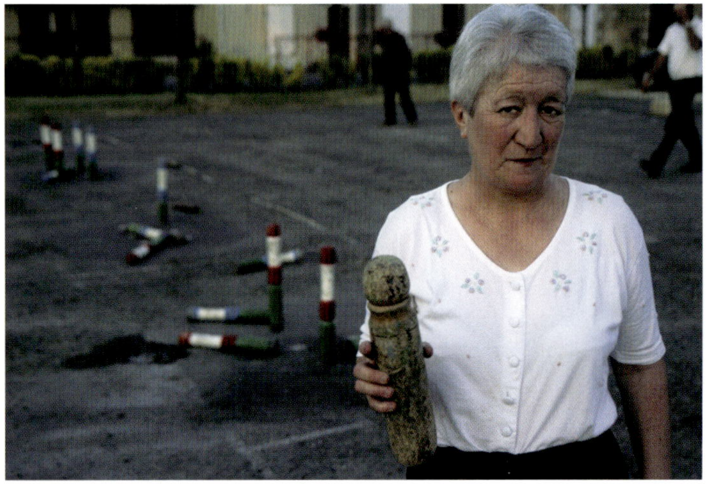

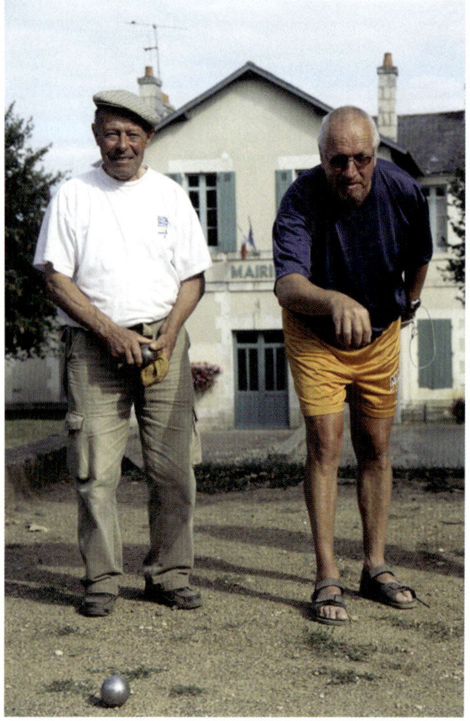

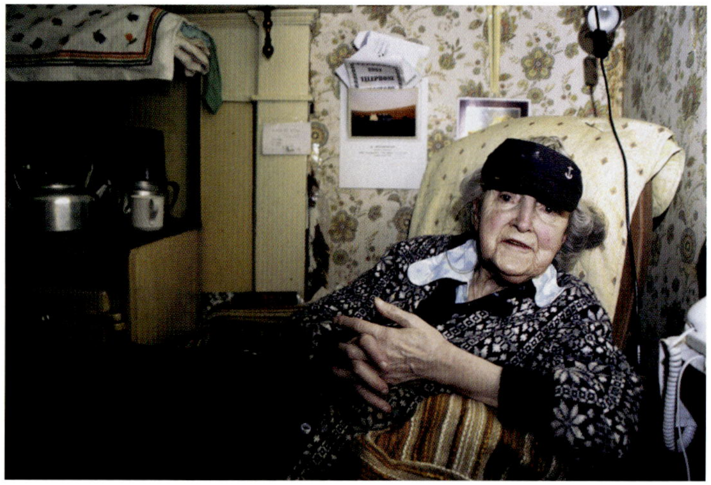

43°52'51" N - 0°23'08" E, d = 31 km | 46°29'43" N - 0°01'17" W, d = 1.6 km | 60°42'54" N - 0°56'23" W, d = 51 km

Sarah playing the old French game "maillet" in Valence-sur-Baïse, Gers, France · Claude and Michel, who have been friends since primary school, get together for their daily game of "pétanque", Sanxay, Vienne, France
Nurse Mima Sutherland, aged 99, a former midwife, lives all alone in her small farmhouse near Burragarth on the isle of Unst in the Shetland Isles, Scotland

Sarah joue au «maillet» à Valence-sur-Baïse, Gers, France · Claude et Michel, amis de l'école primaire, se retrouvent pour leur pétanque quotidienne, Sanxay, Vienne, France
Nurse Mima Sutherland, 99 ans, ancienne sage-femme, vit toute seule dans sa fermette de Burragarth dans l'île d'Unst aux Shetlands, en Écosse

Sarah speelt 'maillet', een soort kegelspel in Valence-sur-Baïse, Gers, Frankrijk · Claude en Michel, vrienden sinds de lagere school, spelen elke dag samen boules, Sanxay, Vienne, Frankrijk
Nurse Mima Sutherland, 99 jaar, werkte als vroedvrouw en leeft nu geheel alleen in haar boerderijtje bij Burragarth op Unst in de Shetland eilanden, Schotland

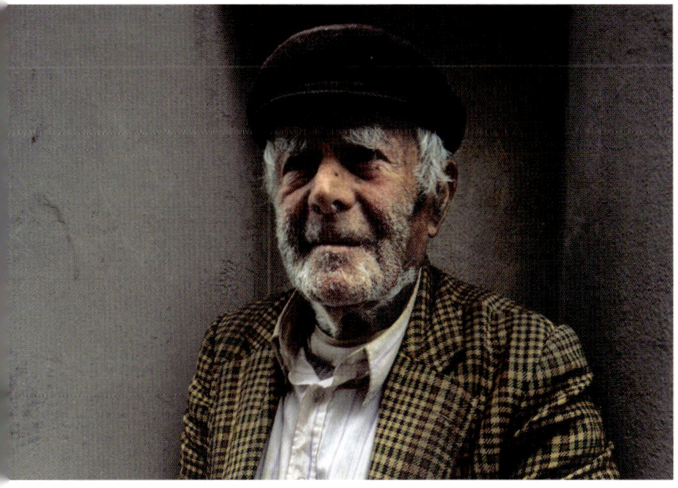

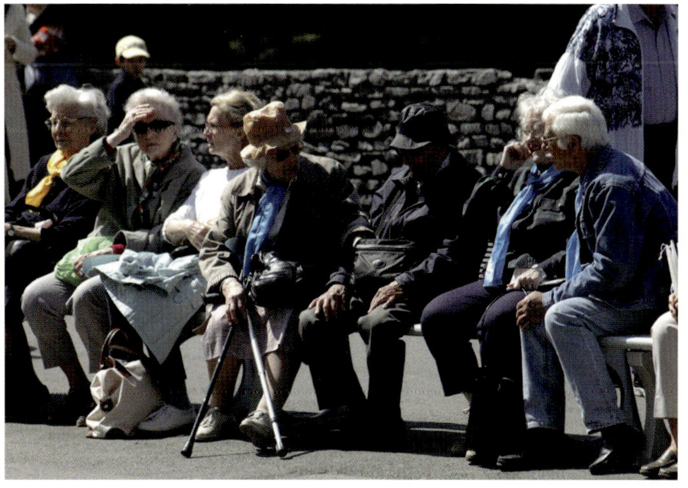

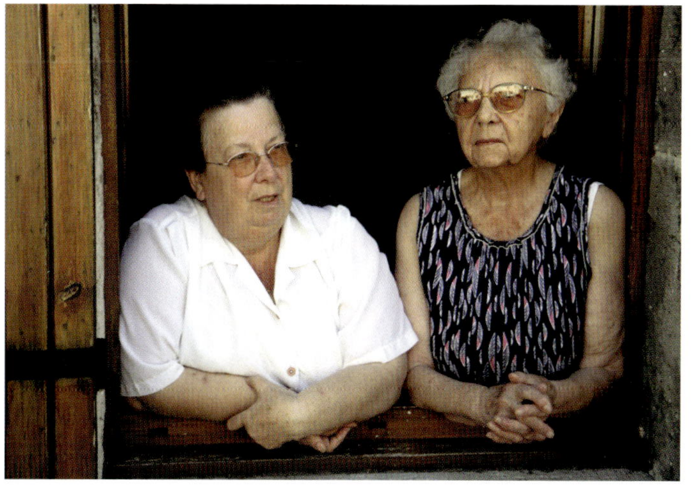

49°19'38" N - 0°00'01" W, d = 0.02 km | 43°05'55" N - 0°03'26" W, d = 4.6 km | 44°11'44" N - 0°02'02" E, d = 2.7 km

90-year old Léon, in Villers-sur-Mer, Calvados, France · Convalescent patients in front of the grotto of Lourdes, Hautes-Pyrénées, France · Juliette, aged 92, with her daughter-in-law Claire, in Houeillès, Lot-et-Garonne, France, a few months before she died from cancer

Léon, 90 ans, à Villers-sur-Mer, Calvados, France · Convalescents devant la grotte de Lourdes, Hautes-Pyrénées, France · Juliette, 92 ans, avec sa belle-fille Claire, à Houeillès, Lot-et-Garonne, France, quelques mois avant qu'un cancer ne l'emporte

Léon, 90 jaar, Villers-sur-Mer, Calvados, Frankrijk · Ouderen die genezing komen zoeken bij de grot van Lourdes, Hautes-Pyrénées, Frankrijk · Juliette, 92 jaar, met haar schoondochter Claire, in Houeillès, Lot-et-Garonne, Frankrijk, enkele maanden voordat ze aan kanker stierf

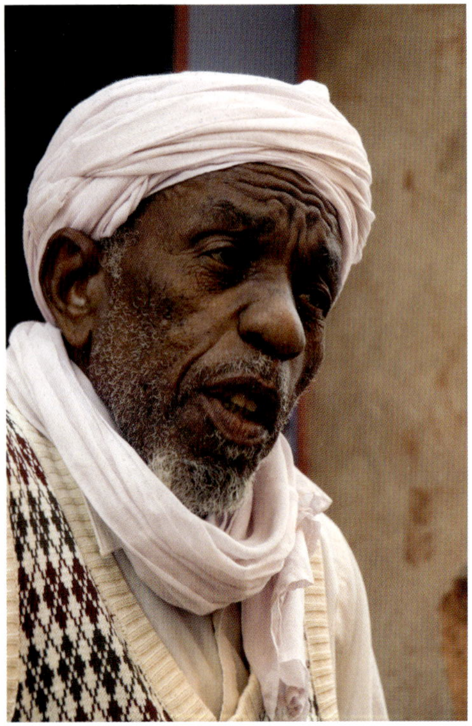
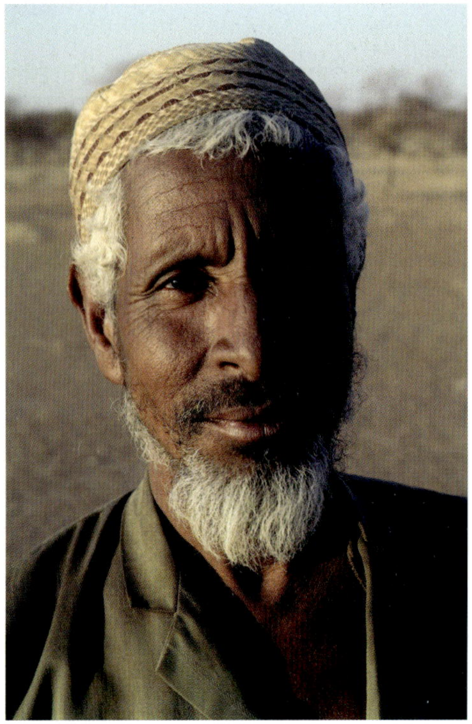
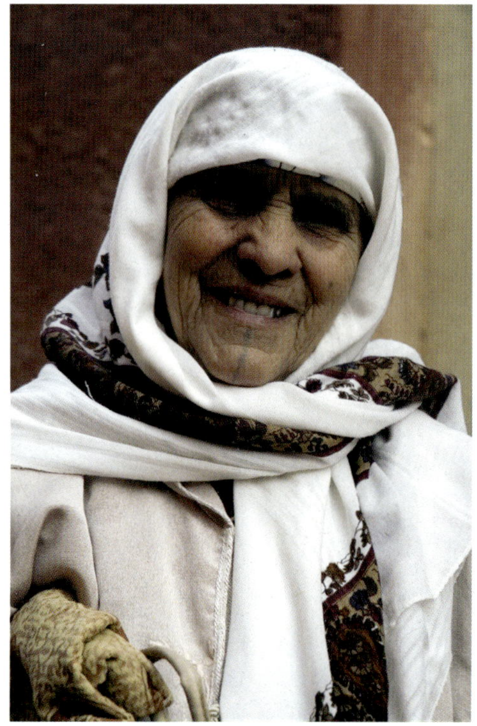
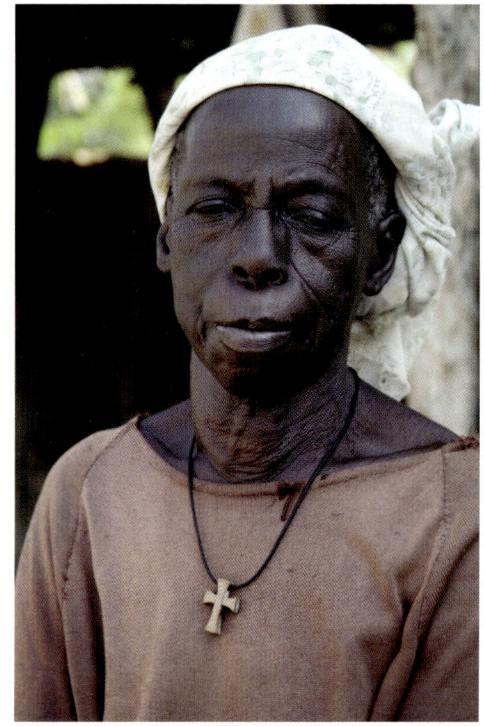

29°15'55" N - 0°13'29" E, d = 22 km | 14°39'04" N - 0°24'44" W, d = 44 km | 29°15'55" N - 0°13'29" E, d = 22 km | 12°04'46" N - 0°00'13" E, d = 0.39 km

Ahmed, in Timimoun, Algeria · Amadou, in Gountouré, Burkina Faso · Woman with tattoo on her chin, in Timimoun, Algeria · Antoinette, in Tangaye, Burkina Faso
Ahmed, à Timimoun, Algérie · Amadou, à Gountouré, Burkina Faso · Femme tatouée au menton, à Timimoun, Algérie · Antoinette, à Tangaye, Burkina Faso
Ahmed, in Timimoun, Algerije · Amadou, in Gountouré, Burkina Faso · Vrouw met tatoeëring op haar kin, in Timimoun, Algerije · Antoinette, in Tangaye, Burkina Faso

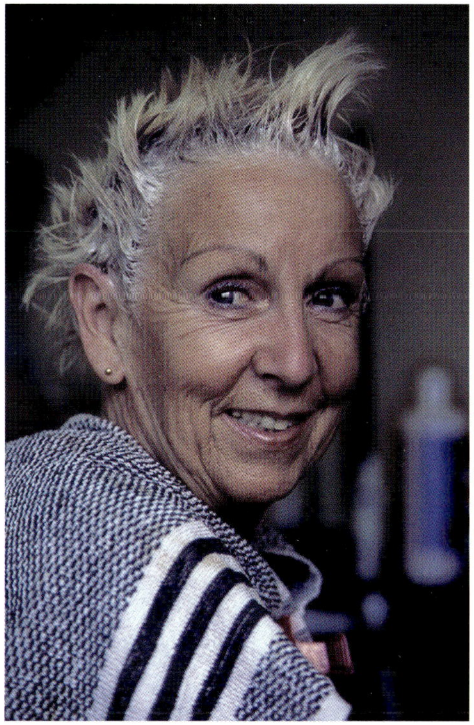 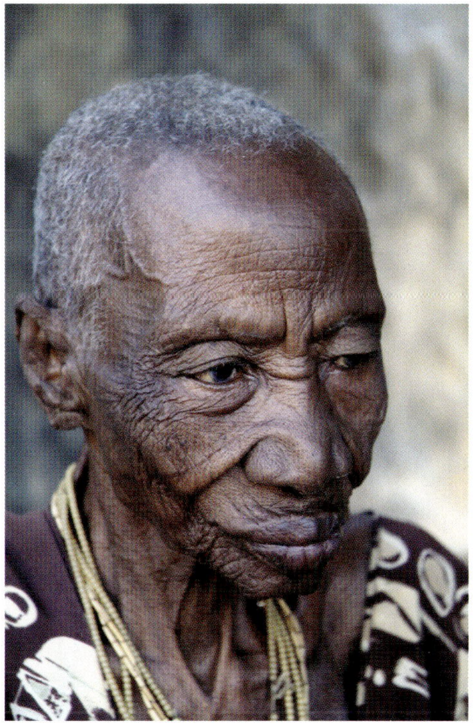 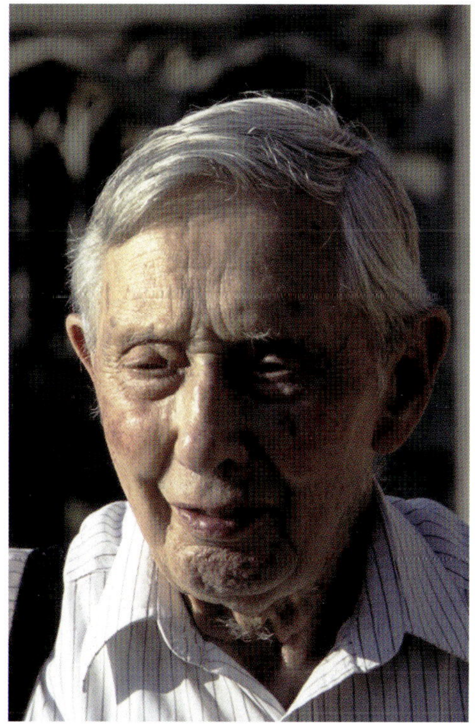 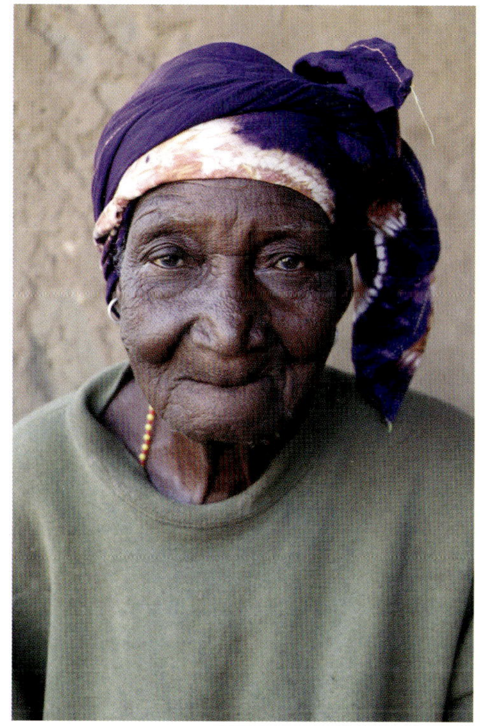

51°35'16" N - 0°00'19" W, d = 0.4 km | 11°43'53" N - 0°26'39" W, d = 48 km | 52°12'33" N - 0°07'02" E, d = 8 km | 11°43'53" N - 0°26'39" W, d = 48 km

Margaret travels once a month from London to Roger's Hair Fashion in Walthamstow · Diudane, aged 106, in Sasma, Burkina Faso: "I wish that when I die, all my children, grandchildren and great-grandchildren will come to have a big celebration!" · Harold was born in Cambridge, England, in 1912 · Dindane, in Sasma, Burkina Faso

Margaret se rend une fois par mois de Londres à Walthamstow chez Roger's Hair Fashion · Diudane, 106 ans, à Sasma, Burkina Faso: «Lorsque je serai morte, je souhaite que tous mes enfants, petits-enfants et arrière petits-enfants viennent faire une grande fête !» · Harold est né à Cambridge, Angleterre, en 1912 · Dindane, à Sasma, Burkina Faso

Eens per maand gaat Margaret van Londen naar 'Roger's Hair Fashion' in Walthamstow · Diudane, 106 jaar, in Sasma, Burkina Faso: 'Als ik dood ben, wil ik dat al mijn kinderen, kleinkinderen en achterkleinkinderen hier een grandioos feest komen vieren!' · Harold is in 1912 in Cambridge, Engeland, geboren · Dindane in Sasma, Burkina Faso

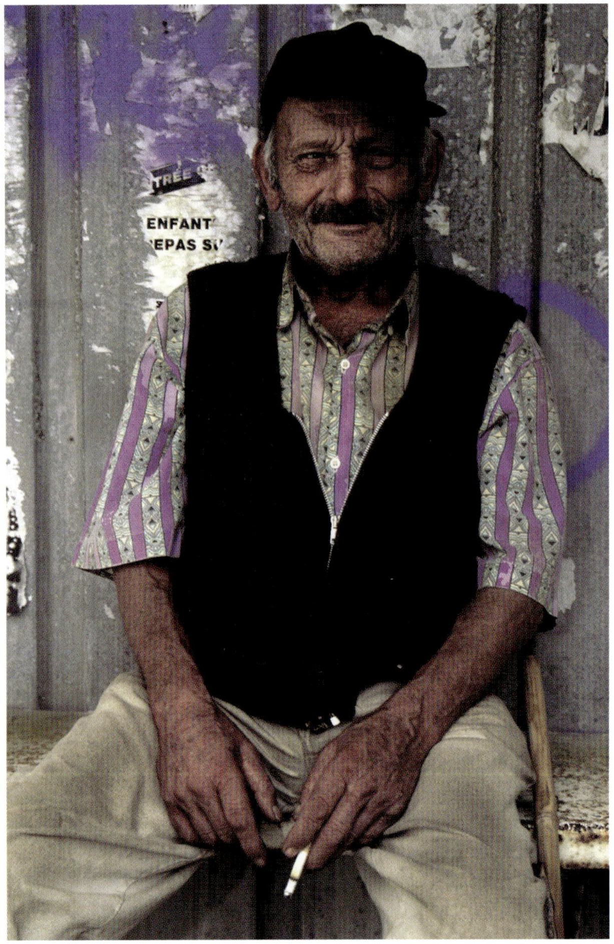

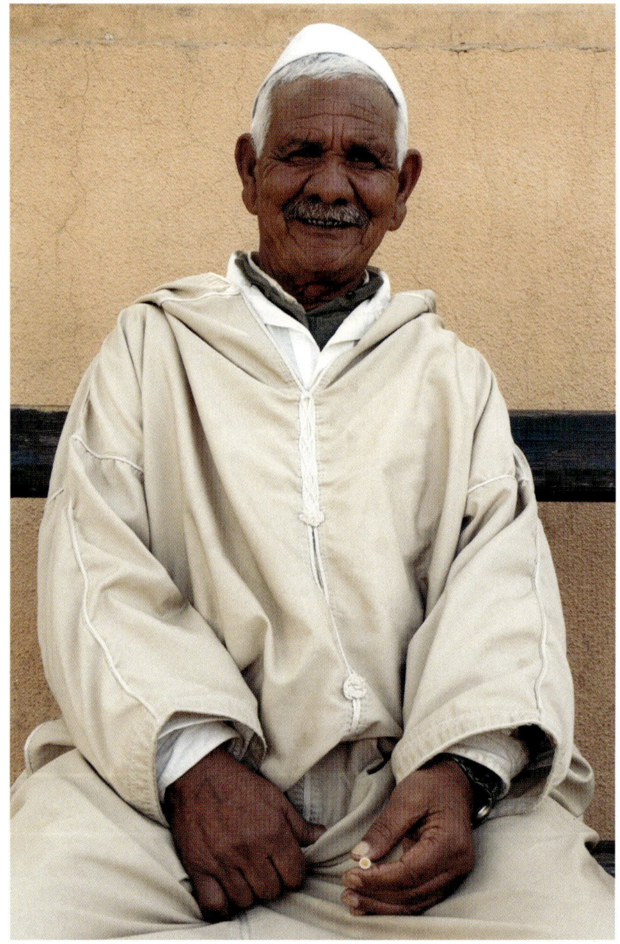

45°43'51" N - 0°01'03" W, d = 1.4 km | 35°49'57" N - 0°00'02" W, d = 0.05 km

Eugène, a former agricultural worker, in the Fontenelle bus shelter near Échallat, Charente, France · An old smoker in front of the mosque of Stidia, Algeria
Eugène, ancien ouvrier agricole dans l'abribus de Fontenelle, près d'Échallat, Charente, France · Vieux fumeur devant la mosquée de Stidia, Algérie
Eugène, een gepensioneerde landbouwer in een bushalte in Fontenelle, bij Échallat, Charente, Frankrijk · Oude roker voor de moskee van Stidia, Algerije

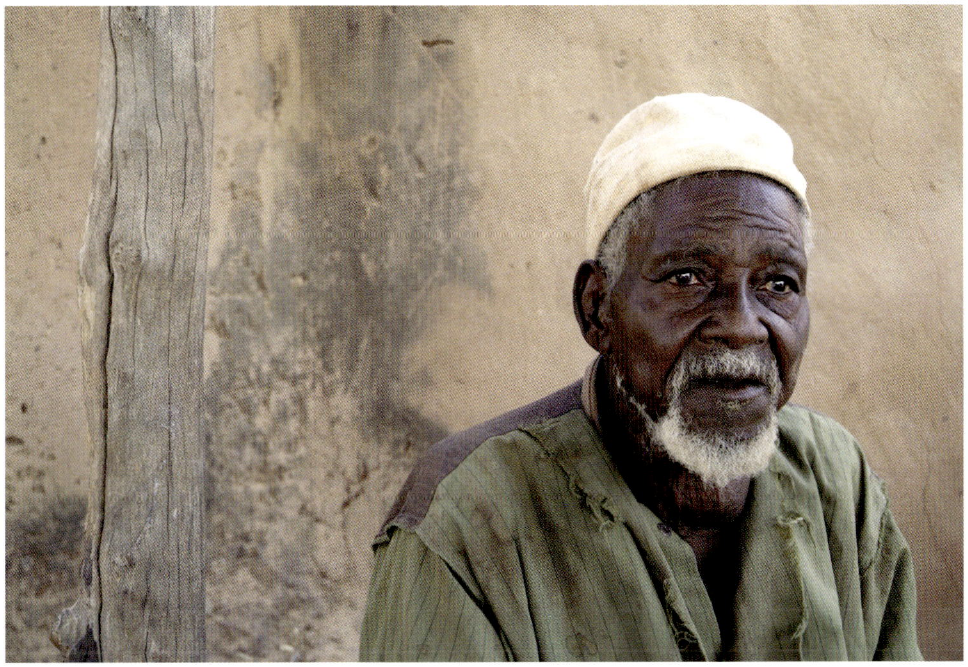

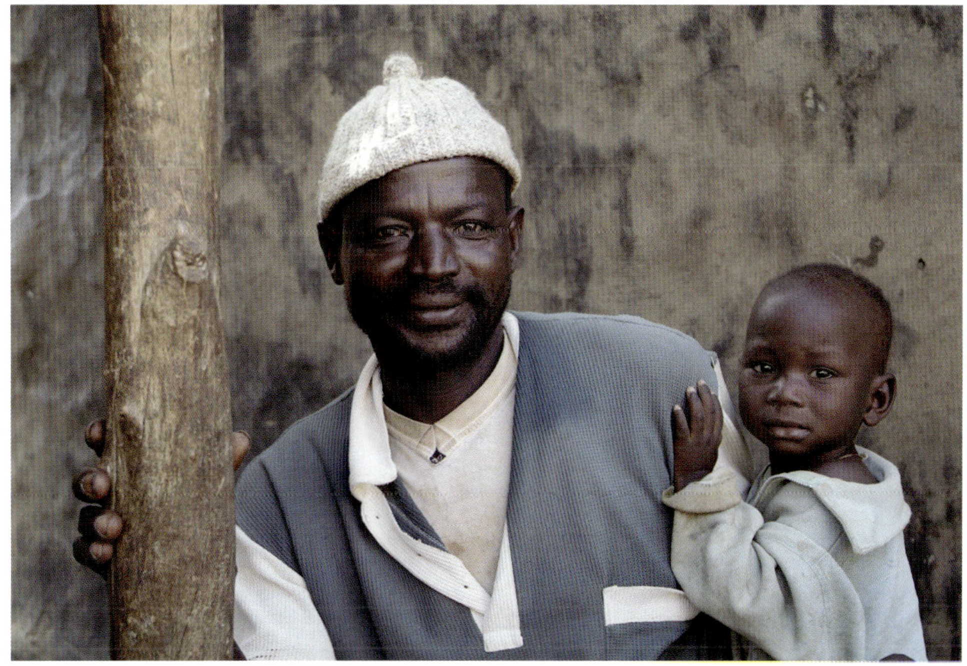

11°43'53" N - 0°26'39" W, d = 48 km

Three generations in the village of Sasma, Burkina Faso: little Jacques, his father Daboné and the elderly Daboné Gobi, aged 89. "In my time, life was difficult: we went barefoot and were often hungry because we always had to allow for tomorrow"

Au village de Sasma, Burkina Faso, trois générations. Le petit Jacques, son père Daboné et le vieux Daboné Gobi, 89 ans: «De notre temps, tout était difficile. On marchait pieds nus et on nous empêchait de manger à notre faim, car il fallait toujours prévoir "pour après"»

Drie generaties in het dorpje Sasma, Burkina Faso: de kleine Jacques, zijn vader Daboné en de oude Daboné Gobi, 89 jaar: 'Vroeger was alles moeilijk. We liepen altijd op blote voeten en we konden nooit onze honger stillen want we moesten altijd iets bewaren "voor later"'

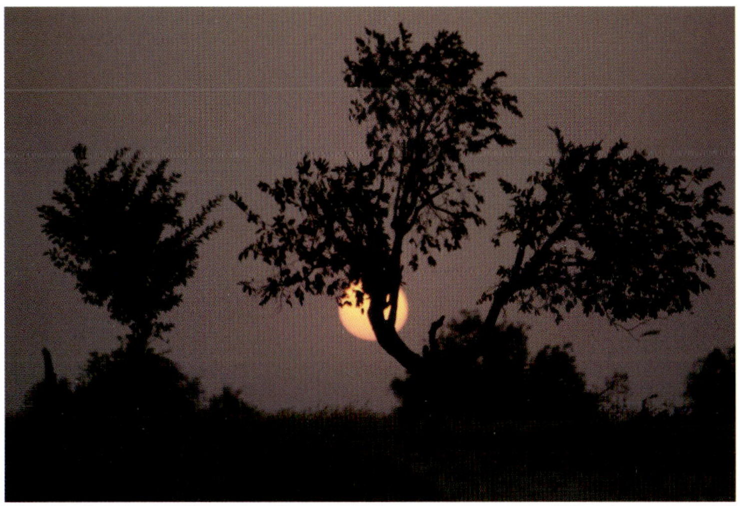

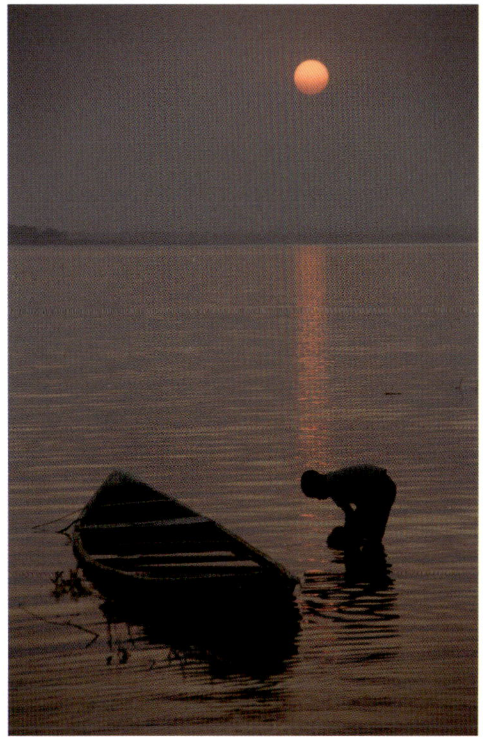

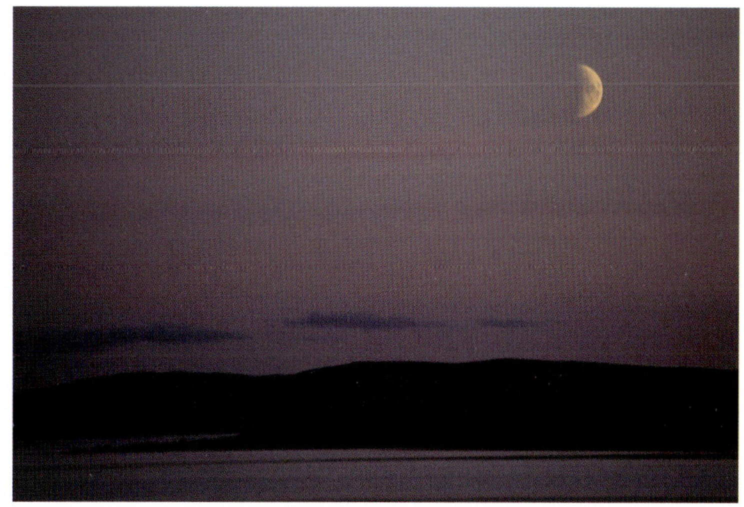

12°39'40" N 0°05'30" W, d = 9.9 km | 07°48'02" N 0°03'08" W, d = 5.7 km | 60°45'36" N 0°50'40" W, d = 46 km

Sunrise in the bush near Piéla, Burkina Faso · Sunset near Kete Krachi on Lake Volta, Ghana · Half-moon at Baltasound on the isle of Unst, Shetland Isles, Scotland
Lever de soleil dans la brousse à Piéla, Burkina Faso · Coucher de soleil à Kete Krachi sur le lac Volta, Ghana · Demi-lune à Baltasound dans l'île d'Unst, Shetlands, Écosse
Zonsopgang in de bush bij Piéla, Burkina Faso · Zonsondergang boven het Voltameer bij Kete Krachi, Ghana · Halve maan boven Baltasound op Unst, Shetland eilanden, Schotland

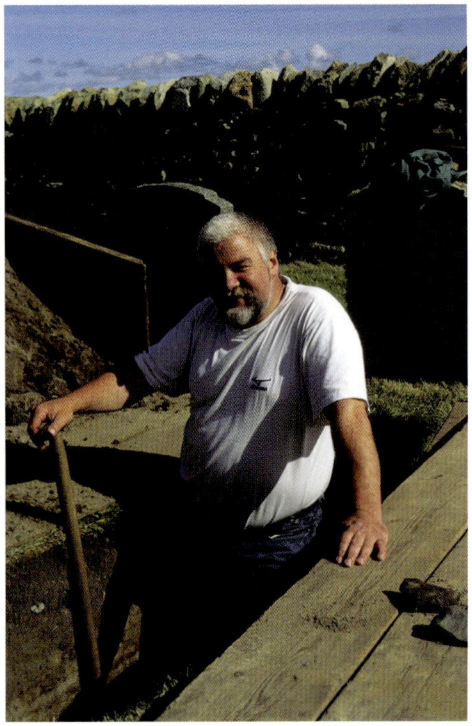

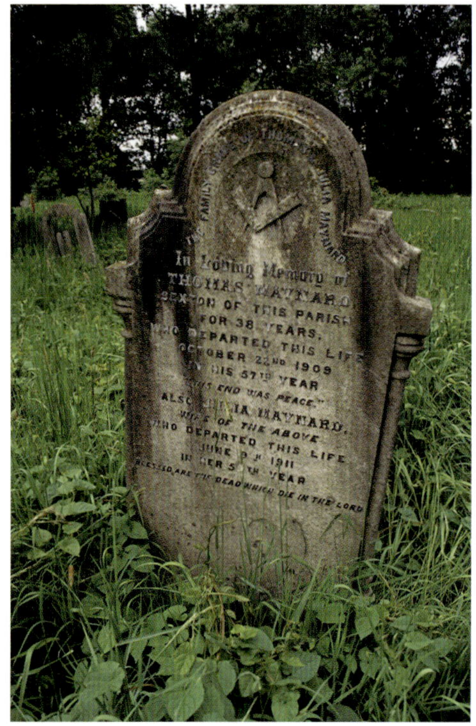

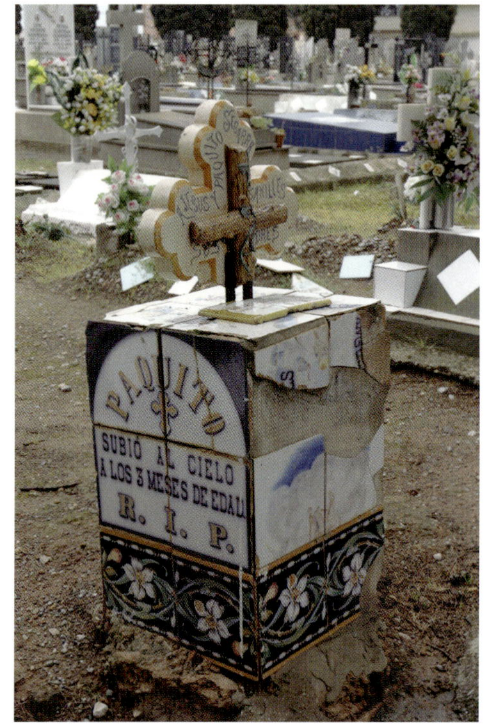

60°48'18" N - 0°48'09" W, d = 43 km | 51°35'09" N - 0°00'35" W, d = 0.67 km | 39°59'41" N - 0°03'09" W, d = 4.5 km

Steve, the ambulance driver, ...driver of the hearse and... gravedigger on the Shetland Isles, Scotland · At the cemetery of St. Mary-the-Virgin's church at Walthamstow, England, the gravestone of Thomas Maynard, who died on 22 October · At the municipal cemetery of Castellón de la Plana, Spain, the small gravestone of Paquito, "who rose to heaven at the age of three months"

Steve, l'ambulancier, ...chauffeur de corbillard et... fossoyeur aux îles Shetland, Écosse · Au cimetière de l'église Saint-Mary-the-Virgin à Walthamstow, Angleterre, la tombe de Thomas Maynard, décédé un 22 octobre
Au cimetière municipal de Castellón de la Plana, Espagne, la petite sépulture de Paquito, «monté au ciel à l'âge de trois mois»

Steve, ziekenautochauffeur, ...lijkwagenchauffeur en... grafdelver op de Shetland eilanden, Schotland · Op het kerkhof van Saint-Mary-the-Virgin in Walthamstow, Engeland, staat de grafsteen van Thomas Maynard, die op een 22e oktober is gestorven · Op de gemeentebegraafplaats van Castellón de la Plana, Spanje, het kleine grafje van Paquito, 'op de leeftijd van drie maanden naar de hemel gestegen'

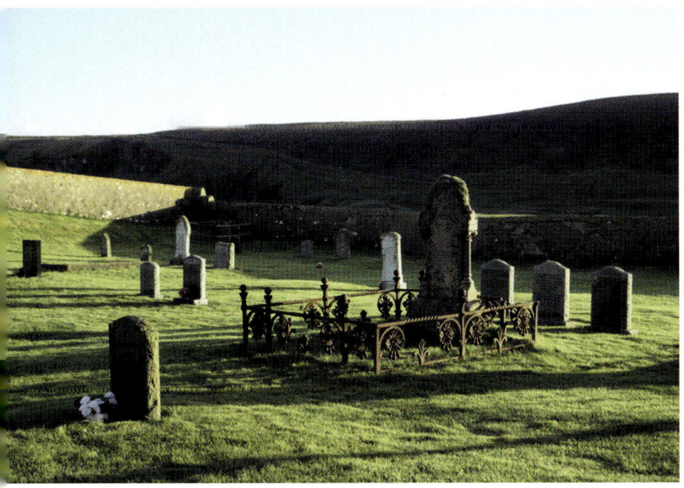

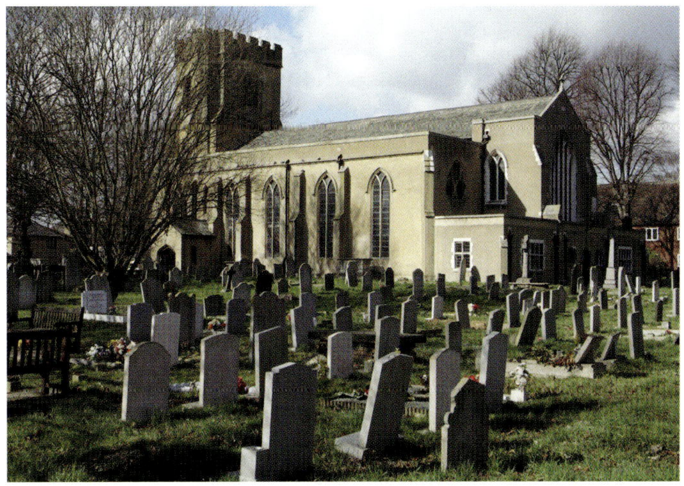

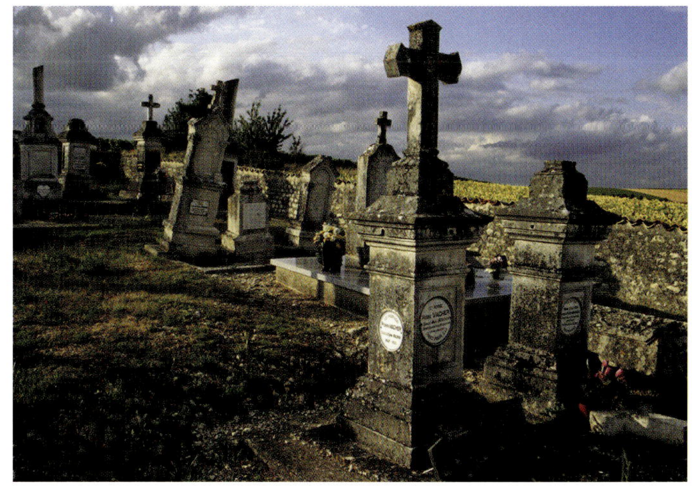

60°35'39" N - 0°53'07" W, d = 48 km | 51°35'09" N - 0°00'35" W, d = 0.37 km | 45°48'17" N - 0°01'28" E, d = 1.9 km

Protestant cemetery at Tresta, on the isle of Fetlar, Shetland Isles, Scotland · Anglican cemetery at Walthamstow, England · Convivial disorder in the small cemetery of the village of Genac, Charente, France
Cimetière protestant à Tresta, dans l'île de Fetlar, Shetlands, Écosse · Cimetière anglican à Walthamstow, Angleterre · «Désordre» convivial dans le petit cimetière du village de Genac, Charente, France
Protestantse begraafplaats bij Tresta, op Fetlar, Shetland eilanden, Schotland · Anglicaans kerkhof in Walthamstow, Engeland · Gezellige rommeligheid op het kerkhofje van Genac, Charente, Frankrijk

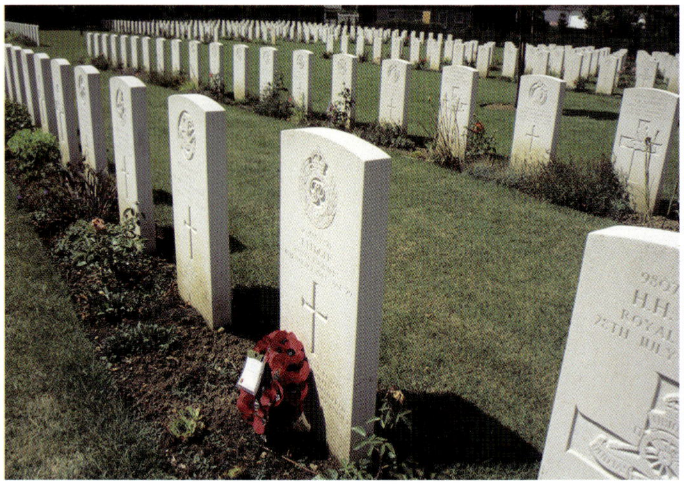

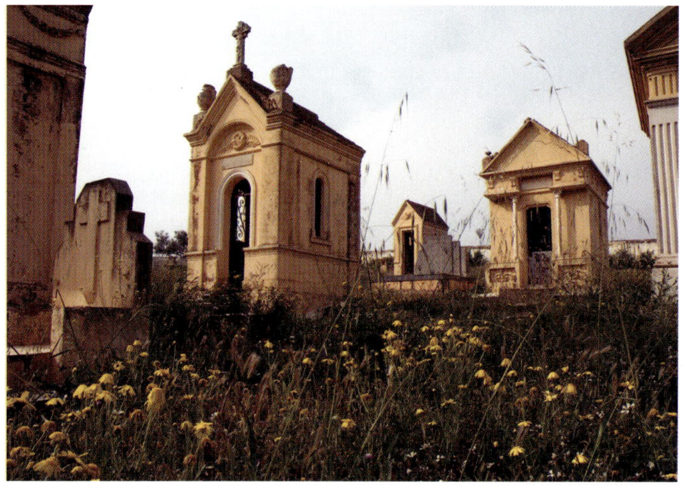

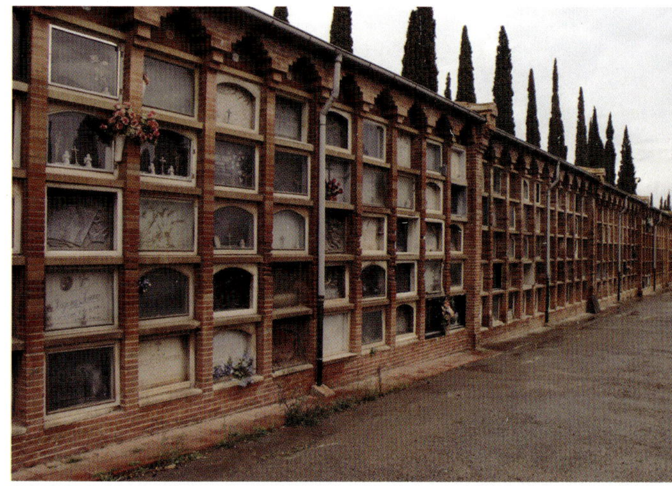

49°13'55" N - 0°15'28" W, d = 19 km | 35°50'12" N - 0°00'17" W, d = 0.42 km | 39°59'41" N - 0°03'09" W, d = 4.5 km

Gravestones as far as the eye can see in this British military cemetery at Ranville, near the Normandy beaches, France. The inscription on one of the gravestones reads: "A soldier of the 1939-1945 War, known unto God"
The French cemetery in Stidia, Algeria, abandoned since the departure of the French colonials · Gravestones embedded in the walls of the cemetery of Castellón de la Plana, Spain

Tombes à l'infini au cimetière militaire anglais de Ranville, près des plages du Débarquement de Normandie, France. Sur l'une des pierres tombales: «Un soldat de la guerre 1939-1945, connu seulement de Dieu»
Le cimetière français de Stidia, Algérie, abandonné depuis l'exode des pieds-noirs · Sépultures encastrées dans les murs du cimetière de Castellón de la Plana, Espagne

Oneindige rijen grafstenen op de militaire begraafplaats van Ranville, vlak bij de stranden van D-Day in Normandië, Frankrijk. Op één van de grafstenen staat: 'Een soldaat van de oorlog 1939-1945, slechts bekend bij God'
De oude Franse begraafplaats in Stidia, Algerije, verlaten sinds de exodus van de kolonisten · Graftomben in de muren van de begraafplaats van Castellón de la Plana, Spanje

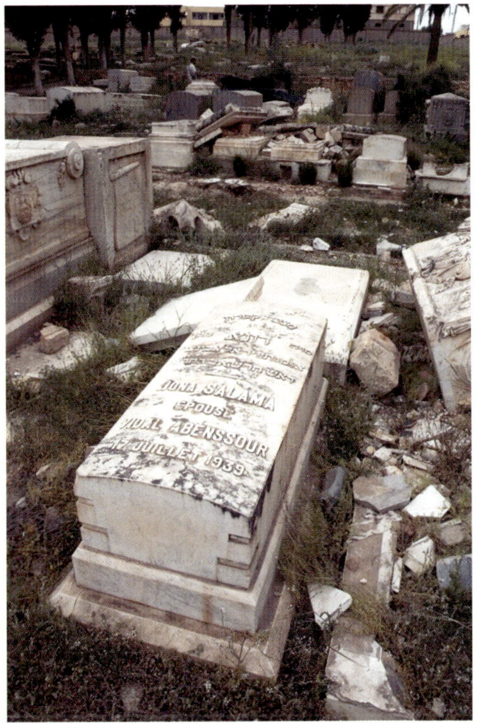

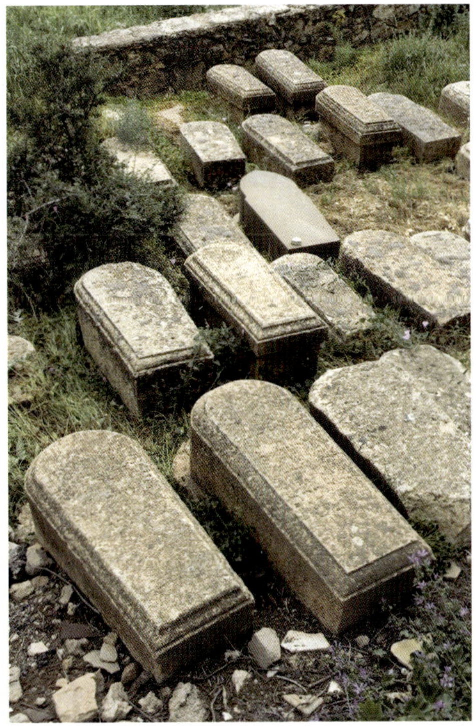

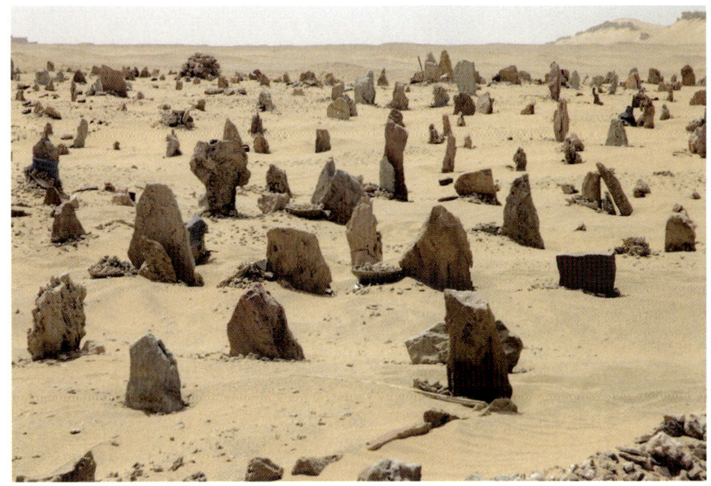

35°24'09" N - 0°08'42" E, d = 13 km | 27°03'02" N - 0°05'21" W, d = 8.8 km

The Jewish cemetery of Mascara, Algeria, has been abandoned for more than half a century, and many gravestones have been desecrated · Children's graves at the Jewish cemetery of Mascara, Algeria
No inscriptions, only simple stones and mark the last resting place in the Sahara, near Chiouléline, Algeria

Tombes profanées dans le cimetière juif de Mascara, Algérie, à l'abandon depuis un demi-siècle · Tombes d'enfants au cimetière juif de Mascara, Algérie
À Chiouléline, dans le Sahara, Algérie, de simples pierres sans inscriptions en guise de dernière demeure

De joodse begraafplaats van Mascara in Algerije is al meer dan een halve eeuw verlaten en vele graftomben zijn geschonden · Kindergraven op de joodse begraafplaats van Mascara, Algerije
Eenvoudige stenen zonder enige inscriptie op de laatste rustplaats in de Sahara bij Chiouléline, Algerije

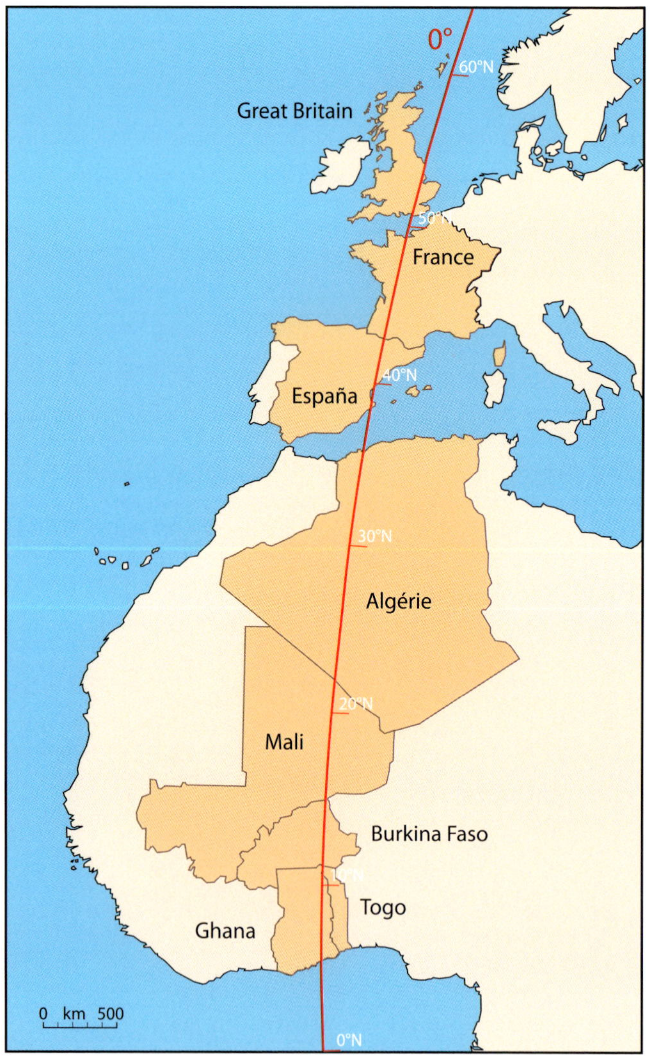

Numbers | Quelques chiffres | Cijfers

1 country | pays | land

2 capital | capitale | hoofdstad

3 official name | nom officiel | officiële naam

4 length Meridian | longueur du Méridien | lengte Meridiaan (km)

5 lowest point | point le plus bas | laagste punt (m)

6 highest point | point le plus haut | hoogste punt (m)

7 area | surface | oppervlak (km²)

8 population | population | bevolking

9 population density | densité de population | bevolkingsdichtheid (inhab / km², hab / km², inw / km²)

10 median age | âge moyen | gemiddelde leeftijd

11 birth rate | taux de naissance | geboortencijfer

12 death rate | taux de mortalité | sterftecijfer

13 life expectancy (T = total, M = male, F = female) | espérance de vie (T = total, M = hommes, F = femmes) | levensverwachting (T = totaal, M = mannen, F = vrouwen)

14 GDP Gross Domestic Product per capita | RNB Revenu national brut par habitant | BBP Bruto Binnenlands Product per inwoner

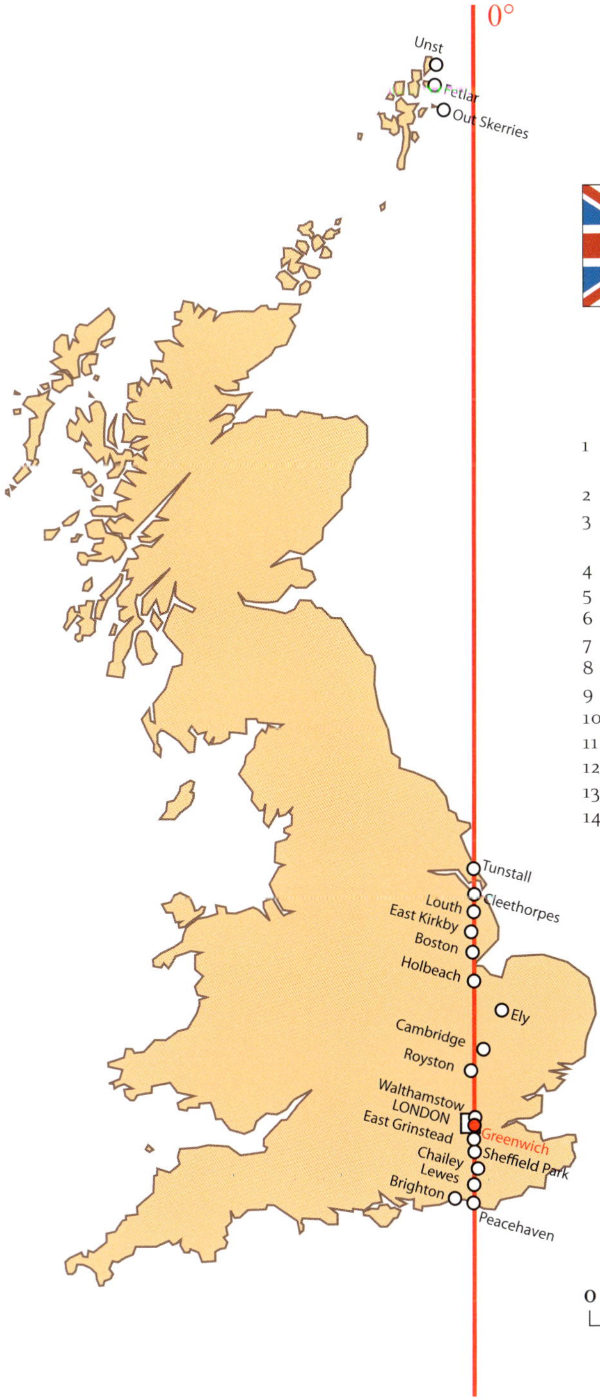

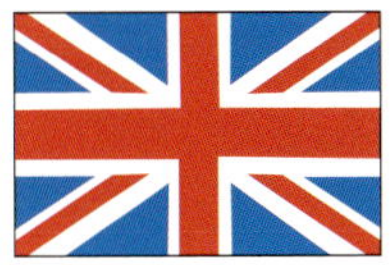

1 United Kingdom | Royaume-Uni | Verenigd Koninkrijk
2 London | Londres | Londen
3 United Kingdom of Great Britain and Northern Ireland
4 320 km
5 The Fens: -4 m
6 Ben Nevis: 1 344 m
7 244 820 km²
8 60 500 000
9 243 / km²
10 38,99
11 10,78 / 1 000
12 10,18 / 1 000
13 T = 78,4 / M = 75,94 / F = 80,96
14 28 600 €

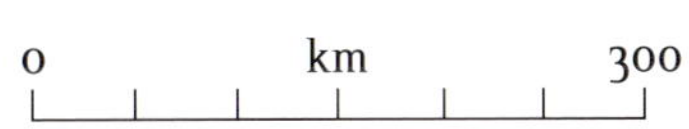

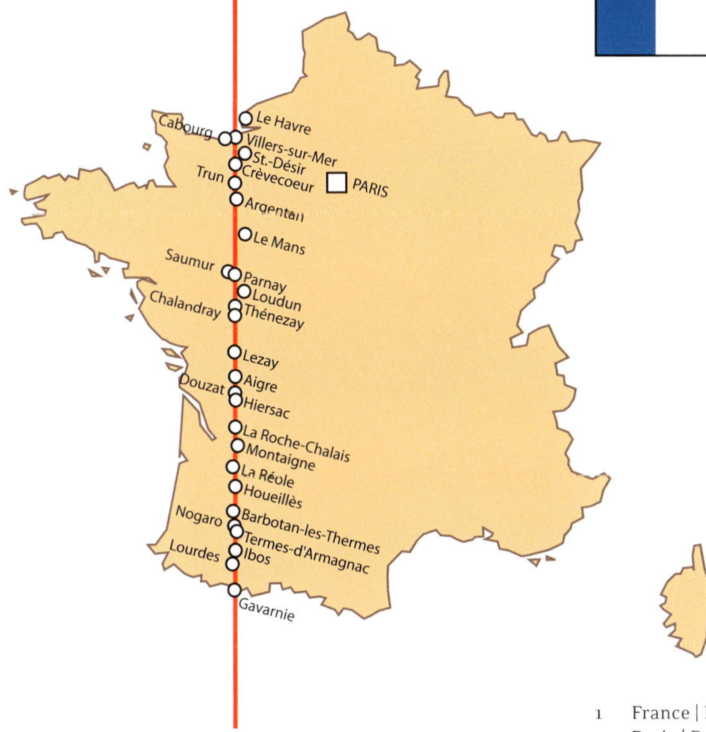

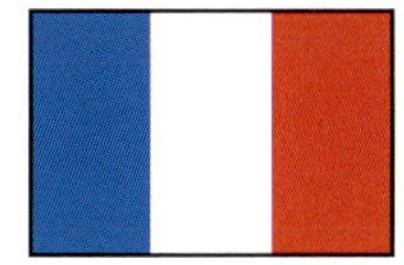

1 France | Frankrijk
2 Paris | Parijs
3 République française
4 735 km
5 Delta du Rhône | Rhone delta: -2 m
6 Mont Blanc: 4 807 m
7 547 030 km²
8 61 500 000
9 113 / km²
10 38,85
11 12,15 / 1 000
12 9,08 / 1 000
13 T = 79,6 / M = 75,96 / F = 83,42
14 26 200 €

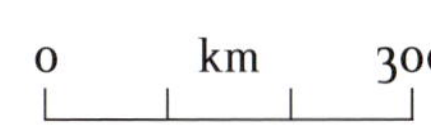

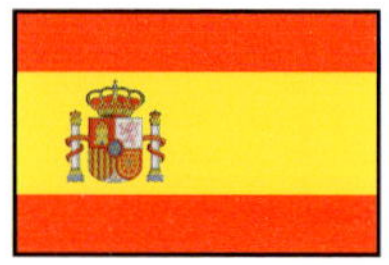

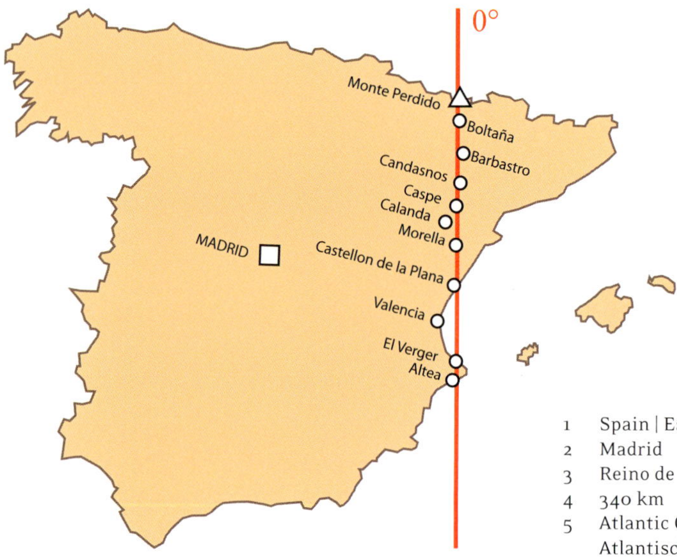

1 Spain | Espagne | Spanje
2 Madrid
3 Reino de España
4 340 km
5 Atlantic Ocean | Océan Atlantique | Atlantische Oceaan : 0 m
6 Monte Mulhacen : 3 482 m
7 504 782 km²
8 45 000 000
9 88 / km²
10 39,51
11 10,1 / 1000
12 9,63 / 1000
13 T = 79,5 / M = 76,18 / F = 83,08
14 20 500 €

0 km 300

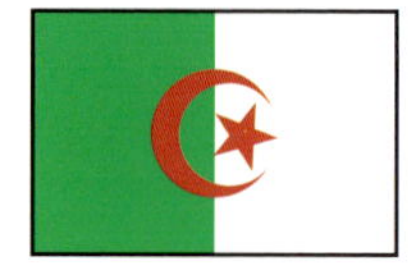

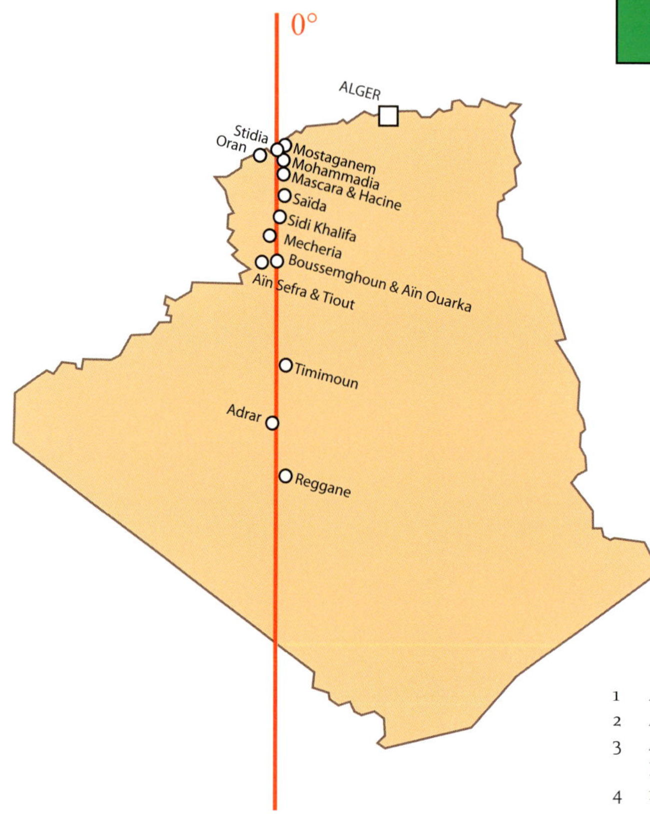

1 Algeria | Algérie | Algerije
2 Alger | Algiers
3 Al Jumhuriyah al Jaza'iriyah ad Dimuqratiyah ash Sha'biyah
4 1 540 km
5 Chott Melrhir : -40 m
6 Tahat : 3 003 m
7 2 381 740 km²
8 33 200 000
9 13,9 / km²
10 24,36
11 17,13 / 1000
12 4,6 / 1000
13 T = 73 / M = 71,45 / F = 74,6
14 5 700 €

0 km 500

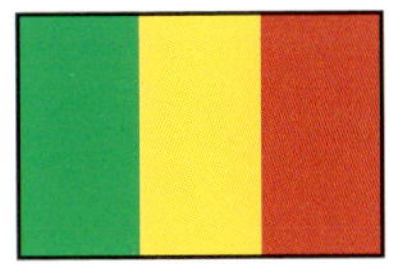

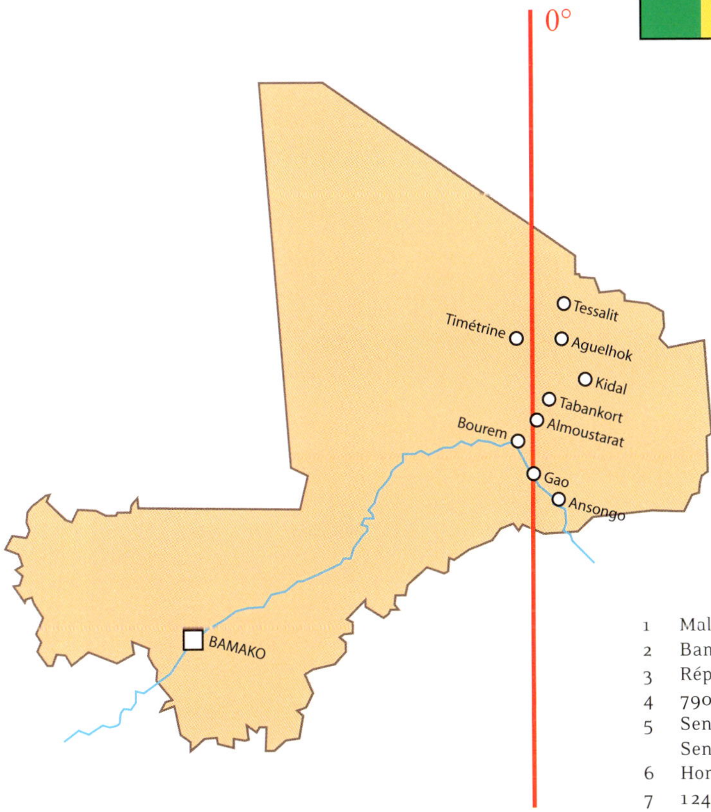

1 Mali
2 Bamako
3 République du Mali
4 790 km
5 Senegal River | Fleuve Sénégal | Senegalrivier : 23 m
6 Hombori Tondo : 1 155 m
7 1 240 000 km²
8 13 500 000
9 10,9 / km²
10 16,35
11 46,77 / 1 000
12 19,05 / 1 000
13 T = 48,64 / M = 46,68 / F = 50,66
14 855 €

0 km 300

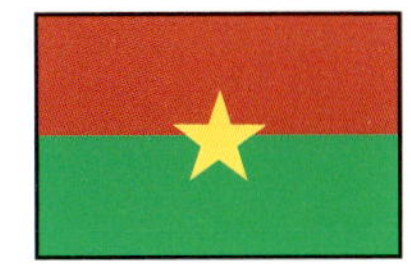

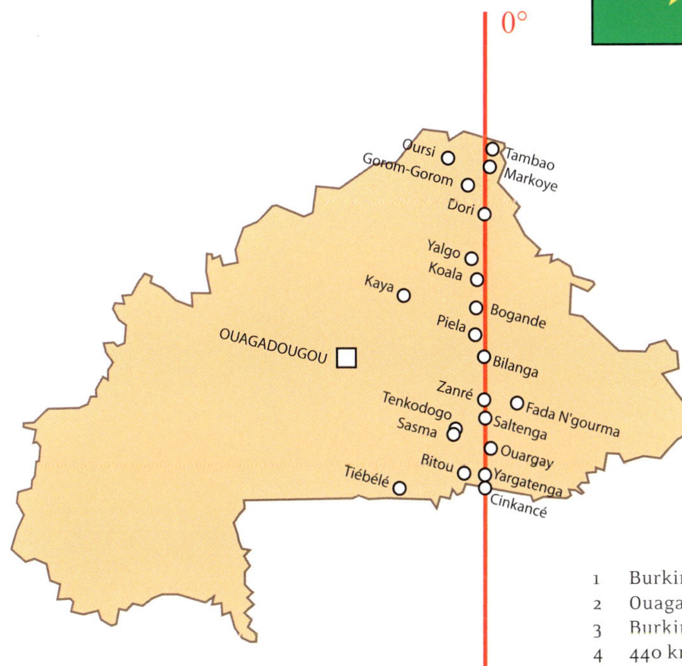

1 Burkina Faso
2 Ouagadougou
3 Burkina Faso
4 440 km
5 Mouhoun (Black Volta | Volta Noire | Zwarte Volta) : 200 m
6 Tena Kourou : 749 m
7 274 200 km²
8 13 900 000
9 50,8 / km²
10 16,82
11 44,17 / 1 000
12 18,86 / 1 000
13 T = 48,45 / M = 46,96 / F = 49,99
14 950 €

0 km 300

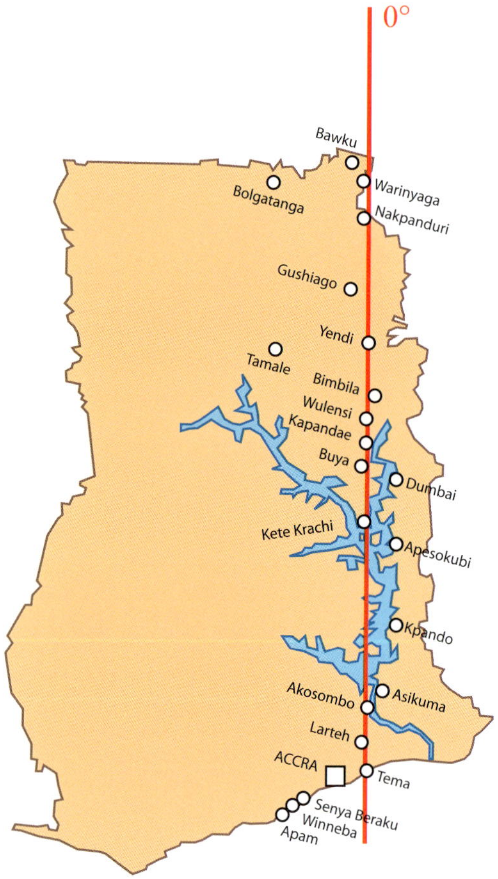

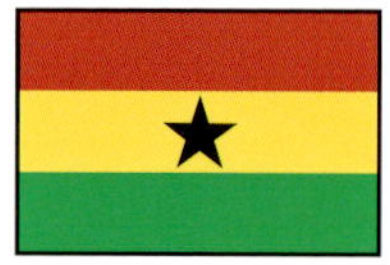

1 Ghana
2 Accra
3 Republic of Ghana
4 590 km
5 Atlantic Ocean | Océan Atlantique | Atlantische Oceaan : 0 m
6 Mount Afadjato : 880 m
7 239 460 km²
8 24 000 000
9 93 / km²
10 20,45
11 23,97 / 1 000
12 10,84 / 1 000
13 T = 58,47 / M = 57,70 / F = 59,26
14 2000 €

0 km 300

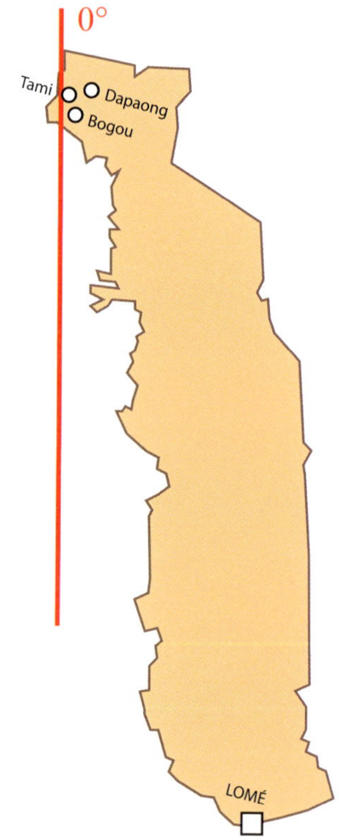

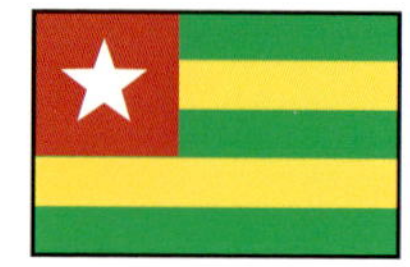

1 Togo
2 Lomé
3 République togolaise
4 30 km
5 Atlantic Ocean | Océan Atlantique | Atlantische Oceaan : 0 m
6 Mont Agou : 986 m
7 56 785 km²
8 6 100 000
9 108 / km²
10 17,78
11 33,48 / 1 000
12 11,8 / 1 000
13 T = 57,01 / M = 55,02 / F = 59,06
14 1 260 €

0 km 100

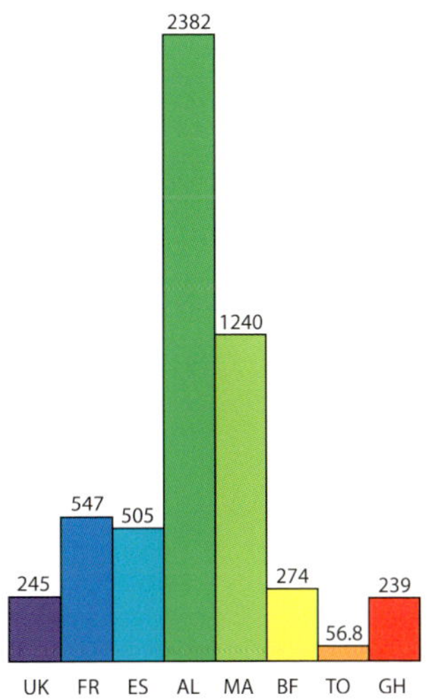

Area : x 1,000 km²
Surface : x 1 000 km²
Oppervlak : x 1.000 km²

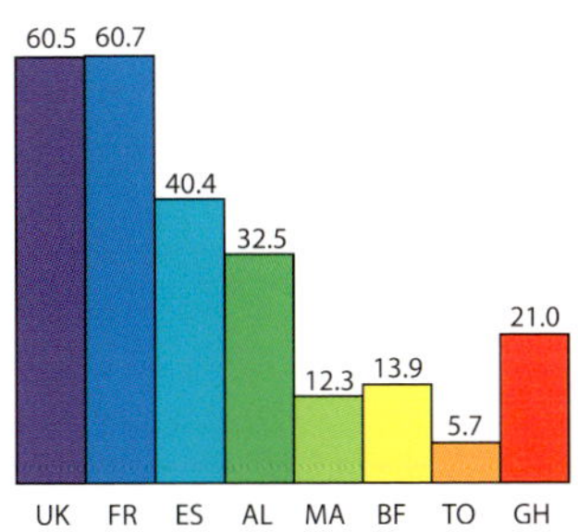

Population : million
Population : millions
Bevolking : miljoen

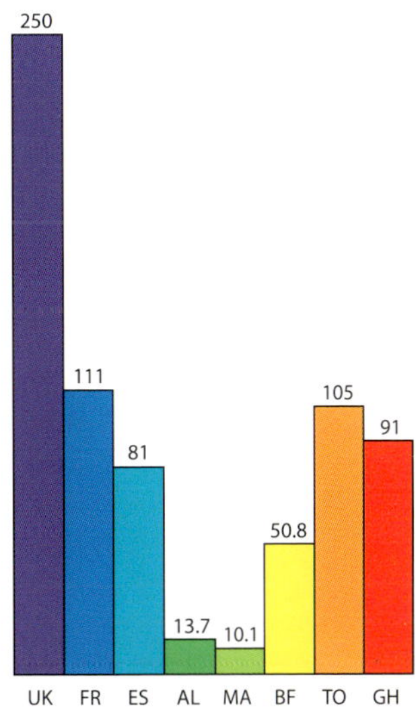

Population density : inhabitants / km²
Densité de population : habitants / km²
Bevolkingsdichtheid : inwoners / km²

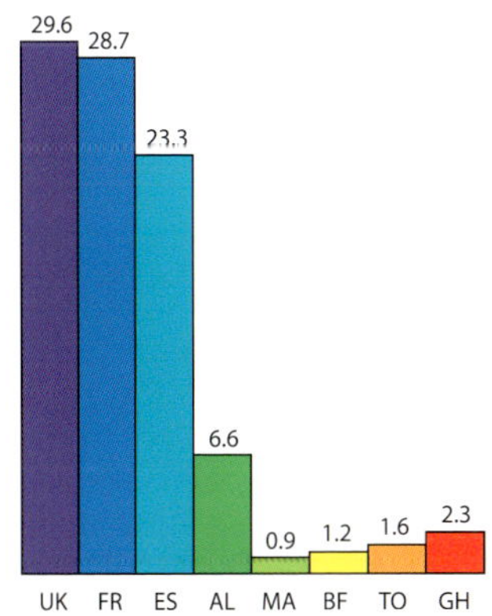

Annual / capita income : x 1,000 $
Revenu annuel / habitant : x 1 000 $
Jaarlijks / capita inkomen : x 1.000 $

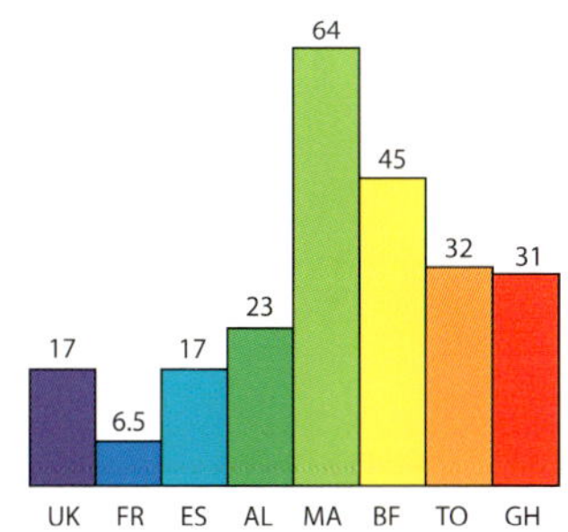

Population below poverty line : %
Population sous le seuil de pauvreté : %
Bevolking onder de armoedsgrens : %

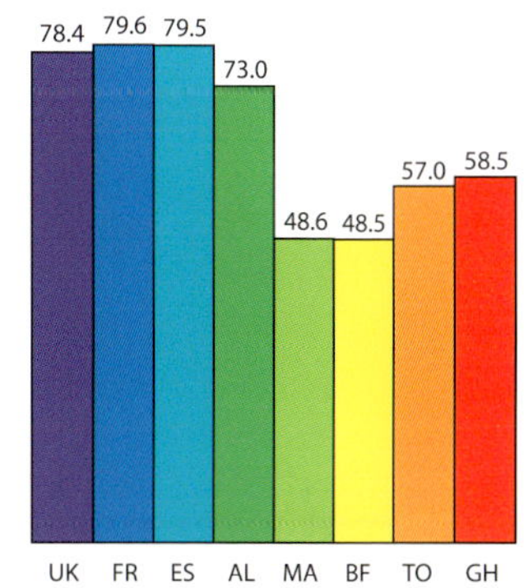

Life expectancy : years
Espérance de vie : années
Levensverwachting : jaren

Acknowledgements | Remerciements | Dankwoord

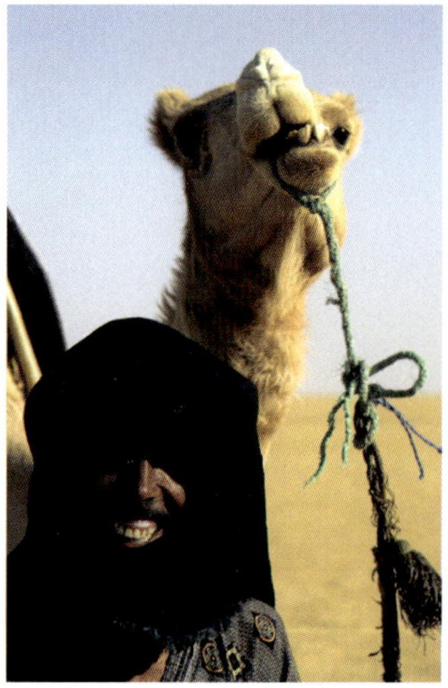

Mes remerciements vont avant tout à mes différents compagnons de route pour leur patience : pas évident de voyager avec un photographe qui s'arrête tous les kilomètres ! Merci à ma femme, Marie-Xavier Lassauzet (Écosse, Angleterre, France, Burkina Faso et Ghana), mon fils Yann (France, Espagne, Mali), Danièle Wipf (Algérie, Ghana), Lion Greveraars (Ghana), Jacques Verhoeven et ma petite-fille Inès Escobar (France).

Mes différents chauffeurs, guides et interprètes sont aussi devenus, au fil des kilomètres, de véritables complices du projet et des amis. En Algérie : Mustapha Azzouz et M'naouer Hafna ; au Mali : Gaye Oimar et Bilal Ingal Yattra ; au Burkina Faso et au Togo : Jean-Paul Daboné ; au Ghana : Emmanuel Adisogo.

A heartfelt "Thank you!" to all those who provided me with a roof or who shared their meals with me | Un grand « Merci ! » à tous ceux qui m'ont offert un toit ou qui m'ont invité à leur table. In England : Ruth Smith (Cambridge), Rob and Sharon Gulden (Oxshot) ; en France : Olivier & Catherine Duale (Caen), Macha & Yves Deschambre (Laval), Maryse & Jochen Muller-Borle (Bréhémont), la famille Claude Combaud (Douzat), Henk & Cherry Albus (Rouzède), Michèle Pontalier & Klaus Schwartz (Langon), Paule & Louis de Marcillac (Nux) ; en Algérie : Mustapha & Aïcha Azzouz et M'naouer & Fatima Hafna (Oran) et Zina Belhazadji (Stidia).

Several travel agents have assisted me | Mon projet a reçu l'appui des plusieurs voyagistes. Scotland : Rebecca Hamilton & Leah Colyer - Shetland Islands Tourism, Lerwick (http://www.visitshetland.com) ; Mali: Élisabeth Léonide et Badi Faradji - Malikow Tours, Gao (http://www.malikowtours.com). Burkina Faso : Maurice de Villepin - Vacances OK-Raids, Ouagadougou (http://www.okraid.com). Ghana : Mimi Asmah - Blastours, Accra (http://www.blastours.com).

La production de ce livre a pu se faire grâce au soutien financier du Crédit agricole à Luxembourg : je remercie particulièrement Thierry Rochelle qui a cru au projet depuis le début. Je remercie l'équipe des Éditions Racine pour son accueil chaleureux et pour la qualité de son travail : je veux nommer particulièrement Astrid Legrand pour le suivi éditorial. Et Paul-Edouard Besème pour l'intelligence et la sensibilité avec lesquelles il a su donner vie aux pages de cet ouvrage. Un très grand merci enfin à Danielle Van Deuren-Voussure sans qui ce livre ne se serait peut-être jamais fait.

17°51'04" N - 0°14'37" E, d = 26 km

The smiling caravaneer and his dromedary, west of Tabankort, Mali
Sourires du caravanier et de son dromadaire, à l'ouest de Tabankort, Mali
De lach van de karavaanleider en zijn dromedaris, ten Westen van Tabankort, Mali

Conception et mise en pages, Paul-Edouard Besème, *Architexte*
Traductions en anglais de Valérie Perales et Steven Weinberg
Photogravure et chromies, *Media Process*, Bruxelles
Impression et reliure, Imprimerie *Lannoo*, Tielt

Achevé d'imprimer en Belgique, sur papier satimat 170 grammes, sans bois, en décembre 2007